高等院校**计算机**
基础课程新形态系列

Office
操作基础及高级应用

周翔 张廷萍 贺清碧 / 主编

人民邮电出版社
· 北 京

图书在版编目（CIP）数据

Office操作基础及高级应用 / 周翔，张廷萍，贺清
碧主编. -- 北京 : 人民邮电出版社，2023.8（2023.10重印）
高等院校计算机基础课程新形态系列
ISBN 978-7-115-62097-2

Ⅰ. ①O… Ⅱ. ①周… ②张… ③贺… Ⅲ. ①办公自
动化－应用软件－高等学校－教材 Ⅳ. ①TP317.1

中国国家版本馆CIP数据核字(2023)第119349号

内 容 提 要

本书主要介绍计算机的基本操作、操作系统的基本操作和设置及 Office 2016 的应用。全书共 5 章，第 1、2 章主要介绍键盘结构与输入练习、Windows 7 操作与设置的基础内容；第 3～5 章主要介绍文字处理、电子表格处理和演示文稿处理，这部分内容参照全国计算机等级考试"MS Office 高级应用与设计"考试大纲编写，并配有丰富的实例和与实例配套的实训习题。

本书适合作为高等院校信息类公共基础相关课程的教材，也可作为全国计算机等级考试的辅导教材，还可作为对计算机基础知识感兴趣的计算机爱好者及各类自学人员的参考书。

◆ 主　　编　周　翔　张廷萍　贺清碧
　　责任编辑　张　斌
　　责任印制　王　郁　陈　犇
◆ 人民邮电出版社出版发行　　北京市丰台区成寿寺路 11 号
　　邮编　100164　电子邮件　315@ptpress.com.cn
　　网址　https://www.ptpress.com.cn
　　涿州市般润文化传播有限公司印刷
◆ 开本：787×1092　1/16
　　印张：14.25　　　　　　　　　2023 年 8 月第 1 版
　　字数：384 千字　　　　　　　 2023 年 10 月河北第 3 次印刷

定价：55.00 元

读者服务热线：(010)81055256　印装质量热线：(010)81055316
反盗版热线：(010)81055315
广告经营许可证：京东市监广登字 20170147 号

前　言

党的二十大报告中提到，培养造就大批德才兼备的高素质人才，是国家和民族长远发展大计。本书针对普通高等院校的学生，并参考全国计算机等级考试"MS Office 高级应用与设计"考试大纲的要求编写而成，旨在帮助读者深入认识、理解、掌握计算机的基本操作、操作系统的基本操作和设置及 Office 2016 的应用，进而让其应用到实际的学习和工作中。

只有把理论知识同具体实际相结合，才能正确回答实践提出的问题，扎实提升读者的理论水平与实战能力。本书以案例的形式依次介绍键盘结构与输入练习、Windows 7 操作系统的操作与设置，以及 Office 2016 常用组件 Word、Excel、PowerPoint 的应用。本书侧重于 Word、Excel、PowerPoint 这 3 个组件的基本操作及高级功能的综合应用，有助于培养和提高读者解决实际问题的能力。本书在编写过程中，注重适应课程多模式、个性化的具体要求，采用任务驱动及案例引导的方式讲解实际的任务，每个案例都与我们的实际生活和工作息息相关，可以真正帮助我们解决实际问题。

本书由周翔、张廷萍、贺清碧担任主编，全书由周翔统稿。此外，课程组的刘颖、张颖淳、胡勇、杨芳明、王勇、谢家宇等也参与了本书的规划，提出了许多宝贵意见和具体方案，并参加了资料收集等工作，在此表示感谢。

由于编者水平有限，书中不足之处在所难免，敬请广大读者批评指正。

编者

2023 年 3 月

目 录

第1章

键盘结构与输入练习

键盘是计算机系统最基本的输入工具之一，由一系列按键组成。用户通过操作键盘向计算机发布指令，输入英文字母、数字和标点符号等信息。本章将对键盘的结构及键盘指法进行讲解。

1.1 键盘结构

📖 **学习目标**

掌握键盘的基本结构。

1.1.1 键盘的结构

【知识点 1】键盘的基本结构

根据各按键的功能，我们可以将常见的键盘分成 5 个键位区，如图 1-1 所示。

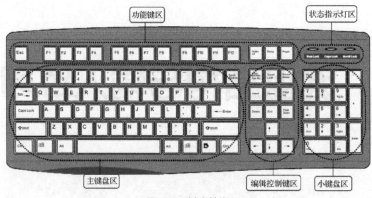

图 1-1 键盘结构

1. 功能键区

功能键区位于键盘的最上方。其中，Esc 键常用于取消已执行的命令或取消输入的字符，在部分应用程序中具有退出功能；F1～F12 键的作用在不同的软件中有所不同，但 F1 键常用于获取软件的"使用帮助"信息。

2. 主键盘区

主键盘区包括字母键、数字键、控制键和 Windows 功能键等，是打字时操作的主要区域。

Ctrl+Space 组合键：用于中、英文输入法之间的切换。

Ctrl+Shift 组合键：用于各种输入法之间的切换。

3. 编辑控制键区

编辑控制键区一般位于键盘的右侧，主要用于在输入文字时控制光标的位置。

4. 小键盘区

小键盘区又称为数字键区，主要用于快速输入数字，包括 Num Lock 键、数字键、Enter 键和符号键等。

5. 状态指示灯区

状态指示灯区有 3 个指示灯，主要用于提示键盘的工作状态。其中，Num Lock 灯亮时表示可以使用小键盘区输入数字；Caps Lock 灯亮时表示按字母键时输入的是大写字母；Scroll Lock 灯亮时表示"滚动锁"被启用。

1.1.2 实例

【实例 1-1】使用记事本录入重庆交通大学校歌歌词，如图 1-2 所示。

操作步骤如下。

步骤 1：启动计算机系统，观察启动过程中出现的信息。

步骤 2：选择"开始"→"所有程序"→"附件"→"记事本"命令，打开记事本应用程序，并录入文本。

步骤 3：选择"文件"→"保存"命令，在弹出的对话框中选择保存路径为 D 盘，输入文件名"重庆交通大学校歌"，保存文件。

步骤 4：关闭记事本。

【实例 1-2】使用数字键盘操作计算器进行简单的数学运算，如图 1-3 所示。

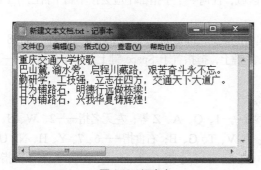

图 1-2　记事本

图 1-3　计算器

操作步骤如下。

步骤 1：选择"开始"→"所有程序"→"附件"→"计算器"命令，打开计算器应用程序，使用数字键盘进行简单的数学运算。

步骤 2：关闭计算器。

1.1.3　实训

【实训 1-1】利用写字板录入重庆交通大学校训（可从网上搜索校训）并保存，录入文字时请保持正确的打字姿势。

1.2　输入练习

操作键盘时，双手的 10 个手指要有明确的分工，这样才能提高录入速度和正确率。尤其是初学者，更应该掌握正确的键盘指法，养成良好的打字习惯。

学习目标

- 掌握正确的打字姿势。
- 掌握键盘指法。
- 掌握输入法相关的组合键。
- 掌握鼠标的使用方法。
- 了解金山打字通。

1.2.1　键盘和鼠标的输入

【知识点2】正确的打字姿势

打字时一定要端正坐姿。坐姿不正确不但会影响打字速度，而且很容易疲劳、出错。正确的打字姿势如图1-4所示。

（1）两脚平放，腰部挺直，两臂自然下垂，两肘靠近身体两侧。

（2）身体可略微向前倾斜，与键盘的距离为20～30cm。

（3）文稿放在键盘左边或用专用夹夹在显示器旁边。

（4）打字时眼观文稿，身体不要跟着倾斜。

图1-4　正确的打字姿势

【知识点3】键盘指法

1. 键盘指法要求

（1）10个手指均规定有各自的操作键位区域，任何一个手指都不应去按不属于自己分工区域的键。

（2）要求手指击键完后始终放在键盘的起始位置上，即键盘上3行字母键的中间一行，8个手指分别置于这一行的A、S、D、F、J、K、L、;键上，拇指置于Space键上。这样有利于下一次击键时迅速定位。

（3）各手指在键盘上的分工如图1-5所示。

每一只手指都有其固定对应的按键：左小指——1、Q、A、Z等；左无名指——2、W、S、X；左中指——3、E、D、C；左食指——4、5、R、F、V、T、G、B；右食指——6、7、Y、H、N、U、J、M；右中指——8、I、K、,；右无名指——9、O、L、.；右小指——0、P、;、/等；左右手拇指——Space键。

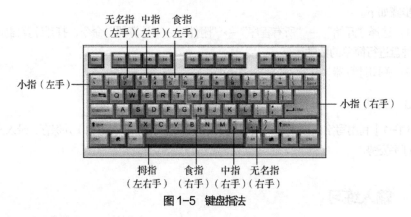

图1-5　键盘指法

2. 正确的击键方法

（1）击键前将双手轻放于基准键位上，双手拇指轻放于Space键上。

（2）击键时，手指略微抬起并保持弯曲，用手指头快速击键。

击键时应用指头快速击键，而不要用指尖击键；要"敲"键位，而不是用力按。

3. 打字的要领

（1）打字前要把手指按照分工区域放在正确的键位上。

（2）平时要有意识地慢慢记忆键盘上各个字符的位置，体会不同键位上的按键被敲击时手指的感觉，逐步养成不看键盘的输入习惯。

（3）打字时必须集中注意力，做到手、脑、眼协调，尽量避免边看原稿边看键盘，以免影响打字速度和正确率。

（4）打字时，即使速度慢，也一定要保证输入的准确性。

【知识点 4】输入法相关的组合键

1. 输入法的切换

按 Ctrl+Shift 组合键，可在已安装的输入法之间进行切换。

2. 打开/关闭中文输入法

按 Ctrl+Space 组合键，可以实现英文输入法和中文输入法的切换。

3. 全角/半角切换

按 Shift+Space 组合键，可以进行全角和半角的切换。

【知识点 5】鼠标的使用方法

鼠标是计算机主要的输入设备之一，其操作简单、快捷。常用的二键鼠标有左、右两个按键，左按键又叫作主按键，大多数的鼠标操作是通过主按键的单击或双击完成的；右按键又叫作辅按键，主要用于一些快捷操作。鼠标的基本操作如下。

（1）指向：移动鼠标，将鼠标指针移到操作对象上。

（2）单击：快速按下并释放鼠标左键。单击一般用于选定一个操作对象。

（3）双击：连续两次快速按下并释放鼠标左键。双击一般用于打开窗口或者启动应用程序。

（4）拖动：按下鼠标左键，移动鼠标指针到指定位置，再释放鼠标左键。拖动一般用于选择多个操作对象，复制或移动对象等。

（5）右击：快速按下并释放鼠标右键。右击一般用于打开与操作相关的快捷菜单。

【知识点 6】金山打字通

金山打字通是一款打字练习软件。它可以针对用户的水平定制个性化的练习课程，每种输入法均从易到难提供单词（音节、字根）、词汇以及文章，并且辅以打字游戏，帮助用户循序渐进地练习打字。

从 2002 年起，金山公司陆续推出了金山打字通的各种版本，本书选用的版本为金山打字通 2016 版。

1.2.2　实例

【实例 1-3】使用金山打字通 2016 练习键盘指法，如图 1-6 所示。

图 1-6　金山打字通

操作步骤如下。

步骤1：选择"开始"→"所有程序"→"金山打字通2016"命令，启动金山打字通2016。

步骤2：新手入门练习。单击"新手入门"图标，在打开的图1-7所示的"新手入门"界面中了解打字常识、字母键位、数字键位、符号键位等。

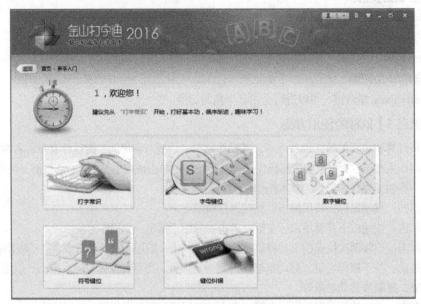

图1-7 "新手入门"界面

步骤3：英文打字练习。"英文打字"界面包含"单词练习""语句练习""文章练习"3个图标，单击相应图标即可进入相应的练习空间，如图1-8所示。

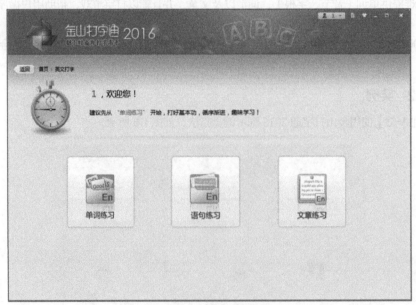

图1-8 "英文打字"界面

步骤4：拼音打字练习。"拼音打字"界面包含"拼音输入法""音节练习""词组练习""文章练习"4个图标，单击相应图标即可进入相应的练习空间，如图1-9所示。

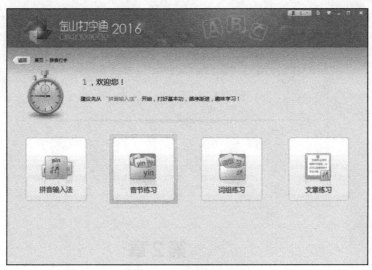

图 1-9　"拼音打字"界面

　　注意：敲键盘时，只有击键手指动，其他手指放在基准键位不动；手指击键要轻，瞬间发力，提起要快，击键完毕手指要立刻回到基准键位上，准备下一次击键。

1.2.3　实训

　　【实训 1-2】利用金山打字通 2016 完成以下操作。

　　（1）完成一篇英文文章的输入，时间为 5 分钟，记录打字速度和正确率。

　　（2）完成一篇中文文章的输入，时间为 5 分钟，记录打字速度和正确率。

第 2 章
Windows 7 操作与设置

　　操作系统是管理和控制计算机各种资源（包括硬件资源和软件资源）的系统软件，是计算机和用户的接口。操作系统一般应具有进程管理（处理机管理）、存储管理、设备管理、文件管理和作业管理五大功能。从系统角度来看，操作系统是对计算机进行资源管理的软件；从软件角度来看，操作系统是程序和数据结构的集合；从用户角度来看，操作系统是用户使用计算机的界面。

　　Windows 7 是由微软（Microsoft）公司开发的计算机操作系统，同时也是常用的计算机操作系统之一。本章以 Windows 7 为例详细介绍操作系统的应用。

　　Windows 7 有家庭普通版（Home Basic）、家庭高级版（Home Premium）、专业版（Professional）、旗舰版（Ultimate）等。

　　2009 年 7 月，Windows 7 开发完成，并于同年 10 月正式发布。2015 年 1 月，微软公司正式终止了对 Windows 7 的主流支持，但仍然为 Windows 7 提供安全补丁支持。直到 2020 年 1 月正式结束对 Windows 7 的所有技术支持。

2.1　Windows 7 基础及操作

学习目标

- 掌握 Windows 7 桌面的组成。
- 掌握"开始"菜单中项目的添加与删除方法。
- 掌握任务栏的相关操作方法。
- 掌握 Windows 7 窗口的基本元素。
- 掌握文件及文件夹的创建、复制、移动、删除、重命名、属性设置和搜索方法。
- 掌握截图工具的应用方法。

2.1.1　基础介绍

【知识点 1】Windows 7 桌面的组成

Windows 7 的桌面如图 2-1 所示。

图 2-1　Windows 7 的桌面

1. Windows 7 桌面的常用图标

Windows 7 桌面的常用图标有"计算机""网络""回收站"等。

（1）"计算机"图标用于打开"计算机"窗口，用户在"计算机"窗口中可以查看用户计算机所有驱动器的文件，以及设置计算机的各种参数等。

（2）"网络"图标用于打开"网络"窗口，用户使用"网络"窗口可以查看基本的网络信息并设置连接，也可以查看目前的活动网络，还可以更改网络设置。

（3）"回收站"图标用来暂存被删除的文件、图标或文件夹等，用户可以修改其大小。

刚安装完成的 Windows 7，其桌面上只有"回收站"一个图标，用户可以手动将其他的系统图标添加到桌面上。具体操作如下。

（1）在桌面空白处单击鼠标右键，从弹出的快捷菜单中选择"个性化"命令。

（2）在"更改计算机上的视觉效果和声音"窗口的左侧窗格中选择"更改桌面图标"选项。

（3）在"桌面图标设置"对话框中，用户根据自己的需要在"桌面图标"列表框中选择需要添加到桌面上显示的系统图标。

（4）依次单击"应用"按钮和"确定"按钮后，关闭对话框。

2. "开始"菜单

"开始"按钮位于 Windows 7 桌面的左下角，单击"开始"按钮，即可打开"开始"菜单。"开始"菜单中各命令功能如下。

（1）所有程序：显示可执行程序的清单。

（2）计算机：查看连接到计算机的硬盘和其他硬件。

（3）控制面板：显示或更改系统的各项设置。

（4）搜索：查找文件/文件夹、计算机或在 Internet 上查找。

（5）帮助和支持：获得系统的帮助信息和技术支持。

（6）文档：访问信件、报告、便签及其他类型的文档。

（7）图片、音乐和游戏：管理和组织图片、音频文件及游戏。

（8）关机：关机、注销、锁定、睡眠和重新启动计算机。

3. 任务栏

任务栏位于 Windows 7 桌面底部，如图 2-2 所示，主要包括应用程序锁定区、窗口按钮区以及包含时钟、音量等标识的通知区域。

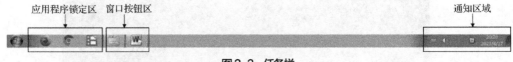

应用程序锁定区　　窗口按钮区　　　　　　　　　　　　　　　　　通知区域

图2-2　任务栏

（1）单击应用程序锁定区中的按钮可以快速打开对应的窗口。

（2）每一个打开的窗口在窗口按钮区都有一个对应的按钮。单击窗口按钮区的按钮就可以将其对应窗口切换为当前窗口，从而轻松实现多应用程序窗口之间的切换。我们也可以在任务栏上用鼠标右键单击某个应用程序窗口对应的按钮，然后在弹出的快捷菜单中选择相应的命令来实现窗口的各种操作。

（3）通知区域有输入法指示器、音量指示器等。单击输入法指示器，可以打开输入法菜单，如图 2-3 所示。当用户选择了一种中文输入法（如搜狗五笔输入法）之后，就会显示图 2-4 所示的输入法状态栏。输入法状态栏上的每个图标都有与之对应的功能，与具体输入法有关，在此不详细介绍。单击音量指示器，可以调节音量、静音或取消静音，如图 2-5 所示。

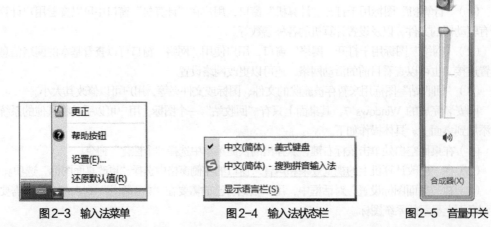

图2-3　输入法菜单　　　　　　图2-4　输入法状态栏　　　　　　图2-5　音量开关

（4）单击任务栏最右侧的时间，可以打开"日期/时间属性"对话框，在该对话框中既可以了解或设置系统的日期、时间及时区，也可以设置"定时关机"或"添加倒计时"等。

【知识点 2】Windows 7 窗口的基本元素

图 2-6 标注了 Windows 7 窗口的基本元素，具体介绍如下。

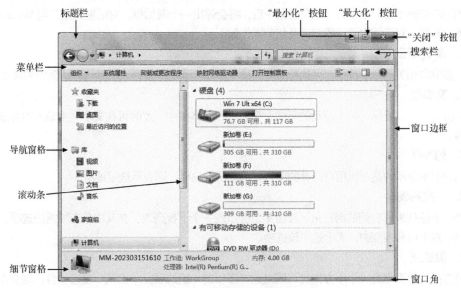

图 2-6　Windows 7 窗口的基本元素

1. 标题栏
双击标题栏可使窗口最大化；拖动标题栏可移动整个窗口。

2. 搜索栏
将要查找的目标名称输入搜索栏中，然后按 Enter 键或单击"搜索"按钮即可进行搜索。

3. "最大化/恢复"按钮、"最小化"按钮和"关闭"按钮
单击"最小化"按钮，窗口缩小为任务栏上的一个按钮，单击任务栏上的按钮又可恢复窗口显示；单击"最大化"按钮，窗口最大化显示，同时该按钮变为"恢复"按钮；单击"恢复"按钮，窗口恢复原先的大小，同时"恢复"按钮变为"最大化"按钮。

4. 菜单栏
菜单栏提供了一系列的命令，帮助用户完成各种应用操作。若菜单栏没有出现，我们可选择"组织"→"布局"→"菜单栏"命令，使之出现。

5. 工具栏
工具栏为用户提供了一种快捷的操作方式，其中存放着用户常用的工具命令按钮。

6. 滚动条
当窗口无法显示所有内容时，窗口的右侧和底部会自动出现滚动条。图 2-6 中为导航窗格的滚动条。

7. 窗口角和窗口边框
将鼠标指针移动到窗口的边缘或角部时，鼠标指针变为双向箭头，此时按住鼠标左键拖动可任意改变窗口的大小。

8. 导航窗格
Windows 7 的导航窗格一般包括"收藏夹""库""计算机""网络"4 个部分。选择某项既可

以打开列表，还可以打开相应的窗口，方便用户随时准确地查找需要的内容。

9. 细节窗格

细节窗格主要用于显示选中对象的详细信息。

【知识点 3】Windows 7 对话框中的常见部件

当用户选择了菜单中带有"…"的命令后，将会弹出一个对话框。对话框是用户与 Windows 进行交流的界面，对话框中常见的部件及相关操作如下。

1. 命令按钮

直接单击相关的命令按钮，可执行对应的命令。如"确定"按钮表示确认对话框中的设置。

2. 文本框

单击文本框，光标（一个闪动的竖线）会显示在文本框中，此时可在文本框中输入内容或者修改内容。

3. 列表框

列表框中显示的是可供用户选择的项目。单击所需的项，则表示选定该项。

4. 下拉列表框

单击下拉列表框右侧的倒三角形按钮▼，会出现一个下拉列表，在其中单击所需的选项，该选项会显示在下拉列表框中，表示选定该选项。

5. 复选框

复选框是前面带有一个小方框且可同时选择多项的一组选项。单击某一复选项目，则会在该项目前面的小方框内打上"√"，表示选定了该项；再次单击该项，则该项前面小方框内的"√"消失，表示取消该项的选定。

6. 单选按钮

单选按钮是前面带有一个小圆圈且只能选择其中之一的一组选项。单击所要选择的项，则该项前面的小圆圈内会出现一个小黑点，表示该项被选定了。

7. 增量按钮

增量按钮通常用于调整数值。单击正三角形按钮表示增大数值，单击倒三角形按钮表示减小数值。

【知识点 4】关于菜单的约定

1. 暗淡的菜单

暗淡的菜单命令表示在当前状态下该命令不可用。

2. 带下画线的字母

如果命令右侧有一个带下画线的字母，则表示在该菜单出现的情况下，在键盘上按该字母可选定该命令。

3. 命令的快捷键

如果命令右侧有组合键，如 Ctrl+A，则使用 Ctrl+A 组合键可以快速执行该命令。

4. 带对话框的命令

如果命令后面有"…"，表示选择此命令后将弹出一个对话框。

5. 命令的选中标记

当选择了某一命令后，该命令的左边出现一个"√"标记，表示该命令处于被选中状态；再次选择该命令，命令左边的"√"标记消失，表示已取消对该命令的选中。

6. 单选命令的选中标记

有的菜单中，用横线将命令分隔为多组，某些组中只能有一个命令被选中。选择某一命令后，会在该命令左侧标记一个"●"，表示该命令已被选中。

7. 级联式菜单

如果命令右侧有一个向右的三角形箭头，则选择此命令后，其右侧会出现另一个菜单供用户选择。

8. 快捷菜单

在 Windows 7 操作系统中，用户在桌面的任何对象（如图标、窗口等）上单击鼠标右键，将出现一个弹出式菜单，此菜单称为快捷菜单。使用快捷菜单可快速操作对象。

【知识点 5】Windows 7 文件管理的相关知识

1. 文件

文件是保存在外部存储器上的一组相关信息的集合，Windows 7 管理文件的方法是"按名存取"。

文件由文件名标识，文件名通常由文件主名和扩展名组成，扩展名通常用于标记文件的类型。文件的大小、占用空间、所有者信息等称为文件的属性。文件的重要属性有以下几种。

（1）只读：设置为只读的文件只能读，不能修改或删除。

（2）隐藏：具有隐藏属性的文件通常不显示出来。如果设置了显示隐藏文件，则隐藏的文件和文件夹呈浅色。

（3）存档：任何一个新创建或被修改的文件都有存档属性，当用"附件"下"系统工具"中的"备份"程序将其备份之后，存档属性消失。

2. 文件夹

磁盘是存储信息的设备，一个磁盘上通常存储了大量的文件。为了便于管理，我们可将相关文件分类后存放在不同的目录中，这些目录在 Windows 7 中被称为文件夹。Windows 7 采用的是树状目录结构，如图 2-7 所示。

图 2-7　树状目录结构

3. 文件路径

在 Windows 文件系统中，不仅需要文件名，还需要文件路径。

（1）绝对路径是由盘符、文件名以及从盘符到文件名的各级文件夹（各级文件夹由"\"分隔）组成的字符串。例如，位于磁盘驱动器（下简称驱动器）C 上的写字板程序的绝对路径为"C:\Program Files\Windows NT\Accessories\wordpad.exe"。

（2）相对路径是从当前目录开始，依序到某个文件之前的各级目录组成的字符串。例如，..\ZH\tmp.txt 表示当前目录的上级目录中的 ZH 目录中的 tmp.txt 文件（用".."表示上一级目录）。

4. 文件的命名规则

Windows 7 允许使用长文件名，即文件名或文件夹名最多可使用 255 个字符，这些字符可以是字母、空格、数字、汉字或一些特定符号。其中英文字母不区分大小写，但不能出现下列符号：" "、|、\、<、>、*、/、:、?。

5. 文件和文件夹的选定

（1）选定单个文件或文件夹：单击文件或文件夹对象。

（2）选定多个连续的文件或文件夹：单击选定第一个对象，按住 Shift 键的同时单击选定最后一个对象。

（3）选定多个不连续的文件或文件夹：按住 Ctrl 键的同时单击要选择的各个对象。

（4）选定全部文件：选择"编辑"→"全选"命令。

6. 剪贴板

剪贴板是内存中的一块连续区域，可以暂时存放信息。与之相关的组合键操作有以下 3 种。

（1）剪切（Ctrl+X）：将选定的对象剪切到剪贴板中。

（2）复制（Ctrl+C）：将选定的对象复制到剪贴板中。

（3）粘贴（Ctrl+V）：将剪贴板中的内容粘贴到选定位置。

7. 通配符

在使用 Windows 的搜索功能时，输入的搜索关键词可以包含通配符"?"和"*"。"?"代表一个任意字符，"*"则代表多个任意字符。例如，"?a?"代表由 3 个字符组成，并且中间那个字符为"a"的字符串；"a*"则代表第一个字符为"a"的字符串。

8. 文件或文件夹的复制与移动

（1）鼠标拖放法。选定文件或文件夹对象后，将鼠标指针移到被选定的对象上，按住鼠标左键将其拖动到目标文件夹（呈反色显示状态），然后释放鼠标左键。如果拖放的起始位置和拖放的目标位置在同一个驱动器内，则该操作为移动，否则为复制。如果在拖放的同时按住 Shift 键，则在不同驱动器之间拖动也为移动；如果在拖放的同时按住 Ctrl 键，则在同一个驱动器内拖动也为复制。

此外，也可用鼠标右键来进行拖放，接下来用户可在释放鼠标右键后显示的快捷菜单中选择要实施的操作，如移动、复制、创建快捷方式等。

（2）借助剪贴板的方法。首先选定要移动或复制的文件及文件夹对象，然后在"编辑"菜单下选择"剪切"（如果要移动文件或文件夹）或"复制"（如果要复制文件或文件夹）命令（也可使用快捷菜单），再选定将要移动到或复制到的目标文件夹，最后，在"编辑"菜单下选择"粘贴"命令（也可使用快捷菜单）。

（3）发送法。选定文件或文件夹对象后，选择"文件"菜单下的"发送到"命令，即可将对象快速地复制到别的位置。

2.1.2 实例

【实例 2-1】添加或删除"开始"菜单中的项目。

操作步骤如下。

步骤 1：添加"计算器"到"固定程序"列表中，可选择"开始"→"所有程序"→"附件"→"计算器"命令。

步骤 2：单击鼠标右键，从弹出的快捷菜单中选择"附到「开始」菜单"命令，如图 2-8 所示。

步骤 3：单击"所有程序"菜单中的"返回"命令，返回"开始"菜单，可以看到"计算器"已添加到"开始"菜单的"固定程序"列表中，如图 2-9 所示。

图 2-8　选择"附到「开始」菜单"命令

图 2-9　成功添加项目至"开始"菜单

步骤4：删除"固定程序"列表中的"计算器"，可用鼠标右键单击"固定程序"列表中的"计算器"，从弹出的快捷菜单中选择"从「开始」菜单解锁"命令，如图 2-10 所示。

步骤5：打开"开始"菜单，可以看到"计算器"程序已经从"固定程序"列表中删除了。

【实例 2-2】任务栏的相关操作。

操作步骤如下。

步骤1：打开"开始"菜单，用鼠标右键单击"远程桌面连接"，在弹出的快捷菜单中选择"锁定到任务栏"命令，如图 2-11 所示。

步骤2：打开"开始"菜单，按住鼠标左键拖动"腾讯 QQ"至"任务栏"中，如图 2-12 所示。

图 2-10　从"开始"菜单中删除项目

图 2-11　将应用程序锁定到任务栏

图 2-12　将应用程序添加至任务栏

注意：用上述两种方法也可将桌面上的应用程序添加到任务栏中。

步骤3：单击任务栏中的"腾讯 QQ"图标，可快速打开该应用程序。

步骤4：在任务栏上，使用鼠标右键单击"腾讯 QQ"图标，在弹出的快捷菜单中选择"将此程序从任务栏解锁"命令（见图 2-13），则可将该应用程序图标从任务栏中删除。

步骤5：用鼠标右键单击任务栏的空白区域，在弹出的快捷菜单中选择"属性"命令，打开图 2-14 所示的"任务栏和「开始」菜单属性"对话框。

图 2-13　从任务栏中删除应用程序图标

图 2-14　"任务栏和「开始」菜单属性"对话框

步骤 6：单击"任务栏"选项卡下"通知区域"的"自定义"按钮，打开图 2-15 所示的"选择在任务栏上出现的图标和通知"窗口。

图 2-15　"选择在任务栏上出现的图标和通知"窗口

步骤 7：该窗口下的列表框中列出了各个图标及其显示的方式，每个图标都有 3 种显示方式，这里在"网络"图标右侧的下拉列表中选择"仅显示通知"选项。

步骤 8：设置完后单击"确定"按钮，返回"任务栏和「开始」菜单属性"对话框，依次单击"应用"按钮和"确定"按钮。

步骤 9：可以看到任务栏中"网络"图标已经从通知区域消失。

【实例 2-3】打开和关闭系统图标。

"时钟""音量""网络""电源"和"操作中心"5 个图标是系统图标，用户可以根据需要将其打开或者关闭。

操作步骤如下。

步骤 1：打开"选择在任务栏上出现的图标和通知"窗口，单击"打开或关闭系统图标"链接。

步骤 2：在弹出的"打开或关闭系统图标"窗口中间的列表框中，可以设置 5 个系统图标的"行为"，例如，在"音量"图标右侧的下拉列表中选择"关闭"选项，如图 2-16 所示，即可将"音量"图标从任务栏的通知区域中删除并关闭通知。

图 2-16　"打开或关闭系统图标"窗口

【实例 2-4】文件的创建、复制、重命名、属性设置。

要求：在 D 盘根目录下创建 3 个文件夹，分别命名为"作业""娱乐""实验"；在"作业"文件夹下创建一个名为"作业_计算机"的空文本文档；将文件"作业_计算机"复制到文件夹"实验"中，并将它重命名为"实验_计算机"，设置其属性为"只读"。

操作步骤如下。

步骤 1：选择"开始"→"所有程序"→"附件"→"Windows 资源管理器"命令或在"开始"按钮上单击鼠标右键，在弹出的快捷菜单中选择"打开 Windows 资源管理器"命令，打开资源管理器。

步骤 2：在资源管理器的左窗格中单击 D 驱动器。

步骤 3：选择"文件"→"新建"→"文件夹"命令，也可在工作区空白处单击鼠标右键，在弹出的快捷菜单中选择"新建"→"文件夹"命令。

步骤 4：输入新建文件夹的名称——"作业"。

步骤 5：按上述方法再新建两个文件夹——"娱乐"及"实验"。

步骤 6：在资源管理器的左窗格中单击"作业"文件夹，选择"文件"→"新建"→"文本文档"命令，并将新建的文本文档命名为"作业_计算机"。

步骤 7：在右窗格中用鼠标右键单击"作业_计算机"文件，在弹出的快捷菜单中选择"复制"命令；或选定"作业_计算机"文件后，选择"编辑"→"复制"命令；或选定"作业_计算机"文件后，按 Ctrl+C 组合键。

步骤 8：在左窗格中用鼠标右键单击"实验"文件夹，在弹出的快捷菜单中选择"粘贴"命令；或在左窗格中选定"实验"文件夹后，选择"编辑"→"粘贴"命令；或在左窗格中选定"实验"文件夹后，按 Ctrl+V 组合键。

步骤 9：用鼠标右键单击"实验"文件夹下的文件"作业_计算机"，在弹出的快捷菜单中选择"重命名"命令，将文件名改为"实验_计算机"；或在右窗格中选定文件"作业_计算机"后，单击其文件名，输入新文件名；或在右窗格中选定文件"作业_计算机"后，选择"文件"→"重命名"命令。

步骤 10：用鼠标右键单击"实验_计算机"文件，在弹出的快捷菜单中选择"属性"命令，将弹出图 2-17 所示的对话框；在"常规"选项卡中勾选"只读"复选框。

【实例 2-5】移动文件。

要求：在 C 盘中搜索文件"explorer.exe"，将搜索到的文件发送到"库"→"文档"文件夹中。在 D 盘根目录下创建一个名为"我的私人文件"的文件夹，并将"库"→"文档"文件夹中的文件"explorer.exe"移动到"我的私人文件"文件夹中。

操作步骤如下。

步骤 1：在资源管理器的左窗格中单击 C 驱动器图标，

图 2-17　"实验_计算机"文件的属性对话框

并在搜索栏中输入搜索关键词"explorer"，如图 2-18 所示，搜索结果将显示在资源管理器的右窗格中。

步骤 2：用鼠标右键单击搜索到的文件图标，并在弹出的快捷菜单中选择"发送到"→"文档"命令，将文件发送到"库"→"文档"文件夹中。

步骤 3：在资源管理器的左窗格中选定 D 驱动器，然后在右窗格的空白处单击鼠标右键，在弹出的快捷菜单中选择"新建"→"文件夹"命令，并将新建的文件夹命名为"我的私人文件"。

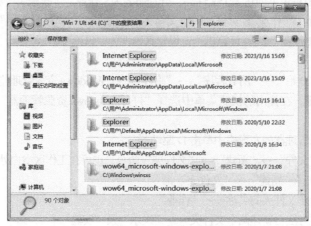

图2-18　搜索窗口

步骤4：在资源管理器的左窗格中展开 D 盘根目录，使得文件夹"D:\我的私人文件"显示在左窗格中。接着在左窗格中单击"库"→"文档"，将其指定为当前文件夹；在右窗格中找到"explorer.exe"文件图标，按住鼠标右键将其拖动到"D:\我的私人文件"的图标上，释放鼠标右键后选择"移动到当前位置"命令。

【实例2-6】删除文件或文件夹。

要求：将 D 盘根目录中的"娱乐"和"实验"两个文件夹删除，然后把"娱乐"文件夹恢复到 D 盘根目录，再把"实验"文件夹从回收站中彻底删除。

操作步骤如下。

步骤1：在资源管理器的右窗格中单击 D 驱动器图标，按住 Ctrl 键不放，继续在右窗格中单击"娱乐"文件夹和"实验"文件夹，则可选定这两个不连续的文件夹。

步骤2：选择"文件"→"删除"命令（或在选定对象上单击鼠标右键，在弹出的快捷菜单中选择"删除"命令；或按 Delete 键），在弹出的图 2-19 所示的对话框中单击"是"按钮，确认删除；我们也可将选定对象直接拖动到桌面的"回收站"图标上。此外，选定对象后，按 Shift+Delete 组合键，可将选定对象彻底删除。

图2-19　确认删除对话框

步骤3：在 Windows 7 桌面双击"回收站"图标打开回收站，可以看到处于其中的"娱乐"文件夹和"实验"文件夹。

步骤4：用鼠标右键单击"娱乐"文件夹图标，在弹出的快捷菜单中选择"还原"命令，完成对"娱乐"文件夹的还原操作。

步骤5：用鼠标右键单击"实验"文件夹图标，在弹出的快捷菜单中选择"删除"命令，则可将其从回收站中彻底删除。打开回收站，可以看到"娱乐"文件夹和"实验"文件夹均已不在其中。

【实例2-7】文件和文件夹的显示与查看设置。

要求：改变文件和文件夹的显示与查看方式，以满足实际应用的需要。

操作步骤如下。

步骤1：在资源管理器中，选择"工具"→"文件夹选项"命令，如图 2-20 所示。

步骤2：在弹出的"文件夹选项"对话框中，分别选择"常规"选项卡和"查看"选项卡，根据需要设置浏览文件夹的方式、打开项目的方式，以及是否显示隐藏的文件与文件夹、是否隐藏已知文件类型的扩展名等，如图 2-21 所示。如果将文件或文件夹属性设置为"隐藏"，那么必须在"文件夹选项"对话框中将"查看"选项卡中的"不显示隐藏的文件、文件夹或驱动器"单选按钮选中，这样属性为"隐藏"的文件或文件夹才会真正隐藏起来。

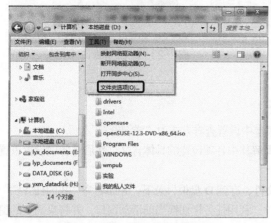

图 2-20　选择"文件夹选项"命令

图 2-21　"文件夹选项"对话框

【实例 2-8】压缩和解压缩文件或文件夹。

要求：压缩"D:\作业\作业_计算机.txt"文件，并命名为"作业.zip"。将"D:\实验\实验_计算机.txt"文件添加到压缩文件"作业.zip"中。解压缩上述压缩文件"作业.zip"。

操作步骤如下。

步骤 1：在资源管理器的左窗格中选定"D:\作业"文件夹，在右窗格中用鼠标右键单击"作业_计算机.txt"文件，在弹出的快捷菜单中选择"发送到"→"压缩文件夹"命令。

步骤 2：若文件或文件夹较大，会弹出"正在压缩"对话框，绿色进度条显示压缩的进度。

步骤 3：待"正在压缩"对话框自动关闭后，可以看到窗口中已经出现了对应文件的压缩文件，将其重命名为"作业.zip"。

步骤 4：将"D:\实验\实验_计算机.txt"文件复制到"D:\作业"文件夹下，然后将"实验_计算机.txt"文件拖动到压缩文件"作业.zip"图标上，完成将文件添加至压缩文件中的操作。

步骤 5：在压缩文件上单击鼠标右键，从弹出的快捷菜单中选择"全部提取"命令。

步骤 6：在"文件将被提取到这个文件夹"文本框中确认相应路径，单击"确定"按钮。

【实例 2-9】截图工具的应用。

要求：创建一个截图文件并将其命名为"my 桌面图标"。

使用 Windows 7 "附件"中的"截图工具"可以方便地截取屏幕上的全部或部分图片（默认格式为 PNG）。

操作步骤如下。

步骤 1：选择"开始"→"所有程序"→"附件"→"截图工具"命令，打开"截图工具"窗口，如图 2-22 所示。

步骤 2：单击"新建"按钮右边的▼，在下拉列表中选择"任意格式截图"命令，此时鼠标指针将变成"剪刀"形状，极小化桌面上的所有窗口后，用鼠标裁剪下 Windows 的标志图案，将出现图 2-23 所示的截图结果窗口。

步骤 3：单击"保存"图标，在弹出的"另存为"对话框中选定存储路径、输入文件名及选定存储类型即可。

图 2-22　"截图工具"窗口　　　　图 2-23　截图结果窗口

2.1.3　实训

【实训 2-1】按照以下要求完成相关操作。

（1）打开"计算机"窗口，在"查看"菜单中设置查看方式为"详细资料"。

（2）打开"文件夹选项"对话框，仔细理解其中各项设置的具体含义，然后将各项设置重置为实验操作之前的状态。

（3）用截图工具创建一个任务栏的截图文件，存到 D 盘根目录下，并命名为"我的任务栏"。

（4）打开"计算机"窗口和"网络"窗口，利用任务栏切换当前活动窗口，并将桌面上的窗口堆叠显示。

（5）取消任务栏的自动隐藏，并让"操作中心"图标显示在任务栏右侧的通知区域中。

（6）选择桌面上的一个应用程序，并将其添加到任务栏的应用程序锁定区。将驱动器 D 添加到"开始"菜单中（可拖曳驱动器盘符至"开始"菜单）。

2.2　Windows 7 基本设置

学习目标

- 了解控制面板的基本功能和组成。
- 掌握桌面小工具的设置。
- 掌握"计算机管理"窗口的基本应用。
- 掌握回收站的设置。

2.2.1　基本设置

【知识点 1】控制面板

控制面板是用户或系统管理员更新和维护系统的主要工具。在 Windows 7 桌面上选择"开始"→"控制面板"命令，即可打开图 2-24 所示的"控制面板"窗口，在其中可以更改"查看方式"为"小图标"或"大图标"。

【知识点 2】屏幕保护程序

屏幕保护程序是为减缓 CRT（Cathode-Ray Tube，阴极射线管）显示器的"衰老"和保证系

图 2-24　"控制面板"窗口

统安全而提供的一项功能。如果设置了一种屏幕保护程序，则用户在一段时间内没有击键或没有操作桌面元素时，屏幕上就会显示所设置的移动图形。在现今的非 CRT 显示器中，屏幕保护程序的作

用更多是美观和保护个人隐私。

2.2.2 实例

【实例 2-10】设置桌面背景、桌面项目的图标及屏幕保护程序。

要求：改变桌面背景；更改桌面项目"计算机"的图标；设置屏幕保护，等待时间设置为 5min，并启用密码保护。

操作步骤如下。

步骤 1：选择"开始"→"控制面板"→"外观和个性化"→"个性化"→"更改桌面背景"链接。

步骤 2：在图 2-25 所示的"选择桌面背景"窗口中进行适当设置，设置好后单击"保存修改"按钮。返回桌面后可以看到桌面背景发生了变化。

步骤 3：在"控制面板"窗口中，选择"外观和个性化"→"个性化"→"更改主题"链接，然后单击窗口左侧的"更改桌面图标"链接，打开图 2-26 所示的"桌面图标设置"对话框。

图 2-25 "选择桌面背景"窗口

图 2-26 "桌面图标设置"对话框

步骤 4：单击"计算机"图标，然后单击"更改图标"按钮，进入"更改图标"对话框，指定查找位置为"C:\Windows\System32\shell32.dll"，如图 2-27 所示。在图标列表框中选定某一图标，单击"确定"按钮，然后在"桌面图标设置"对话框中单击"确定"按钮。返回桌面后可以看到"计算机"图标发生了改变。

步骤 5：在"控制面板"窗口中，选择"外观和个性化"→"个性化"→"更改屏幕保护程序"链接，打开"屏幕保护程序设置"对话框，如图 2-28 所示。

图 2-27 "更改图标"对话框

图 2-28 "屏幕保护程序设置"对话框

步骤6：在"屏幕保护程序"下拉列表中选取任意一项，并勾选"在恢复时显示登录屏幕"复选框，在"等待"时间增量框中设置数值为5。

步骤7：单击"确定"按钮。当进入屏幕保护状态时将出现步骤6设置的图案。

【实例2-11】桌面小工具的设置。

要求：添加小工具到桌面；调整小工具；卸载小工具。

桌面小工具是Windows改善桌面功能的组件。通过桌面小工具，用户可以改变小工具的大小和位置，还可以借助网络更新和下载各种小工具。

操作步骤如下。

步骤1：在"控制面板"窗口中双击"桌面小工具"图标，打开图2-29所示的窗口。

步骤2：添加小工具到桌面的方法有以下3种。

- 双击窗口中的工具项。
- 用鼠标右键单击窗口中的工具项，在弹出的快捷菜单中选择"添加"命令。
- 直接拖动窗口中的工具项到桌面。

步骤3：调整小工具。鼠标指针指向某小工具时，将出现纵向的工具条，如图2-30所示。工具条从上到下的功能是关闭、选项。用鼠标右键单击小工具将弹出快捷菜单，选择快捷菜单中的命令可以实现"添加小工具""移动""改变大小""前端显示""不透明度"等功能的设置。

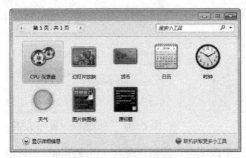

图2-29　桌面小工具窗口

图2-30　时钟小工具

步骤4：卸载小工具。用鼠标右键单击小工具，选择快捷菜单中的"卸载"命令即可卸载小工具。

【实例2-12】计算机管理。

要求：通过"计算机管理"窗口，查看计算机系统的硬件设备和应用服务状态。

操作步骤如下。

步骤1：在"控制面板"窗口中选择"系统和安全"→"管理工具"链接，打开"管理工具"窗口。

步骤2：双击"计算机管理"快捷方式图标，打开"计算机管理"窗口。

步骤3：单击"计算机管理"窗口左窗格中的"设备管理器"，如图2-31所示；用户可以通过设备管理器来更新硬件设备的驱动程序（或软件）、修改硬件设置和解决疑难问题。

步骤4：单击右窗格中"网络适配器"前的三角按钮，可以展开"网络适配器"分支，查看本机目前安装的网络适配器及其型号，双击某网络适配器可以打开其属性窗口，了解相应驱动程序等详细信息。

步骤5：如果某项设备上出现了问号，则此项设备驱动程序的安装可能不正确，重新安装正确的驱动程序设备方可正常工作。

【实例2-13】回收站的设置。

要求：调整回收站的设置。

操作步骤如下。

步骤 1：用鼠标右键单击桌面上的"回收站"图标，在弹出的快捷菜单中选择"属性"命令，将打开图 2-32 所示的"回收站 属性"对话框。

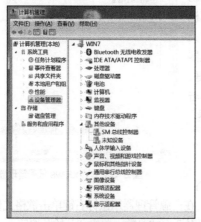

图 2-31 "计算机管理"窗口

图 2-32 "回收站 属性"对话框

步骤 2：利用该对话框可以设置回收站的容量，选中"自定义大小"单选按钮，选中某磁盘，在"最大值"文本框中输入数据。

如果选中"不将文件移到回收站中。移除文件后立即将其删除"单选按钮，则被删除的文件不进回收站，不能被恢复，它会直接从磁盘中删除。

如果勾选"显示删除确认对话框"复选框，则删除文件时会弹出确认对话框；否则删除文件时不会弹出确认对话框，而是直接删除文件。

2.2.3 实训

【实训 2-2】请按以下要求完成相关操作。

（1）设置显示分辨率为 800×600，桌面主题为 Windows 7；选择一个自己喜欢的屏幕保护程序，设置其等待时间为 1min，并等待 1min，观察屏幕保护程序是否生效，然后将等待时间设置为 30min。

（2）对系统的日期和时间进行正确的设置。

（3）对鼠标和键盘进行适当的设置，使之适合自己使用。

（4）使用"计算机管理"窗口查看各硬件设备的状态。

（5）对每一个磁盘驱动器的回收站进行适当设置，并练习"还原""删除""清空"等操作。

（6）添加"天气"小工具到桌面，并显示"重庆"的天气，使用纵向工具条改变"天气"小工具的大小。

2.3 Windows 7 高级设置

学习目标

- 掌握 Windows 任务管理器和磁盘格式化的基本操作方法。
- 掌握磁盘清理、磁盘碎片整理的操作方法。
- 掌握磁盘数据备份和还原的操作方法。

2.3.1　高级设置

【知识点 1】Windows 任务管理器

Windows 任务管理器能够使用户方便地终止或启动程序，监视正在运行的所有程序和进程，以及查看计算机的性能等。系统运行繁忙时，一些应用程序无法通过"关闭"按钮结束运行，此时就要借助 Windows 任务管理器的"结束任务"功能将其关闭。按 Ctrl+Alt+Delete 组合键，再选择"启动任务管理器"命令；或在任务栏空白处单击鼠标右键，在弹出的快捷菜单中选择"启动任务管理器"命令，均可打开"任务管理器"窗口，如图 2-33 所示。

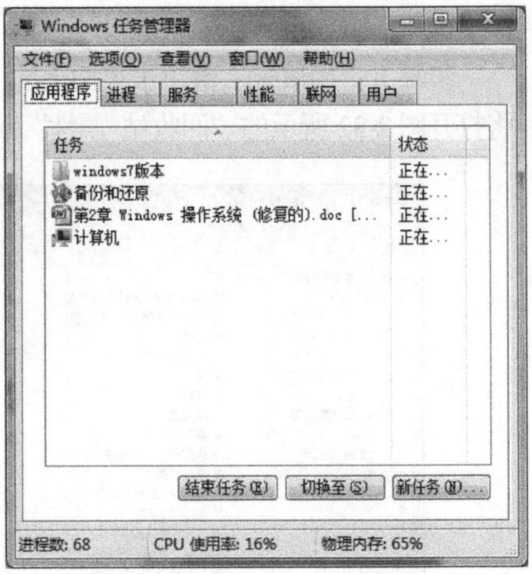

图 2-33　Windows 任务管理器

【知识点 2】磁盘格式化

磁盘格式化是指按照操作系统管理磁盘的方式，将磁盘划分成规定扇区和磁道的操作。其具体操作如下：在资源管理器用鼠标右键单击欲格式化的磁盘，在弹出的快捷菜单中，选择"格式化"命令，设置对话框的参数，单击"开始"按钮。

特别提示：格式化将抹掉当前磁盘上的所有信息，一定要谨慎操作。

【知识点 3】磁盘清理

当 Windows 运行一段时间后，由于系统或应用程序的需要可能会产生一些临时文件。当我们正常地退出应用程序或关机时，系统会自动删除这些临时文件。若是发生一些特殊的情况（如误操作、停电和非正常关机等），这些临时文件会继续驻留在磁盘上。这些文件不但占用了磁盘空间，而且降低了系统的处理速度，影响了系统的整体性能。通过"磁盘清理"可以对磁盘上的废旧文件、临时文件及回收站中的文件进行删除操作，从而释放磁盘的空间。

【知识点 4】磁盘碎片整理

磁盘使用一段时间后，会产生很多碎片，文件和文件夹的存储也会非常不连续。由于碎片文件被分隔放置在许多不相邻的部分，因此操作系统需要耗费额外的时间来读取和搜集文件的不同部分。当碎片过多时，计算机访问数据的效率会降低，系统的整体性能也会下降。通过"磁盘碎片整理"可将计算机磁盘上的破碎文件和文件夹合并，以便其能分别占据单个或连续的空间。这样，系统就可以更有效地访问文件和文件夹，更有效地保存新的文件和文件夹。

【知识点 5】磁盘数据的备份和还原

为了避免计算机发生意外或故障时造成数据的丢失，用户应该定期备份磁盘上的数据。如果事先对数据进行了备份，当用户需要时就可以将其还原，从而减少损失。Windows 7 的"备份和还原"功能十分强大和完善，如图 2-34 所示。它支持 4 种备份和还原方式，分别是文

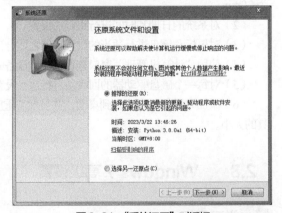

图 2-34　"系统还原"对话框

件备份和还原、系统映像备份和还原、早期版本备份和还原及系统还原，不仅备份与恢复的速度很快，而且制作出的系统映像经过高度压缩，减少了对磁盘空间的占用，还支持"一键还原"功能，操作起来更加简单。

2.3.2　实例

【实例 2-14】Windows 任务管理器的应用。

要求：使用 Windows 任务管理器查看进程和系统性能；使用 Windows 任务管理器终止程序。

操作步骤如下。

步骤 1：按 Ctrl+Alt+Delete 组合键，选择"启动任务管理器"命令，打开"Windows 任务管理器"窗口，选择"性能"选项卡，查看系统性能，如图 2-35 所示。

步骤 2：该选项卡上半部分显示了 CPU 和物理内存的使用记录曲线，下半部分显示了"物理内存""核心内存""系统"的使用信息。

步骤 3：通过观察图 2-35 中的系统资源使用情况，可以判断计算机的 CPU 或内存等是否工作在正常的状态下。若 CPU 的使用率过高，应该考虑关闭一些应用程序或进程，以缓解计算机的压力，关闭该窗口，操作完成。

图 2-35　"性能"选项卡

步骤 4：在任务栏的空白处单击鼠标右键，在弹出的快捷菜单中选择"启动任务管理器"命令以打开"Windows 任务管理器"窗口。选择"应用程序"选项卡，如图 2-33 所示，该选项卡中列出了所有前台运行的程序，且标明了应用程序的名称和状态，用户单击选中想要关闭的应用程序，然后单击"结束任务"按钮即可关闭该程序。

【实例 2-15】磁盘清理。

要求：对 D 盘进行磁盘清理。

操作步骤如下。

步骤 1：单击"开始"→"所有程序"→"附件"→"系统工具"→"磁盘清理"命令，将打开图 2-36 所示的对话框，选择要清理的驱动器，单击"确定"按钮，开始清理。

步骤 2：进行磁盘清理计算。

步骤 3：磁盘清理计算结束后，系统会弹出图 2-37 所示的对话框。在"磁盘清理"选项卡中的"要删除的文件"列表框中选定要删除的文件（相应选项前的小方框内有标记符号"√"，则表示该选项已被选定）。

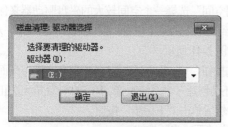

图 2-36　选择要清理的驱动器

图 2-37　磁盘清理

步骤 4：单击"确定"按钮，系统就会把选中的文件删除。

【实例 2-16】磁盘碎片整理。

要求：对 D 盘进行磁盘碎片整理。

操作步骤如下。

步骤 1：单击"开始"→"所有程序"→"附件"→"系统工具"→"磁盘碎片整理程序"命令，将打开图 2-38 所示的"磁盘碎片整理程序"窗口。

步骤 2：选择一个盘符后，单击"磁盘碎片整理"按钮，开始整理指定的磁盘（整理磁盘碎片可能会耗费较长的时间）。

【实例 2-17】文件及文件夹的备份和还原。

要求：备份和还原磁盘数据。

操作步骤如下。

步骤 1：按照前面介绍的方法打开"控制面板"窗口，并将"查看方式"设置为"小图标"，然后单击"备份和还原"图标。

步骤 2：弹出"备份或还原文件"窗口，若用户之前从未使用过 Windows 备份，窗口中会显示"尚未设置 Windows 备份"的提示信息，单击"设置备份"链接，如图 2-39 所示。

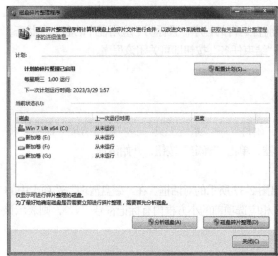
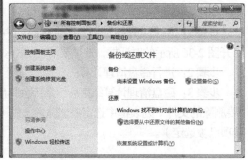

图 2-38 "磁盘碎片整理程序"窗口　　　　图 2-39 "备份或还原文件"窗口

步骤 3：弹出"设置备份"对话框，该对话框中会显示"正在启动 Windows 备份"的信息。

步骤 4：Windows 备份启动完毕，会自动关闭"设置备份"对话框，并弹出"选择要保存备份的位置"对话框，如图 2-40 所示。

步骤 5："保存备份的位置"列表框中列出了系统的内部磁盘驱动器，显示了每个磁盘驱动器的"总大小"和"可用空间"。用户可以根据"可用空间"选择一个空间较大的磁盘驱动器来保存备份，也可以单击"保存在网络上"按钮将备份保存到网络上的某个位置。设置完后单击"下一步"按钮，将弹出"您希望备份哪些内容？"对话框，如图 2-41 所示。

步骤 6：选中"让 Windows 选择（推荐）"单选按钮，Windows 会默认备份保存在库、桌面和默认 Windows 文件夹中的数据文件，而且 Windows 还会创建一个系统映像，用于在计算机无法正常工作时还原系统。在此选中"让我选择"单选按钮，然后单击"下一步"按钮。

步骤 7：勾选要备份的项目所对应的复选框，单击"下一步"按钮。

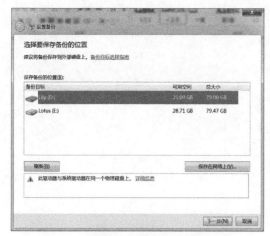

图 2-40　"选择要保存备份的位置"对话框

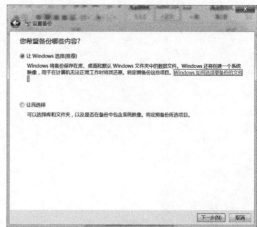

图 2-41　"您希望备份哪些内容？"对话框

步骤 8：将弹出图 2-42 所示的"查看备份设置"对话框，"备份摘要"列表框中显示了待备份的内容，"计划"选项右侧显示了计划的备份时间，单击"更改计划"链接，可在弹出的"您希望多久备份一次"对话框中设置更新备份的频率和具体时间点。

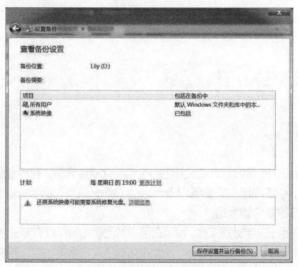

图 2-42　"查看备份设置"对话框

步骤 9：设置完后单击"确定"按钮，返回"查看备份设置"对话框，然后单击"保存设置并运行备份"按钮，随即会弹出"Windows 备份当前正在进行"对话框。

步骤 10：当提示"Windows 备份已成功完成"的信息时，单击"关闭"按钮，即可完成对所选文件及文件夹的备份。

2.3.3　实训

【实训 2-3】按照以下要求完成相关操作。

（1）选择一个 U 盘并对其进行格式化操作。

（2）对 C 盘进行碎片整理操作。

（3）使用 Windows 任务管理器查看进程和系统性能，并终止当前正在运行的部分程序。

第 3 章
文字处理

Microsoft Office 2016 是微软公司发布的办公自动化软件套装，有专业版、小型企业版、家庭版等多个不同的版本，供不同用户群使用。Microsoft Office 2016 包含 Word 2016、Excel 2016 和 PowerPoint 2016 这 3 个重要组件。

Word 2016 主要用于文字处理工作，利用它用户能创建和制作具有专业水准的文档，并能轻松、高效地组织和编写文档，其主要功能包括：强大的文本输入与编辑功能、各种类型的多媒体图文混排功能、精确的文本校对和审阅功能，以及文档打印功能等。

3.1　文档的编辑与排版

学习目标

- 掌握 Word 2016 的启动和关闭方法。
- 熟悉 Word 2016 的窗口组成。
- 掌握 Word 2016 文档的创建、保存、打开和关闭方法。
- 熟练掌握 Word 2016 文档的编辑和排版方法。

Word 2016 是 Microsoft Office 2016 中的文字处理软件，能灵活处理文本、表格、图片等内容，生成图文并茂的文稿。用 Word 2016 处理文档时，常遵循图 3-1 所示的操作流程。

图 3-1　文档处理流程

3.1.1　Word 2016 的启动、关闭和窗口组成

【知识点 1】启动 Word 2016

启动 Word 2016 可以采用以下方法。

（1）通过"开始"菜单启动：单击 Windows 7 桌面左下角的"开始"按钮→"所有程序"→"Microsoft Office"→"Microsoft Office Word 2016" ![Word 2016]。

（2）双击文档启动：双击用 Word 2016 生成的文档即可启动 Word 2016 并打开该文档。

【知识点 2】关闭 Word 2016

关闭 Word 2016 主要有以下几种方法。

（1）单击 Word 2016 窗口右上角的"关闭"按钮。

（2）若 Word 2016 窗口为当前活动窗口，此时可按 Alt+F4 组合键关闭 Word 2016。

（3）在 Word 2016 标题栏上单击鼠标右键，在弹出的快捷菜单中选择"关闭"命令。

【知识点 3】Word 2016 的窗口组成

Word 2016 的窗口主要由快速访问工具栏、标题栏、选项卡、功能区、"文件"菜单、智能搜索框、文档编辑区和状态栏等组成，如图 3-2 所示。

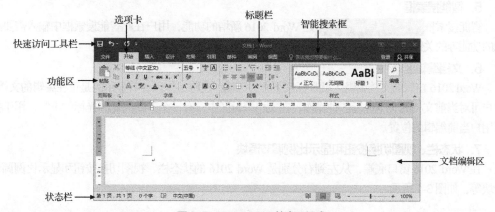

图 3-2　Word 2016 的窗口组成

1. 快速访问工具栏和标题栏

Word 2016 窗口最顶端从左到右分别是快速访问工具栏、标题栏，以及"功能区显示选项""最小化""最大化/向下还原""关闭"等按钮。

快速访问工具栏 用于快速执行某些操作。 是"保存"按钮，用以保存当前文档。 是"撤销"按钮， 是"重复键入"按钮，单击"撤销"按钮可以撤销最近执行的操作，恢复到执行操作前的状态，而"重复键入"按钮的作用与"撤销"按钮刚好相反。快速访问工具栏在默认情况下只放置了少数按钮，单击 按钮，可以自行添加其他命令按钮。

标题栏位于窗口顶部中间，用于显示正在编辑文档的名称 文档1 - Word 。

2. 选项卡

选项卡位于标题栏下方，Word 2016 默认选项卡有"开始""插入""设计""布局""引用""邮件""审阅""视图"等。单击某个选项卡，其下方会显示与之对应的功能区，每个功能区又根据操作的相似性分为若干个组，如图 3-3 所示。当鼠标指针指向某个按钮时，会显示该按钮的名称及功能；单击每个组的"对话框启动器"按钮可以打开该组的对话框。

图 3-3 "开始"选项卡及其功能区

3. 功能区

功能区占据屏幕空间较多，使工作区变小了。为解决此问题，Word 2016 提供了"功能区显示选项"按钮，该按钮位于窗口右上角"最小化"按钮左侧，如图 3-4 所示。单击"功能区显示选项"按钮可以选择"自动隐藏功能区"等命令来调整功能区的显示。

图 3-4 "功能区显示选项"按钮

4. "文件"菜单

"文件"菜单主要用于执行文档的新建、打开、保存、共享等基本操作。使用"文件"菜单最下方的"选项"命令可打开"Word 选项"对话框，用以对 Word 2016 进行常规、显示、校对、自定义功能区等多项设置。

5. 智能搜索框

智能搜索框 告诉我您想要做什么... 是 Word 2016 新增的功能，用户在此智能搜索框中输入需要查找的功能等的关键字，可轻松找到相关的操作说明。

6. 文档编辑区

Word 2016 窗口的文档编辑区就是标尺下方的区域，也称工作区，其显示的是正在编辑的文档，用户可对当前文档的文本进行各种操作。在文档编辑区中，有一个不断闪烁的光标"│"，用于指示用户当前编辑的位置。

7. 状态栏、视图切换按钮和显示比例调节滑块

在 Word 2016 窗口底端，从左到右分别是 Word 2016 的状态栏、视图切换按钮和显示比例调节滑块等，如图 3-5 所示。

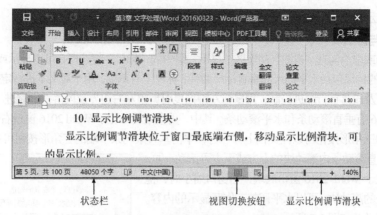

图 3-5　状态栏、视图切换按钮和显示比例调节滑块

（1）状态栏

状态栏位于 Word 2016 窗口左下角，主要用于显示正在编辑的文档的相关信息，包括页数、字数、输入状态等。

（2）视图切换按钮

视图切换按钮位于 Word 2016 窗口底端右侧，用于切换正在编辑的文档最常用的几种视图："阅读视图""页面视图""Web 版式视图"。

Word 2016 的视图有"阅读视图""页面视图""Web 版式视图""大纲视图""草稿"，允许用户从不同角度观察文档的效果，其中"阅读视图""页面视图""Web 版式视图"这 3 种视图可通过窗口最下端的视图切换按钮进行快速切换。默认情况下，文档以"页面视图"方式显示，用户也可以根据需要选择"视图"选项卡→"视图"组→"页面视图"（或"阅读视图""Web 版式视图""大纲视图""草稿"），如图 3-6 所示。

"页面视图"以打印效果显示文档，具有"所见即所得"的特点。在"页面视图"中，用户可以直接看到文档外观以及图形、文字、页眉、页脚等在页面的位置，这样，在屏幕上就可以看到文档打印在纸上的样子。该视图是最接近打印效果的视图，常用于对文本、段落、版面或者文档外观进行修改。

图 3-6　选择"页面视图"

"阅读视图"以图书分栏样式显示文档，且该视图下快速访问工具栏、功能区等窗口元素被隐藏起来。在"阅读视图"中，用户还可以单击"工具"按钮选择各种阅读工具。该视图适合用户查阅文档，模拟书本的阅读方式让用户感觉如同在翻阅书籍。

在"Web 版式视图"下，文本与图形的显示与在 Web 浏览器中显示一致，该视图适用于发送电子邮件和创建网页。

"大纲视图"可以根据文档标题级别显示正在编辑文档的大纲结构，它将所有标题分级显示出来，各种层级的折叠和展开很方便。"大纲视图"广泛用于长文档的快速浏览和编辑。

"草稿"简化了页面布局，主要显示正在编辑文档的文本及其格式，取消了页边距、分栏、页眉、页脚和图片等元素，仅显示标题和正文，是最节省计算机系统硬件资源的视图。由于只显示字体、字形、字号、段落及行间距等最基本的格式，页面的布局简化到了极致，因此"草稿"适合快速输入或编辑文字。

（3）显示比例调节滑块

显示比例调节滑块位于 Word 2016 窗口底端右侧，用户移动显示比例调节滑块可以调整正在编辑的文档的显示比例。

8. 标尺与滚动条

通过勾选或取消勾选"视图"功能区"显示"组中的"标尺"复选框，可以显示或者隐藏标尺。Word 2016 中的标尺包括水平标尺和垂直标尺两种，标尺上有刻度，用于对文本进行定位。标尺提供文档左右边界及段落首行缩进控制，用鼠标左键拖曳可调整左右边界及段落首行缩进。

Word 2016 有垂直滚动条和水平滚动条。其中，垂直滚动条位于 Word 2016 窗口右侧，单击垂直滚动条上端的三角形按钮可以让文档上移一行，单击垂直滚动条下端的三角形按钮可以让文档下移一行，单击垂直滚动条内滚动块的上方或下方可滚动一页。水平滚动条位于 Word 2016 窗口底端，当窗口缩小时，拖动水平滚动条的滚动块，可以水平调整工作区显示的内容。

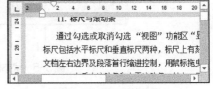

标尺与滚动条如图 3-7 所示。

图 3-7　标尺与滚动条

3.1.2　Word 2016 基本操作

【知识点 4】创建新文档

1. 新建空白文档

（1）通过"新建"命令新建。

选择"文件"菜单→"新建"命令，单击"空白文档"，如图 3-8 所示。

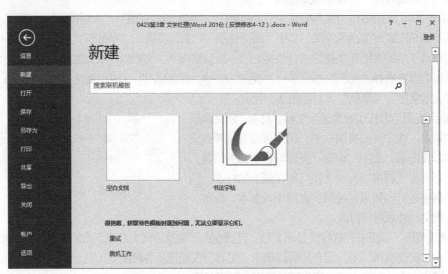

图 3-8　通过"新建"命令新建空白文档

（2）通过快速访问工具栏新建。

单击"自定义快速访问工具栏"按钮→"新建"命令，然后单击快速访问工具栏中的"新建"按钮，如图 3-9 所示。

图 3-9　通过快速访问工具栏新建空白文档

（3）通过 Ctrl+N 组合键新建。

2. 根据模板新建文档

例如，根据 Word 2016 提供的"简历和求职信"模板创建文档。

选择"文件"菜单→"新建"命令，在搜索框中输入"简历和求职信"并按 Enter 键，然后选择合适的选项，如图 3-10 所示。

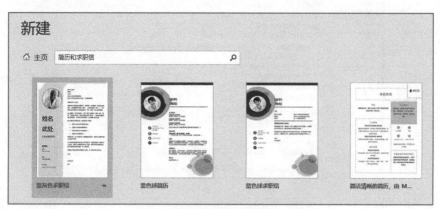

图 3-10　选择"简历和求职信"模板

【知识点 5】文档保存

Word 2016 保存文档时扩展名默认为".docx"。

1. 保存文档

选择"文件"菜单→"保存"命令或直接单击快速访问工具栏上的 🖫，或按 Ctrl+S 组合键，保存正在处理的文档到当前位置。

注意：初次保存文档时，会弹出"另存为"对话框，如图 3-11 所示。在"文件名"文本框中可输入文件名，单击"保存类型"下拉列表框右侧的下拉按钮可选择需要的文件类型。

图 3-11　"另存为"对话框

2. 另存文档

选择"文件"菜单→"另存为"命令，在弹出的"另存为"对话框中选择保存位置，也可更改文件名和文件类型。

3. 自动保存文档

选择"文件"菜单→"选项"命令，在弹出的对话框左侧选择"保存"选项，勾选"保存自动恢复信息时间间隔"复选框，同时在其数值框中设置自动保存时间间隔，如图 3-12 所示。

图3-12　设置自动保存文档

【知识点6】打开Word 2016文档

打开Word 2016文档的常用方法如下。

（1）选择"文件"菜单→"打开"命令。

（2）单击快速访问工具栏中的"打开"按钮（需要提前调出该按钮）。

（3）按Ctrl+O组合键。

（4）直接双击Word文档图标。

【知识点7】关闭Word 2016文档

关闭Word 2016文档的常用方法如下。

（1）选择"文件"菜单→"关闭"命令。

（2）单击Word 2016窗口右上角的"关闭"按钮。

3.1.3　文本输入

【知识点8】输入文本

Word 2016通过键盘或鼠标输入文本。文本是文字、符号、特殊字符、表格和图形等内容的总称。想要输入文本，首先要将光标定位到需要插入文本的位置，输入的文本将显示在光标处，而光标自动向右移动。

1. 设置输入法

在输入文本之前，最好先设置好要使用的中文输入法，用户可用Ctrl+Shift组合键来选择一种中文输入法；如果文本中需要交替输入英文和中文，用户可用Ctrl+Space组合键实现中英文输入法的切换。

2. 文本输入遵循的原则

文本输入应遵循以下基本原则。

（1）不要用Space键进行字间距的调整以及标题居中、段落首行缩进的设置。

（2）不要用Enter键进行段落间距的排版；当一个段落结束时，才应按Enter键。

（3）不要用连续按Enter键产生空行的方法进行内容分页的设置。

输入文本时，可以连续输入，不需要在每行的末尾按Enter键。若当前行没有足够的空间容纳正在输入的单词，系统会自动把整个单词移到下一行的起始位置，这就是文字处理软件的自动换行功能。如果要强制换行，就按 Enter 键（即分段）。

【知识点 9】"插入"和"改写"模式

输入文本时有"插入"和"改写"两种模式。在"插入"模式下，输入的文本将插入当前光标所在位置，光标后面的内容将按顺序后移；而在"改写"模式下，输入的文字会把光标后相同数量的文字替换掉，其余的文字位置不改变。

"插入"和"改写"两种模式可通过 Insert 键来切换。

【知识点 10】光标定位

在处理文档时，常需要先将光标定位到指定位置后再进行相关操作，光标定位的方法主要有以下 3 种。

1. 鼠标定位

使用鼠标左键拖动垂直滚动条或水平滚动条到要定位光标的文档页面，然后在需要的位置单击即可快速定位光标。

2. 键盘定位

使用键盘也可准确定位光标，表 3-1 所示为定位光标的快捷键列表。

表 3-1　定位光标的快捷键列表

快捷键	功能	快捷键	功能
↑	上移一行	PageUp	上移一屏
↓	下移一行	PageDown	下移一屏
←	左移一个字符	Home	移到行首
→	右移一个字符	End	移到行尾
Ctrl+↑	上移一段	Ctrl+PageUp	上移一页
Ctrl+↓	下移一段	Ctrl+PageDown	下移一页
Ctrl+←	左移一个单词	Ctrl+Home	移到文档首
Ctrl+→	右移一个单词	Ctrl+End	移到文档尾

3. 命令定位

选择"开始"选项卡→"编辑"组→"查找"下拉按钮→"转到"命令，在弹出的对话框中切换到"定位"选项卡，先在"定位目标"列表框中选择定位目标，然后在其右侧的文本框中输入具体定位的内容（如输入页号等），如图 3-13 所示，即可迅速定位内容。

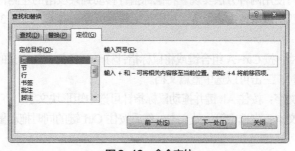

图 3-13　命令定位

【知识点 11】特殊符号

特殊符号是指无法通过键盘直接输入的符号（如"♫"等）。其输入方法：选择"插入"选项卡→"符号"组→"符号"按钮→"其他符号"命令,在弹出的"符号"对话框的"符号"选项卡中单击"字体"下拉列表框右侧的下拉按钮,先在下拉列表中选择符号类型,然后在其下面的列表框中单击所需符号,如图3-14所示,单击"插入"按钮,完成特殊符号的插入。

说明:"符号"对话框将符号按照不同类型进行了分类,在插入特殊符号前,先选择符号类型(单击"字体"或者"子集"下拉列表框右侧的下拉按钮选择符号类型)。此外,还可以通过"特殊字符"选项卡插入特殊字符,如图3-15所示。

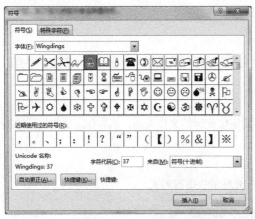

图3-14　插入特殊符号　　　　　　　　　图3-15　插入特殊字符

3.1.4　文本编辑

【知识点12】选择文本

对文本进行有关操作时,首先要选中文本,即确定编辑的对象。

单击"开始"选项卡→"编辑"组→"选择"按钮,可在下拉列表中选择"全选"或"选择对象"等命令进行文本的选择。也可以用以下方法选择文本。

(1)选中字符:双击该字符。

(2)选中一行:将鼠标指针移动到该行的左侧,当鼠标指针变成右倾斜的箭头形状时,单击可选中该行。

(3)选中多行:将鼠标指针移动到该行的左侧,当鼠标指针变成右倾斜的箭头形状时,向上或向下拖动鼠标可选中多行。

(4)选中一句:按住 Ctrl 键,然后单击某句文本的任意位置可选中该句文本。

(5)选中段落:可使用两种方法实现。将鼠标指针移动到某段落的左侧,当鼠标指针变成指向右边的箭头形状时,双击可以选中该段落;在段落的任意位置三击(连续按3次鼠标左键)可选中整个段落。

(6)选中全部文档:按 Ctrl+A 组合键或将鼠标指针移动到任何文档正文的左侧,当鼠标指针变成右倾斜的箭头形状时,三击可以选中整篇文档。

(7)选中矩形块文字:按住 Alt 键并拖动鼠标指针可选中矩形块文字。

(8)选择不连续文本:先选中第一处文本,然后按住 Ctrl 键的同时拖动鼠标指针依次选中其他文本。

【知识点13】插入和删除文本

当文档中需要插入文本时,将光标定位好后直接输入新的文本即可。

当需要删除某些文本时,将光标定位到错误字符之后按 Backspace 键,或者定位到错误字符之前按 Delete 键。用户也可以先选定需要删除的文本，然后按 Backspace 键或按 Delete 键。

注意：Delete 键删除光标右侧的一个字符，Backspace 键删除光标左侧的一个字符。

【知识点 14】复制和移动文本

将鼠标指针定位到指定文本前，单击选中文本，然后可以用以下方法完成选中文本的复制和移动。

（1）鼠标拖动方法

拖动鼠标将所选内容拖动到新的位置，就完成了文本的移动；如果按住 Ctrl 键拖动鼠标将所选内容拖动到新位置，就复制了文本。

（2）快捷键法

按 Ctrl+X 组合键实现剪切，按 Ctrl+C 组合键实现复制，按 Ctrl+V 组合键实现粘贴。

（3）功能区"剪贴板"组按钮法

通过"开始"选项卡→"剪贴板"组→"复制"（或"剪切""粘贴"）按钮，如图 3-16 所示，可以实现文本的复制（或移动）操作。图 3-16 中，"粘贴"下拉列表有更多粘贴选项（如"保留源格式""合并粘贴""只保留文本"等），用户可根据需要选择。

图 3-16 "剪贴板"组

【知识点 15】撤销和恢复文本

利用软件提供的撤销和恢复功能可以对错误操作予以反复纠正。

撤销：单击快速访问工具栏的"撤销"按钮 ↺ 或按 Ctrl+Z 组合键。

恢复：单击快速访问工具栏的"重复键入"按钮 ↻ 或按 Ctrl+Y 组合键，或按 F4 键。

【知识点 16】拼写和语法

文档有时会出现一些不同颜色的波浪线，这是文字处理软件联机校对功能（如拼写和语法）的应用所导致的。对于文档中的英文，拼写和语法功能可以发现一些很明显的单词拼写和语法错误。如果是单词拼写错误，则该单词下面自动加上红色波浪线；如果是语法错误，则该英文短语或句子下面自动加上绿色波浪线，但是对于文档中的中文，这个功能不太准确，可以选择忽略。

3.1.5 文本格式化

【知识点 17】字符格式

字符格式主要包括字体、字号、字形、下画线、删除线、上下标、文本效果、突出显示文本、字体颜色、字符边框、字符底纹、字间距等。

1. 使用"字体"对话框设置字符格式

单击"开始"选项卡→"字体"组→"对话框启动器"按钮，弹出"字体"对话框，如图 3-17 所示，在"字体"选项卡中，可设置中文和西文字体、字形、字号、字体颜色、下画线线型、着重号和字符效果等；在"高级"选项卡中，可设置字符间距（缩放、间距、位置）等；单击对话框底部的"文字效果"按钮，可设置字符动态效果。

2. 使用"字体"组按钮设置字符格式

单击"开始"选项卡→"字体"组中的按钮，可完成相关字符格式的设置，如单击"字体"下拉列表框右侧的下拉按钮，可设置字体；单击"字号"下拉列表框右侧的下拉按钮，可设置字号。

"字体"组第 1 行依次为"字体"下拉列表框右侧的下拉按钮、"字号"下拉列表框右侧的下拉按钮以及"增大字号""减小字号""更改大小写""清除所有格式""拼音指南""字符边框"等按钮，第 2 行依次为"加粗""倾斜""下画线""删除线""下标""上标""文本效果和版式""以不同颜色突出显示文本""字体颜色""字符底纹""带圈字符"等按钮，如图 3-18 所示。

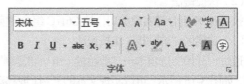

图 3-17　"字体"对话框　　　　　　　　　　图 3-18　"字体"组

【知识点 18】段落格式

段落格式主要包括段落对齐、缩进、行和段落间距、段落底纹、下框线等。

1. 使用"段落"对话框设置段落格式

单击"开始"选项卡→"段落"组→"对话框启动器"按钮,弹出"段落"对话框,如图 3-19 所示,在"缩进和间距"选项卡中,可设置段落的对齐方式、大纲级别、缩进(左侧、右侧、特殊格式和缩进值)、间距(段前、段后、行距)等。在"换行和分页"选项卡中,可设置分页情况(如与下段同页、段中不分页、段前分页等)。

2. 使用"段落"组按钮设置段落格式

单击"开始"选项卡→"段落"组相应按钮,可进行字符段落格式的设置。"段落"组第 1 行按钮依次为"项目符号""编号""多级列表""减少缩进量""增加缩进量""中文版式""排序""显示/隐藏编辑标记";第 2 行按钮依次为"左对齐""居中""右对齐""两端对齐""分散对齐""行和段落间距""底纹""边框",如图 3-20 所示。

图 3-19　"段落"对话框　　　　　　　　　　图 3-20　"段落"组

3. 使用标尺设置段落缩进

单击"视图"选项卡,在"显示"组中勾选"标尺"复选框,则工作区上方标尺上呈现出段落缩进标记,如图 3-21 所示。拖动标记可直接设置段落缩进。

图 3-21　标尺上的段落缩进标记

【知识点 19】用格式刷复制文本格式

使用格式刷可复制字符和段落格式,操作方法如下。

(1)选定格式样本。

(2)单击或双击"开始"选项卡→"剪贴板"组→"格式刷"按钮 。

(3)拖动鼠标选择需定义格式的文本。如果是段落,用户可以在段落左边空白处(文档选定区)将鼠标指针指向该段落后单击。

注意:单击"格式刷"按钮只复制一次文本格式,双击"格式刷"按钮可多次复制文本格式。

【知识点 20】项目符号、编号、多级列表

在文档中,相同级别段落前面有时需要加一些符号(如实心圆、正角形等特殊符号)、编号(如1、2、3或一、二、三)或多级列表(如1、1.1、1.1.1),使文档的层次结构清晰、有条理,增加文档的可读性。其中项目符号主要用于罗列项目,各个项目间无先后顺序;若各个项目存在一定的先后顺序则使用编号或多级列表。

1. 添加默认项目符号

将光标定位在文档中需要添加项目符号的段落(或选中该段落),单击"开始"选项卡→"段落"组→"项目符号"按钮,则默认添加"●"项目符号。

2. 设置项目符号样式

单击"项目符号"下拉按钮,在"项目符号库"列表框中选择项目符号样式,如图 3-22 所示。若需要定义新的项目符号样式,选择"定义新项目符号"命令。

3. 取消项目符号

取消项目符号,可采用以下方法之一。

(1)按两次 Enter 键。

(2)按 Backspace 键删除列表中的最后一个项目符号。

(3)选择"项目符号库"列表框中的"无"。

4. 添加编号

与添加项目符号的操作类似,单击"编号"按钮,添加默认编号样式("1.")。

添加其他编号样式,单击"编号"下拉按钮,在"编号库"列表框中选择编号样式。若需要定义新编号,则选择"定义新编号格式"命令,在弹出的对话框中可定义新编号,如图 3-23 所示。

5. 取消编号

取消编号与取消项目符号的操作类似。

6. 调整编号

选中要调整编号的段落,用鼠标右键单击选中的文本,在弹出的快捷菜单中选择"调整列表缩进"命令,可调整编号的位置、文本缩进量、编号之后的符号,如图 3-24(a)所示;若选择"设置编号值"命令,可重新设置起始编号,如图 3-24(b)所示。

图 3-22　"项目符号库"列表框

图 3-23　"定义新编号格式"对话框

(a)

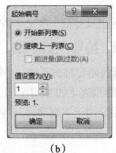

(b)

图 3-24　编号调整

7. 多级列表

多级列表与项目符号的使用类似。如需定义新多级列表，单击"多级列表"下拉按钮，若选择"定义新的多级列表"命令，在弹出的对话框中可重新定义多级列表的级别、编号格式、编号样式、对齐方式、对齐位置、文本缩进位置等，如图 3-25 所示。

单击"多级列表"下拉按钮，若选择"定义新的列表样式"命令，在弹出的对话框中可定义列表样式名称、起始编号、级别、字体、字号、字形、颜色等；单击左下角的"格式"按钮，在下拉列表中选择"编号"命令，可修改多级列表，如图 3-26 所示。

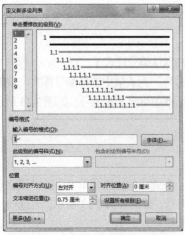

图 3-25　"定义新多级列表"对话框

图 3-26　"定义新列表样式"对话框

3.1.6 页面美化

格式化文本后，往往还需要对文档进行页面美化，如在"布局"选项卡→"页面设置"组中，可设置页边距、纸张大小、纸张方向、分栏和插入分隔符等；在"设计"选项卡中，可设置主题、文档效果、水印、页面颜色、页面边框等。

【知识点 21】纸张大小和方向

单击"布局"选项卡→"页面设置"组→"纸张大小"按钮，选择纸张大小；单击"纸张方向"按钮，选择纸张方向，如"纵向"或"横向"。

【知识点 22】页边距

单击"布局"选项卡→"页面设置"组→"对话框启动器"按钮，在弹出的"页面设置"对话框（见图3-27）中，可设置上、下、左、右页边距和装订线位置，在"多页"下拉列表中可设置"对称页边距"。

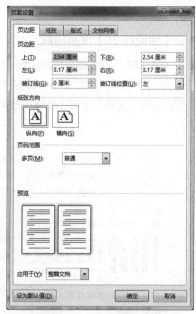

图3-27 "页面设置"对话框

【知识点 23】分栏

分栏功能可以将选中的文本拆分成两栏或更多栏。单击"布局"选项卡→"页面设置"组→"分栏"按钮，在弹出的下拉列表中选择"两栏"（或"三栏""偏左""偏右"等）选项。

单击"分栏"按钮，在弹出的下拉列表中选择"更多分栏"命令，在弹出的"分栏"对话框中可设置分隔线、栏宽等，如图3-28所示。

【知识点 24】水印

水印指在页面内容后面插入虚影文字，用于表示要将文档特殊对待，如机密或严禁复制。

单击"设计"选项卡→"页面背景"组→"水印"按钮，在下拉列表中选择"机密"样式或选择"自定义水印"命令，在弹出的"水印"对话框中定义图片水印或文字水印，如图3-29所示。

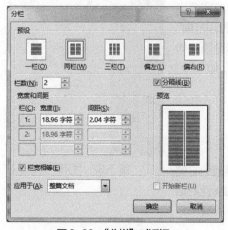

图3-28 "分栏"对话框

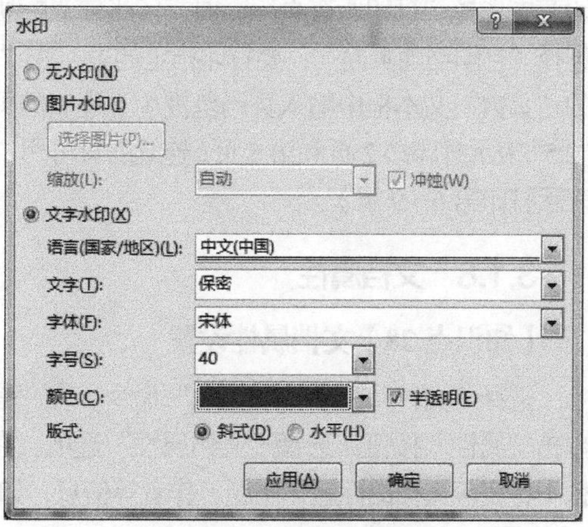

图3-29 "水印"对话框

【知识点 25】页面颜色

单击"设计"选项卡→"页面背景"组→"页面颜色"按钮，在下拉列表中选择页面背景颜色（如"橄榄色，强调文字颜色3，淡色40%"），如图3-30所示，或者选择"其他颜色""填充效果"

选项进行相应的设置。

【知识点 26】页面边框

边框指文字或表格外围的框线，底纹指文字或表格的背景，页面边框指页面周围的边框线。

单击"设计"选项卡→"页面背景"组→"页面边框"按钮，弹出"边框和底纹"对话框，在"页面边框"选项卡中可添加或更改页面的边框，如图 3-31 所示。

图 3-30　"页面颜色"下拉列表

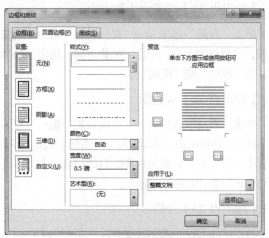

图 3-31　"页面边框"选项卡

3.1.7　文档打印

【知识点 27】打印

选择"文件"菜单→"打印"命令，在"打印"列表中设置打印机、打印范围和份数等，如图 3-32 所示。打印之前，在此界面右侧可以预览文件的打印效果。

在"份数"数值框中可设置打印的份数。打印完整文档，打印范围选择"打印所有页"；要打印当前光标所在页，打印范围选择"打印当前页面"；要打印指定的页，在"自定义打印范围"的"页数"文本框中输入页码范围（不连续的页用逗号分隔，如"2,5"表示打印第 2 页和第 5 页；连续的页可用"-"连接，如"6-9"表示打印第 6～9 页）。

3.1.8　文档属性

【知识点 28】文档属性设置

选择"文件"菜单→"信息"命令，在"信息"界面的右侧单击"属性"按钮，选择"文档属性"选项。在弹出的属性对话框中，完善文档的标题、主题、作者等信息，如图 3-33 所示。

图 3-32　"打印"列表

3.1.9　实例

【实例 3-1】文档编辑与排版（篮球赛通知）。

打开素材文件"篮球赛通知（素材）.docx"，按以下要求完成文档的编辑与排版。

（1）将素材文件"篮球赛通知（素材）.docx"另存为"篮球赛通知（学号）.docx"，此后所有操作均基于该文档。其中，学号为自己的学号，".docx"为文档扩展名（系统自带），文件名不区分字母大小写。

（2）将页面纸张大小设置为"宽 21 厘米，高 26 厘米"，纸张方向设置为"纵向"，页边距的上、下均为 3 厘米，左、右均为 2.5 厘米。

（3）将文档中的部分"学生"替换为"大学生"（其中涉及学生会的不要替换），"****"全部替换为"2022"。

（4）为文档中的"比赛时间："至"领队会："添加编号，为"人员："至"地点："（即"领队会："后面 3 段）添加项目符号，如图 3-34 所示。

（5）完成以下格式设置。

① 将文档的中文字体设置为"宋体、常规、小四"，西文字体设置为"Times New Roman"，行距设置为"最小值、20"，左侧缩进 0 字符，首行缩进 2 字符。

图3-33　文档属性

1. 比赛时间：2022 年 11 月 20 日—11 月 26 日
2. 比赛地点：学校篮球场
3. 参赛方式：以学院为单位报到校学生会办公室
4. 组队要求：领队、教练员各 1 名，队员 12 名
5. 比赛形式：初赛以抽签方式分为两组，采用循环积分制，分别取前两名。决赛以单场淘汰制进行
6. 主办团体：校学生会
7. 报名截止日期：2022 年 11 月 18 日 17:00 前
8. 领队会：
- 人员：各学院篮球队领队
- 召开时间：2022 年 11 月 19 日 12:30
- 地点：体育军事教研部会议室

图3-34　添加编号和项目符号

② 标题为标准色红色、三号、黑体、居中，段前、段后间距为 1 行，文本效果自行选择，阴影自行选择。

③ 将文本"各学院学生会："设置为黑体、四号字，缩进特殊格式设置为"无"。

④ 将添加有项目符号的 3 段左侧缩进 0 字符，首行缩进 4 字符。

⑤ 文本"比赛时间："后面的时间和文本"报名截止日期："后面的时间均为"红色、粗体、字符底纹"。文本"学校篮球场"设置为"蓝色、加粗"，字符缩放 120%、字符间距加宽 2 磅。文本"现决定于 2022 年 11 月 20 日举行'迎新'杯大学生男子篮球赛"加双下画线。

⑥ 文本"主办：体育部"至文档末右对齐。"主办：体育部"段前间距为 1 行。

（6）将文本"请各学院将参赛队员名单……在比赛中赛出好成绩。"分为等宽 2 栏，并添加分隔线。

（7）添加内置的"空白"型页眉，输入文字"篮球赛通知"，设置页眉文字为"三号、黑体、深红色（标准色）、加粗"。在页面底端按照"普通数字 1"样式插入页码，设置起始页码为"1"，页码居中。

（8）为页面添加内容为"篮球赛通知"的水印。

（9）设置页面颜色、填充效果样式，自行选择纹理（如"信纸"等）。

（10）完善文档属性信息（标题和主题为"篮球赛通知"，作者为学号加姓名），预览文档的打印效果。

操作步骤如下。

步骤 1：双击素材文件"篮球赛通知（素材）.docx"将其打开，选择"文件"菜单→"另存为"→"浏览"命令，在弹出的对话框中选择保存位置，并输入文件名"篮球赛通知（学号）"，保存类型选择"Word 文档（*.docx）"，单击"保存"按钮。

步骤 2：单击"布局"选项卡→"页面设置"组→"对话框启动器"按钮，在弹出的对话框中设置页边距上、下均为 3 厘米，左、右均为 2.5 厘米，纸张方向选择"纵向"；切换到"纸张"选项卡，"纸张大小"选择"自定义大小"，宽度、高度分别设置成"21 厘米""26 厘米"，单击"确定"按钮，关闭对话框（Word 部分对话框中有关设置完成后会自行关闭对话框）。

步骤 3：将光标定位到文档开始，单击"开始"选项卡→"编辑"组→"替换"按钮，弹出"查找和替换"对话框，在"查找内容"下拉列表框中输入"学生"，在"替换为"下拉列表框中输入"大学生"，单击"查找下一处"按钮，查看该处是否需要替换，如果需要替换，单击"替换"按钮（如果不需要替换则直接单击"查找下一处"按钮），再次单击"查找下一处"按钮，定位下一个"学生"，重复上述操作，直至查找、替换完毕。将光标定位到文档开始，参照上述操作再次打开"查找和替换"对话框，在"查找内容"下拉列表框中输入"****"，在"替换为"下拉列表框中输入"2022"，单击"全部替换"按钮。

步骤 4：选中文档中需要添加编号的段落（"比赛时间："至"领队会："），单击"开始"选项卡→"段落"组→"编号"下拉按钮，在"编号库"列表框中选择第一种编号样式（1.…; 2.…; 3.…）；选中文档中需要添加项目符号的段落（"人员："至"地点："），单击"开始"选项卡→"段落"组→"项目符号"下拉按钮，在"项目符号库"列表框中选择"●"。

步骤 5：具体操作如下。

① 选中整个文档（可按 Ctrl+A 组合键），单击"开始"选项卡→"字体"组→"对话框启动器"按钮，在弹出的"字体"对话框中，将中文字体设置为"宋体、常规、小四"，西文字体设置为"Times New Roman"；选中所有文字。单击"开始"选项卡→"段落"组→"对话框启动器"按钮，在弹出的"段落"对话框中，将行距设置为"最小值、20"，左侧缩进 0 字符，首行缩进 2 字符（当单位与需要设置的单位不一致时，请重新选择或输入新单位）。

② 选中标题，单击"开始"选项卡→"字体"组→"字体"下拉列表框右侧的下拉按钮，选择"黑体"；单击"字号"下拉列表框右侧的下拉按钮，选择"三号"；单击"字体颜色"下拉按钮，选择标准色"红色"；单击"文本效果和版式"按钮，选择"发光"，在"发光变体"列表中选一种，如"红色，11pt 发光，个性色 2"（即第 3 行第 2 列）；单击"段落"组的"居中"按钮，再单击"段落"组中的"对话框启动器"按钮，在弹出的"段落"对话框中设置段前和段后间距均为"1 行"。

③ 选中文本"各学院学生会："，设置为"黑体、四号"；在"段落"对话框中设置缩进特殊格式为"无"。

④ 选中添加有项目符号的 3 段，在"段落"对话框中设置左侧缩进 0 字符，首行缩进 4 字符。

⑤ 选中"2022 年 11 月 20 日—11 月 26 日"，单击"开始"选项卡→"字体"组→"加粗""字体颜色""字符底纹"按钮；保持文本的选中状态，单击"开始"选项卡→"剪贴板"组→"格式刷"按钮，拖动鼠标刷文本"2022 年 11 月 18 日 17:00 前"；单击"开始"选项卡→"字体"组→"对话框启动器"按钮，在弹出的"字体"对话框的"高级"选项卡中设置字符间距缩放为"120%"、间距为"加宽"、磅值为"2 磅"。

⑥ 选中"主办：体育部……"至文档末，单击"开始"选项卡→"段落"组→"右对齐"按钮；选中"主办：体育部"，单击"开始"选项卡→"段落"组→"对话框启动器"按钮，在弹出的"段

落"对话框中设置段前间距为"1 行"。

步骤 6：选中文本"请各学院将参赛队员……"，单击"布局"选项卡→"页面设置"组→"分栏"按钮，选择"更多分栏"选项，在弹出的"分栏"对话框中选中"两栏"，勾选"分隔线"。

步骤 7：单击"插入"选项卡→"页眉和页脚"组→"页眉"按钮→"内置"栏中的"空白"型页眉，输入文字"篮球赛通知"（如有空行，请删除空行）。选中页眉文字"篮球赛通知"，单击"开始"选项卡→"字体"组，分别设置字体、字号、字体颜色和加粗。单击"页眉和页脚工具 | 设计"选项卡→"关闭"组→"关闭页眉和页脚"按钮，关闭页眉。单击"插入"选项卡→"页眉和页脚"组→"页码"按钮，选择"设置页码格式"选项，在"页码格式"对话框中编号格式选择 1,2,3…，起始页码设置为 1。单击"页码"按钮→"页面底端"→"普通数字 1"样式，在底端删除多余的空行。单击"开始"选项卡→"段落"组→"居中"按钮。单击"页眉和页脚工具 | 设计"选项卡→"关闭"组→"关闭页眉和页脚"按钮，关闭页眉。

步骤 8：单击"设计"选项卡→"页面背景"组→"水印"按钮，选择"自定义水印"选项，在"水印"对话框中选择"文字水印"，在"文字"文本框中输入"篮球赛通知"，自行设置字体、字号和颜色。

步骤 9：单击"设计"选项卡→"页面背景"组→"页面颜色"按钮，选择"填充效果"选项，在弹出的对话框的"纹理"选项卡中自行选择一种纹理（如"信纸"等）。

步骤 10：选择"文件"菜单→"信息"命令，在"信息"界面的右侧单击"属性"按钮，选择"文档属性"选项。在弹出的对话框中，按要求完善文档的标题、主题、作者等信息。选择"文件"菜单→"打印"命令，"篮球赛通知"文档的打印效果如图 3-35 所示。

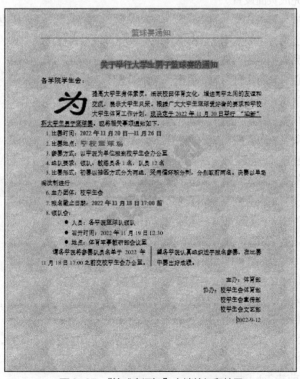

图 3-35　"篮球赛通知"文档的打印效果

【实例 3-2】价目表的制作。

打开素材文件"麦香青珂缘点心坊（素材）.docx"，另存为"麦香青珂缘点心坊（学号）.docx"，此后所有操作均基于该文档。按以下要求完成价目表的制作。

（1）设置文档纸张大小为"A4"、纸张方向为"横向"、页边距为"普通"。

（2）在文档"点心"段和"茶饮料"段前后插入一个特殊符号（如➸点心➻、➸茶饮料➻）。

（3）完成以下格式设置。

① 标题"麦香青珂缘"字体格式为"华文琥珀、浅绿、初号"，自行设置文字效果，"点心坊"字体格式为"华文隶书、紫色、一号"，标题居中。

② "➸点心➻"字体格式为"华文新魏、小初"，其中，"点心"为"紫色、加粗"（"➸茶饮料➻"格式相同），左缩进0个字符，在特殊格式中选择"无"。

③ 菜单部分字体可设置为"华文新魏、二号"，左侧缩进0个字符，在特殊格式中选择"无"。

（4）添加图 3-36 所示的制表位。

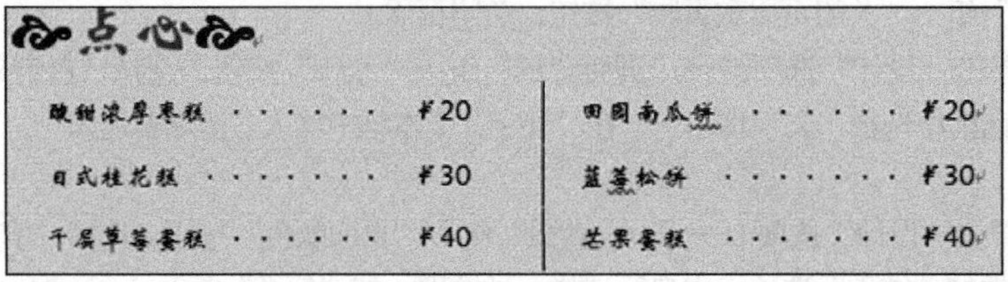

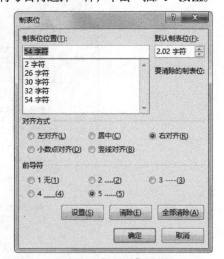

图 3-36　制表位

（5）自行设置页面颜色和页面边框。

操作步骤如下。

步骤1：按要求完成页面设置。

步骤2：单击"插入"选项卡→"符号"组→"符号"按钮，选择"其他符号"选项，在弹出的对话框的"符号"选项卡中，字体选择"Wingdings"，符号自行选择一种，单击"插入"按钮。

步骤3：按要求完成指定内容的格式设置。

步骤4：选中点心部分的3行内容，单击"开始"选项卡→"段落"组→"对话框启动器"按钮，在弹出的对话框中，单击左下角的"制表位"按钮，弹出"制表位"对话框，如图 3-37 所示，完成以下制表位的设置。

设置第1个制表位，即左侧（在2字符，左对齐，前导符为"1无"）。在"制表位位置"文本框中输入"2"，对齐方式选择"左对齐"，前导符选择"1无"，单击"设置"按钮，则第1个制表位设置成功。如果设置错误，可单击"清除"按钮或"全部清除"按钮清除设置。

使用相同的方法设置第2个制表位，即左栏价格（在26字符，右对齐，前导符为"5……"）；设置第3个制表位，即中间分隔线（在30字符，竖线对齐，前导符为"1无"）；设置第4个制表位，即右栏文字（在32字符，左

图 3-37　"制表位"对话框

对齐，前导符为"1无"）；设置第5个制表位，即右栏价格（在54字符，右对齐，前导符为"5……"）。

将光标分别定位在"酸"前按 Tab 键，左栏价格"¥20"前按 Tab 键，"田"前按 Tab 键，本行右栏价格"¥20"前按 Tab 键。

注意：按 Tab 键时，若无任何变化，不要重复按 Tab 键，每个对齐位置只按一次 Tab 键。

使用相同的方法操作后面两行，通过 Tab 键实现对齐。

"⌘茶饮料⌘"后面文本制表位的设置，可以用格式刷复制"点心"下面 3 行的制表位格式，然后依次按 Tab 键实现相应位置的对齐。

步骤 5：单击"设计"选项卡→"页面背景"组→"页面颜色"按钮，自行选择一种页面颜色；单击"页面边框"按钮，在弹出的对话框的"页面边框"选项卡中自行添加一种页面边框，用户也可以从"艺术型"下拉列表中选择图形符号（降低宽度值以提升美观度）作为边框样式。

该文档排版后的效果如图 3-38 所示。

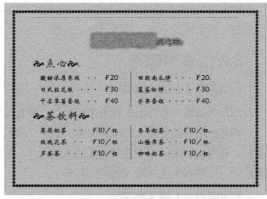

图 3-38　"麦香青珂缘点心坊"文档排版后的效果

3.1.10　实训

【实训 3-1】文档编辑与排版（Word 20161）。

打开"Word 20161（素材）.docx"，将其另存为"Word 20161（学号）.docx"，此后所有操作均基于该文档，按以下要求完成文档的编辑与排版。

（1）将标题段文字"我国实行渔业污染调查鉴定资格制度"设置为"三号、黑体、红色、加粗、居中"，文字效果格式设置为"渐变线"，设置预设渐变为"漫漫黄沙"、类型为"线性"、方向为"线性向右"，段后间距设置为"1 行"。

（2）将正文各段文字设置为"四号、隶书"，首行缩进 2 字符，行距设置为"1.5 倍行距"。

（3）将正文第 3 段"农业部副部……技术途径。"分为等宽的两栏，栏宽为 16 字符，栏间加分隔线。

【实训 3-2】文档编辑与排版（Word 20162）。

打开素材文档"Word 20162（素材）.docx"，将其另存为"Word 20162（学号）.docx"，此后所有操作均基于该文档，按以下要求完成文档的编辑与排版。

（1）将文中所有错词"漠视"替换为"模式"，将标题段"8086/8088CPU 的最大模式和最小模式"的中文字体设置为"黑体"，西文字体设置为"Arial Unicode MS、红色、四号"，字符间距加宽 2 磅，标题段居中。

（2）将正文各段文字的中文字体设置为"五号、仿宋"，西文字体设置为"五号、Arial Unicode MS"，各段落左右各缩进 1 字符、段前间距 0.5 行。

（3）为正文第 1 段"为了……模式。"中的 CPU 添加脚注 Central Processing Unit，为正文第 2 段"所谓最小模式……名称的由来。"和第 3 段"最大模式……协助主处理器工作的。"分别添加编号 1）、2）。

操作提示：添加脚注，单击"引用"选项卡→"脚注"组→"插入脚注"按钮。

3.2　图文混排

学习目标

- 熟练掌握 Word 2016 文档的图片、形状、文本框和艺术字的使用方法。
- 掌握 Word 2016 文档的公式创建和编辑方法。
- 掌握 Word 2016 表格的创建、修改、格式化和计算方法。

Word 2016 具有强大的图文混排功能。图文混排就是将文字与图片混合排列，文字可环绕在图片的四周、衬于图片下方、浮于图片上方等。

3.2.1 图片和图形

【知识点 1】插入图片

用户可以插入各种格式的图片到文档，如 BMP、JPG、PNG、GIF 等格式。

将光标定位到要插入图片的位置，单击"插入"选项卡→"插图"组（见图 3-39）→"图片"按钮，在弹出的对话框中找到需要插入的图片，单击"插入"按钮（或单击"插入"下拉按钮，在弹出的下拉列表中选择插入图片的方式）。

【知识点 2】插入剪贴画

将光标定位到要插入剪贴画的位置，单击"插入"选项卡→"插图"组→"联机图片"按钮，在弹出的对话框中搜索剪贴画，如图 3-40 所示。

图 3-39 "插图"组

图 3-40 搜索剪贴画

在"剪贴画"界面中选择类型（如插图）等，搜索剪贴画，选择需要插入的剪贴画，单击"插入"按钮，如图 3-41 所示。

图 3-41 选择并插入剪贴画

【知识点 3】编辑图片

单击要编辑的图片，图片四周出现控制点。其中 4 条边上出现 4 个小方块，4 个角上出现 4 个小圆点，这些小方块和小圆点称为尺寸控制点，可以用来调整图片的大小，如图 3-42 所示。

1. 缩放图片

将鼠标指针移到图片边缘小方块上，鼠标指针会变成横向或者纵向的双向箭头，然后按住鼠标左键并移动鼠标就能调整图片的长度或者宽度。如果将鼠标指针移到圆点

图 3-42 图片控制点

上，鼠标指针会变成偏左或偏右的双向箭头，按住鼠标左键并移动鼠标能同时调整图片的长度和宽度。

2. 裁剪图片

双击图片，窗口顶部会出现"图片工具|格式"选项卡，单击"大小"组→"裁剪"按钮，图片上会出现一些黑色控制点，将鼠标指针移到这些控制点上，拖动鼠标可对图片进行裁剪。

【知识点 4】文字环绕

文字环绕是指图片与文本之间的关系，一般在插入图片后都应该设置文字环绕。图片一共有 7 种文字环绕方式，分别为嵌入型、四周型、紧密型、穿越型、上下型、衬于文字下方和浮于文字上方。

单击"图片工具|格式"选项卡→"排列"组→"位置"按钮（或"环绕文字"按钮），在弹出的下拉列表中选择环绕方式，如图 3-43 所示。在该下拉列表中也可以选择"其他布局选项"，选择更多的环绕方式。

图 3-43　选择文字环绕方式

【知识点 5】SmartArt 图形

借助 Word 2016 提供的 SmartArt 功能，用户可以在 Word 2016 文档中插入丰富多彩、表现力强的 SmartArt 图形。

单击"插入"选项卡→"插图"组→"SmartArt"按钮，弹出"选择SmartArt 图形"对话框，如图 3-44 所示，在左侧列表中选择类别，在中间的列表框中选择 SmartArt图形，单击"确定"按钮，在插入的 SmartArt 图形中输入有关文本。

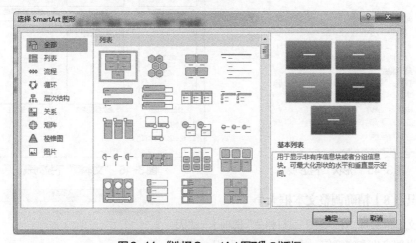

图 3-44　"选择 SmartArt 图形"对话框

【知识点 6】绘制形状

文档中可以插入现成的形状（如各种线条、基本形状、箭头、流程图、旗帜、标注等），对插入的形状还可以设置线型、线条颜色、文字颜色、图形或文本的填充效果和阴影效果等。

单击"插入"选项卡→"插图"组→"形状"按钮，在弹出的下拉列表中选择某个形状，如图 3-45 所示。在文档指定位置，按住鼠标左键并移动鼠标即可绘制形状。

3.2.2　文本框

文本框是存储文本的图形框，用户对文本框中的文本可以像对普通文本一样进行各种编辑和格式设置操作，而整个文本框又可以像图片等对象一样在页面上被移动、复制、缩放等，并且文本框之间可以建立链接关系。

【知识点 7】插入文本框

将光标定位到需要插入文本框的位置，单击"插入"选项卡→"文本"组→"文本框"按钮，弹出"文本框"下拉列表（见图 3-46），选择文本框样式，输入文本内容并进行格式设置。

图 3-45 "形状"下拉列表

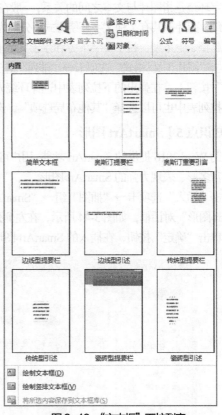

图 3-46 "文本框"下拉列表

【知识点 8】精确调整文本框大小

单击文本框边框，在"绘图工具|格式"选项卡→"大小"组中设置高度和宽度值；或单击"大小"组→"对话框启动器"按钮，打开"布局"对话框，在"高度"和"宽度"绝对值对应的数值框中分别输入具体数值，单击"确定"按钮，即可精确地调整文本框的大小，如图 3-47 所示。

此外，也可以拖动文本框边角上的控制点粗略地调整文本框的大小。

"布局"对话框的"位置"选项卡和"文字环绕"选项卡还可设置文本框的位置和文字环绕。

图 3-47 精确调整文本框的大小

【知识点 9】移动文本框

文本框可以在文档页面中自由移动，不会受到页边距、段落设置等因素的影响，这也是文本框的优点之一。

其操作方法：单击文本框，将鼠标指针指向文本框的边框（注意不要指向控制点），当鼠标指针变成 4 个方向的箭头形状时，按住鼠标左键拖动文本框即可。

【知识点 10】文本框文字方向

单击文本框，单击"绘图工具|格式"选项卡→"文本"组→"文字方向"按钮，在弹出的下拉列表中选择文字方向（如水平、垂直、将所有文字旋转 90°、将所有文字旋转 270°、将中文字符旋转 270°等），如图 3-48 所示。

【知识点 11】文本框文本对齐方式

单击文本框，单击"绘图工具|格式"选项卡→"文本"组→"对齐文本"按钮，在弹出的下拉列表中可设置文本框内部文本的对齐方式，如图 3-49 所示。

图 3-48　选择文本框文字方向

图 3-49　设置文本框内部文本的对齐方式

【知识点 12】文本框对齐方式

单击文本框，单击"绘图工具|格式"选项卡→"排列"组→"对齐"按钮，在弹出的下拉列表中可设置文本框在页面的对齐方式，如图 3-50 所示。

【知识点 13】文本框文字环绕方式

单击文本框，单击"绘图工具|格式"选项卡→"大小"组→"对话框启动器"按钮，弹出"布局"对话框，在"文字环绕"选项卡中可设置文本框文字环绕方式和文本框与正文的上、下、左、右边距，如图 3-51 所示。

【知识点 14】文本框形状格式

用鼠标右键单击文本框边框，在弹出的快捷菜单中选择"设置形状格式"命令，在工作区右侧的"设置形状格式"任务窗格中，可以调整文本框内部文本的边距，以及设置文本框的边框样式、填充色、阴影效果、三维效果等，如图 3-52 所示。

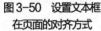

图 3-50 设置文本框
在页面的对齐方式　　　　图 3-51 "文字环绕"选项卡　　　　图 3-52 设置文本框形状格式

3.2.3 艺术字

【知识点 15】插入艺术字

将光标定位到需要插入艺术字的位置，单击"插入"选项卡→
"文本"组→"艺术字"按钮，在图 3-53 所示的艺术字预设样式列
表中选择合适的艺术字样式，并输入艺术字文本。

插入艺术字后，单击艺术字可进入编辑状态，修改艺术字文本
并设置艺术字的字体、字号、颜色、效果等。

3.2.4 公式编辑器

Word 2016 自带多种常用公式供用户使用，用户可以根据需要
直接插入这些内置公式以提高工作效率。

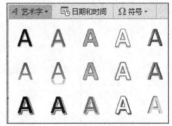

图 3-53 艺术字预设样式列表

【知识点 16】插入新公式

将光标定位在要插入公式的位置，单击"插入"选项卡→"符号"组→"公式"下拉按钮，在
"内置"栏的公式列表中选择"插入新公式"选项，在弹出的公式编辑器（"在此处键入公式。"）
中准备输入公式，在"公式工具|设计"选项卡中，用户可以通过键盘或"符号"组输入公式内容，
根据自己的需要创建任意公式，如图 3-54 所示。

图 3-54 "公式工具|设计"选项卡

3.2.5 表格

【知识点 17】插入表格

1. 使用虚拟表格快速插入

将光标定位在需要插入表格的位置，单击"插入"选项卡→"表格"组→"表格"按钮，在弹

出的下拉列表中，拖动鼠标选择表格的行数和列数，即可插入相应的表格，如图 3-55 所示。

2. 使用"插入表格"对话框插入表格

单击"插入"选项卡→"表格"组→"表格"按钮，选择"插入表格…"选项，在图 3-56 所示的"插入表格"对话框中设置表格的行数和列数等，单击"确定"按钮即可插入相应的表格。

图 3-55　"表格"下拉列表

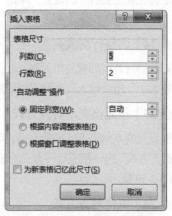

图 3-56　"插入表格"对话框

3. 绘制表格

单击"插入"选项卡→"表格"组→"表格"按钮，选择"绘制表格"选项，鼠标指针呈铅笔形状，在 Word 2016 文档中拖动鼠标即可绘制表格边框、行和列，按 Esc 键则取消绘制。

【知识点 18】插入单元格

将光标定位在准备插入单元格的相邻单元格中，单击鼠标右键，在弹出的快捷菜单中选择"插入"→"插入单元格"命令，在"插入单元格"对话框中选中"活动单元格右移"单选按钮或"活动单元格下移"单选按钮，并单击"确定"按钮，如图 3-57 所示。

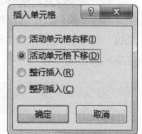

图 3-57　"插入单元格"对话框

【知识点 19】插入行或列

将光标定位在准备插入行（或列）的相邻行（或列）中，单击"表格工具|布局"选项卡→"行或列"组→"在上方插入"按钮（或单击"在下方插入""在左侧插入""在右侧插入"按钮）。

【知识点 20】删除行或列

选中需要删除的行（或列），单击"表格工具|布局"选项卡→"行或列"组→"删除"按钮，选择"删除行"（或"删除单元格""删除列""删除表格"）选项。

【知识点 21】合并单元格

在 Word 2016 文档表格中，使用"合并单元格"功能可以将多个相邻的横向（或纵向）单元格合并成一个单元格。

选中需要合并的单元格，单击"表格工具|布局"选项卡→"合并"组→"合并单元格"按钮即可。

【知识点 22】拆分单元格

将光标定位在需要拆分的单元格中，单击"表格工具|布局"选项卡→"合并"组→"拆分单元格"按钮，在弹出的对话框中设置拆分的列数和行数，如图 3-58 所示。

图 3-58　"拆分单元格"对话框

【知识点 23】拆分表格

用户可以根据实际需要将一个表格拆分成多个表格。

将光标定位在表格要拆分的位置，单击"表格工具|布局"选项卡→"合并"组→"拆分表格"按钮即可。

【知识点 24】调整行高或列宽

选中需要调整行高或列宽的单元格，在"表格工具|布局"选项卡的"单元格大小"组中输入高度和宽度的数值，按 Enter 键。

【知识点 25】单元格文本对齐方式

选中需要设置文本对齐方式的单元格，单击"表格工具|布局"选项卡→"对齐方式"组→相应对齐方式的按钮，这里共 9 个对齐方式按钮，如图 3-59 所示。

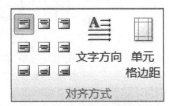

图 3-59　单元格文本对齐方式

【知识点 26】表格对齐方式

选中表格，单击"表格工具|布局"选项卡→"表"组→"属性"按钮，在图 3-60 所示的对话框中选择相应的对齐方式。

【知识点 27】单元格边框

选中需要设置边框的单元格，单击"表格工具|设计"选项卡→"边框"组→"边框"下拉按钮，在弹出的下拉列表中选择相关选项设置边框的样式。这里选择"边框和底纹"选项，弹出"边框和底纹"对话框，如图 3-61 所示，在"边框"选项卡中可设置单元格边框，在"底纹"选项卡中可设置单元格底纹。

图 3-60　"表格属性"对话框

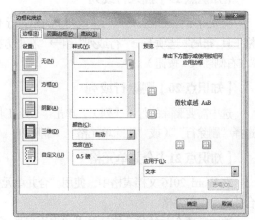

图 3-61　"边框和底纹"对话框

【知识点 28】表格自动套用格式

使用自动套用格式功能可以方便地让表格达到美观的效果。其操作方法：在"表格工具|设计"选项卡的"表格样式"组中选择表格样式。

【知识点 29】将文本转换成表格

在 Word 2016 文档中，用户可以很容易地将文本转换成表格，其关键操作是使用分隔符将文本合理分隔。Word 2016 能够识别常见分隔符，如段落标记、制表符和逗号等。例如，对于只有段落标记的多个文本段落，Word 2016 可以将其转换成单列多行的表格；而对于同一个文本段落中含有多个制表符或逗号的文本，Word 2016 可以将其转换成单行多列的表格；包括多个段落、多个分隔符的文本则可以转换成多行多列的表格。

将文本转换成表格的方法如下。

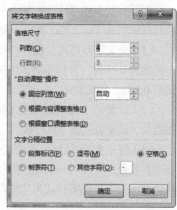

① 为准备转换成表格的文本添加段落标记和分隔符（如英文半角的逗号等），选中需要转换成表格的所有文字。

② 单击"插入"选项卡→"表格"组→"表格"按钮，选择"文本转换成表格"选项，在弹出的对话框中选择列数、行数及分隔符，如图 3-62 所示。

"列数"数值框中将出现转换生成表格的列数，如果该列数为 1，而实际是多列，则说明分隔符使用不正确（如使用了中文逗号），需要返回上面的步骤修改分隔符。

图 3-62　"将文字转换成表格"对话框

"'自动调整'操作"区域的"固定列宽""根据内容调整表格""根据窗口调整表格"单选按钮用以设置转换生成的表格列宽。在"文字分隔位置"区域已自动选中文本中使用的分隔符，如果不正确可以重新选择。设置完后单击"确定"按钮，之前的文本就会变成表格形式。

【知识点 30】表格中数据的排序

选中需要排序的数据，单击"表格工具|布局"选项卡→"数据"组→"排序"按钮，弹出"排序"对话框，如图 3-63 所示，选择排序的主要关键字、类型和排序方式（升序或降序），根据需要可以选择排序的次要关键字和第三关键字等。

【知识点 31】表格中数据的计算

将光标定位在需要计算的单元格中，单击"表格工具|布局"选项卡→"数据"组→"公式"按钮，弹出图 3-64 所示的对话框。

图 3-63　"排序"对话框

图 3-64　"公式"对话框

在"公式"文本框中输入函数公式，如"=SUM(LEFT)"表示对左边的数据进行求和，"=AVERAGE(ABOVE)"表示对上面的数据求平均值，函数公式可以从"粘贴函数"下拉列表框中选择，参数"LEFT""ABOVE""RIGHT"等分别表示左边的数据、上面的数据和右边的数据。

注意：公式以等号"="开始。

在"公式"文本框中也可以自定义公式，如对左边的数据求平均值，可以输入公式"=(A2+B2+C2+D2)/4""=AVERAGE(A2,B2,C2,D2)"或"=AVERAGE(A2:D2)"。

3.2.6 实例

【**实例3-3**】文档图文混排（计算机发展）。

打开素材文件"计算机发展（素材）.docx"，将其另存为"计算机发展（学号）.docx"，此后所有操作均基于该文档，按以下要求完成文档图文混排。

（1）全文字符格式设置为"宋体、小四"，段前、段后为"0行"，行距为"最小值、19磅"，左侧缩进0字符，首行缩进2字符；标题行"计算机发展"格式设置为"居中，特殊格式无，段后间距0.5行，华文琥珀、一号"，自行设置文本效果的样式、阴影、映像或发光等。

（2）设置第1段"计算是人类生产……"首字下沉，从"首字下沉选项"中自行选择字体和排版效果，确定合适的下沉行数。

（3）将正文的"目前，业界公认的第一台通用电子计算机……"段落的边框格式设置为"阴影，标准色蓝色，宽度1.0磅，应用于段落"。段落底纹自行选择一种主题颜色（如"蓝色，个性色1，淡色80%"），图案样式为"5%"，应用于段落，效果如图3-65所示。

　　目前，业界公认的第一台通用电子计算机是1946年研制的"ENIAC"（Electronic Numerical Integrator And Computer，电子数字积分计算机）。当时进行的第二次世界大战急需高速、准确的计算工具以满足对弹道问题的计算，在美国陆军部的资助下，由美国宾夕法尼亚大学的物理学家约翰·莫克利（John Mauchly）和工程师普雷斯伯·埃克特（Presper Eckert）领导研制成功了第一台数字式电子计算机。

图3-65 段落边框和底纹的设置效果

（4）将第5段中的文本"ABC计算机"的边框格式设置为"方框，标准色蓝色，宽度3.0磅"，文字底纹为"标准色黄色"。

（5）将第3段"约100年后，美国哈佛大学的霍华德·艾肯……"分为两栏、带分隔线，栏宽相等。添加素材图片"分析机.jpg"作为图片水印。

（6）在第2段"1834年，由英国剑桥大学的查尔斯·巴贝奇……"合适位置插入素材图片"巴贝奇像.jpg"，调整图片的大小，文字环绕选择"四周型"，自行应用合适的图片样式和艺术效果，并改变其颜色。

（7）在文档最后，插入艺术字，自行设置艺术字样式、字体、字号和字形以及文本效果，艺术字的文字环绕方式为"四周型"。

（8）在正文"另一个也被称为计算机之父的是美籍匈牙利数学家冯·诺依曼……"前面插入一种文本框（如"怀旧型提要栏"），将"冯·诺依曼"复制到文本框中，将其字体格式设置为"华文琥珀、三号"，文字环绕方式为"四周型"，要求文本框大小为"宽3.5厘米，高1.5厘米"，文本框边距为"上、下各0.2厘米，左、右各0.3厘米"，文本框内部文字为"中部对齐，横排"，调整到合适的位置。

（9）在标题前面插入 SmartArt 图形，如图 3-66 所示。

图3-66　插入 SmartArt 图形

（10）在标题行"计算机发展"后面插入形状五角星"★"，并在标题行下面插入矩形图形作为分隔线。

（11）在文档最后另起一页输入以下两行数学公式。

$$f(z) = \frac{(-x^2 + y^2 + x) - m(2xy - y)}{100}$$

$$I = \int_{-\pi}^{0} \frac{\cos\theta}{5 + 3\cos\theta} \mathrm{d}\theta$$

（12）将自己的专业班级、学号及姓名制作成页眉，字体格式为"小四、宋体、黑色、加粗、居中"。在页面底端插入页码，居中对齐。

操作步骤如下。

步骤1：按要求设置全文和标题字符、段落格式。

步骤2：将光标定位于正文第1段"计算是人类生产……"，删除本段前面的空格。单击"插入"选项卡→"文本"组→"首字下沉"按钮，选择"首字下沉选项"，在弹出的对话框中选择"下沉"，设置字体、下沉行数及距正文的距离。下沉文字还可以通过"开始"选项卡下"字体"组中的字体、字号、加粗、文本效果等进行更详细的设置。

步骤3：选择"目前，业界公认的第一台通用电子计算机……"段落，单击"开始"选项卡→"段落"组→"边框"下拉按钮，选择"边框和底纹"选项（或单击"设计"选项卡→"页面背景"组→"页面边框"按钮），在弹出的对话框的"边框"选项卡中选择"阴影，标准色蓝色，宽度1.0磅"，在右侧"应用于"下拉列表中选择"段落"；在"底纹"选项卡中为填充选择一种主题颜色，如"蓝色，个性色1，淡色80%"，图案样式选择"5%"，应用于段落。

步骤4：参照上述操作，在"边框和底纹"对话框中完成文本"ABC 计算机"的格式设置，在右侧的"应用于"下拉列表中选择"文字"选项。

步骤5：选中第3段"约100年后，美国哈佛大学的霍华德·艾肯……"，单击"布局"选项卡→"页面设置"组→"分栏"按钮，选择"更多分栏"选项，在弹出的对话框中选择"两栏"，勾选"分隔线"复选框和"栏宽相等"复选框。单击"设计"选项卡→"页面背景"组→"水印"按钮，选择"自定义水印"选项，在弹出的对话框中选中"图片水印"单选按钮。单击"选择图片"按钮，选择图片"分析机.jpg"，设置缩放为"500%"，勾选"冲蚀"复选框。

步骤6：单击"插入"选项卡→"插图"组→"图片"按钮，在弹出的对话框中找到需要插入的图片，单击"插入"按钮。单击图片，将鼠标指针移到图片边缘的小方块或圆点上，鼠标指针变成双向箭头，拖动鼠标就能调整图片的长度或者宽度，并移动图片到合适位置。用鼠标右键单击图

片，在弹出的快捷菜单中选择"自动换行"（或"环绕文字"）→"四周型"命令。在"图片工具|格式"选项卡→"图片样式"组→"图片样式"列表框中选择一种样式；在"调整"组中单击"颜色"按钮（或"艺术效果"按钮），选择合适的图片颜色和艺术效果。

步骤 7：单击"插入"选项卡→"文本"组→"艺术字"按钮，在其样式列表中自行选择一种艺术字样式，如"填充：红色，着色 2；轮廓：着色 2"。选中艺术字，单击"绘图工具|格式"选项卡→"艺术字样式"组→"文本填充"按钮，自行设置艺术字的填充颜色，在"文本轮廓"下拉列表中选择一种颜色，选择"文本效果"→"转换"命令，在其中选择一种效果，如"波形 1"。选中艺术字，单击"绘图工具|格式"选项卡→"排列"组→"环绕文字"按钮，在其下拉列表中选择"四周型"选项。

步骤 8：将光标定位到需要插入文本框的位置，单击"插入"选项卡→"文本"组→"文本框"按钮，在弹出的下拉列表中自行选择一种文本框（如"怀旧型提要栏"），复制文本到文本框中并设置格式。选中文本框，单击"绘图工具|格式"选项卡→"排列"组→"环绕文字"按钮，选择"四周型"选项；在"大小"组的"高度"和"宽度"数值框中输入文本框的高度和宽度（高1.5 厘米，宽3.5 厘米）。用鼠标右键单击文本框边框，在弹出的快捷菜单中选择"设置形状格式"→"文本选项"→"布局属性"命令，设置文本框的对齐方式、文字方向和文本框上、下、左、右的边距。

步骤 9：将光标定位在标题前，单击"插入"选项卡→"插图"组→"SmartArt"按钮，在弹出的对话框左侧选择"列表"，在中间列表框中选择"目标图列表"。创建好后，在各列表项中输入文本内容，如果列表项不够可以按 Enter 键增加。通过"SmartArt 工具|设计"选项卡→"创建图形"组→"升级"（或"降级"）调整级别，"上移"（或"下移"）调整位置，文本对齐方式采用左对齐。

步骤 10：单击"插入"选项卡→"插图"组→"形状"按钮，在其下拉列表的"星与旗帜"栏中单击"星形：五角"，此时鼠标指针呈十字形，在指定位置拖动鼠标绘制五角星。用鼠标右键单击五角星，在弹出的快捷菜单中选择"设置形状格式"命令，在"设置形状格式"窗格中"形状选项"的"填充"选项卡中自行设置图形的"填充"和"线条"效果（其中"线条"选中"无线条"单选按钮）；在"效果"选项卡中自行设置图形的"阴影""映像""发光"等效果。使用相同的方法插入并设置矩形图形 。

步骤 11：将光标定位在文档末尾，单击"布局"选项卡→"页面设置"组→"分隔符"按钮，在弹出的下拉列表中选择"分页符"选项。将光标定位在下一页，输入第 1 行公式前的编号"①"，单击"插入"选项卡→"符号"组→"公式"下拉按钮，选择"插入新公式"选项。在公式编辑器 中输入"f(z)="后，单击"公式工具|设计"选项卡→"结构"组→"分数"按钮，选择指定的分数模板，将光标定位到分子，单击"公式工具|设计"选项卡→"结构"组→"括号"按钮，在其下拉列表中选择"方括号"选项，将光标定位到方括号内，输入减号"–"，并将光标定位在减号后，单击"结构"组→"上下标"按钮，选择"上标"，将光标定位在相关位置，分别输入符号"x"和上标的"2"，将光标定位在模块 x^2 的右侧，输入符号"+"，使用类似操作完成模块 y^2 和其后面内容的输入，输入完分子部分内容后，将光标定位在分母，完成分母内容的输入。输入完成后，单击编辑器外任意位置，完成该公式的输入。

参照上述方法输入第 2 行公式，其中积分符号通过单击"结构"组的"积分"按钮获取，选择指定的积分模板，输入其上限和下限，下限中的符号需要从"公式工具|设计"选项卡的"符号"组中选择指定符号。单击被积函数，在"公式工具|设计"选项卡的"结构"组中单击"分数"按钮，选择指定的分数模板，在分子、分母分别输入内容，并在"公式工具|设计"选项卡的"符号"组中

选择指定符号。将光标定位到分数右侧，继续输入内容，输入完后单击编辑器外任意位置完成该公式的输入。

步骤 12：参照【实例 3-1】完成页眉的设置。

【实例 3-4】表格制作和表格数据处理。

1. 制作"学生信息登记表"

新建一个空白文档并保存为"学生信息登记表（学号）"，参照图 3-67 和下方提供的文字，按要求制作"学生信息登记表"。

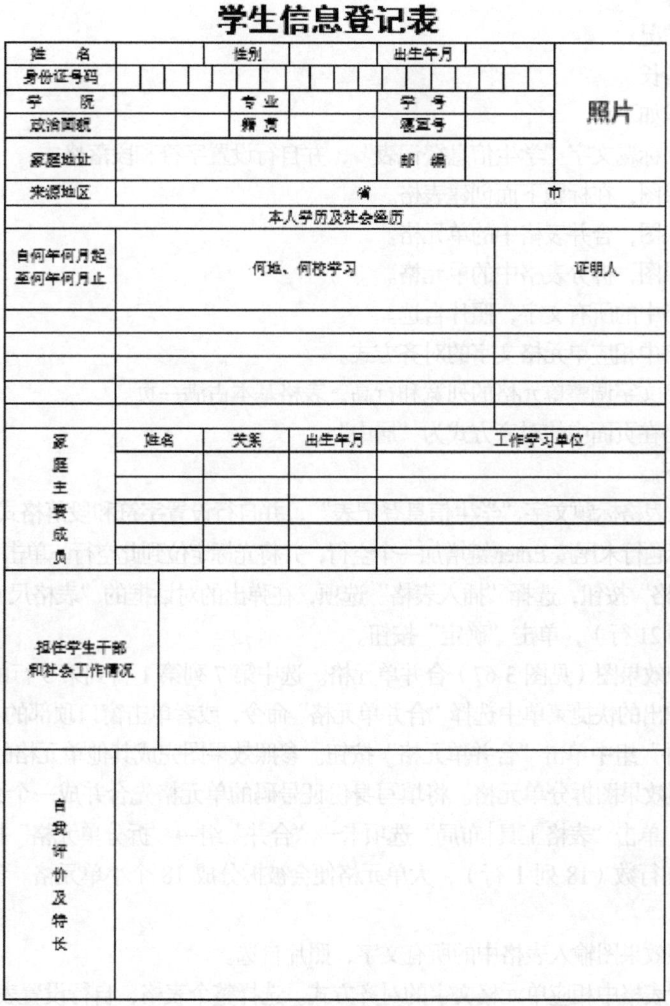

图 3-67　"学生信息登记表"效果

表格中的文字如下。

学生信息登记表

姓名　　性别　　出生年月

身份证号码

学院　　专业　　学号

政治面貌　　籍贯　　寝室号

家庭地址　　邮编

来源地区   省   市

本人学历及社会经历

自何年何月起

至何年何月止

         何地、何校学习   证明人

家庭主要成员   （在每个字后面按 Enter 键换行，达到竖排效果）

         姓名   关系   出生年月   工作学习单位

担任学生干部

和社会工作情况

自我评价及特长

表格制作要求如下。

（1）输入表格标题文字"学生信息登记表"，并自行设置字符和段落格式。

（2）参照效果图，在标题下面创建表格。

（3）参照效果图，合并表格中的单元格。

（4）参照效果图，拆分表格中的单元格。

（5）输入表格中的所有文字，照片自选。

（6）设置表格中相应单元格文字的对齐方式。

（7）根据表格文字调整单元格的列宽和行高，表格基本占满一页。

（8）设置表格在页面中的对齐方式为"居中"。

操作步骤如下。

步骤 1：输入表格标题文字"学生信息登记表"，并自行设置字符和段落格式。

步骤 2：在标题行末尾按 Enter 键增加一个空行，并将光标定位到此空行。单击"插入"选项卡→"表格"组→"表格"按钮，选择"插入表格"选项，在弹出的对话框的"表格尺寸"区域设置表格列数和行数（7 列 21 行），单击"确定"按钮。

步骤 3：参照效果图（见图 3-67）合并单元格。选中第 7 列第 1 行到第 5 行的 5 个单元格，单击鼠标右键，在弹出的快捷菜单中选择"合并单元格"命令，或者单击窗口顶部的"表格工具|布局"选项卡，在"合并"组中单击"合并单元格"按钮。参照效果图完成其他单元格的合并。

步骤 4：参照效果图拆分单元格。将填写身份证号码的单元格先合并成一个大单元格。选中被合并的大单元格，单击"表格工具|布局"选项卡→"合并"组→"拆分单元格"按钮，在弹出的对话框中输入列数和行数（18 列 1 行），大单元格便会被拆分成 18 个小单元格。参照效果图完成其他单元格的拆分。

步骤 5：参照效果图输入表格中的所有文字，照片自选。

步骤 6：设置表格中相应单元格文字的对齐方式。选择整个表格，自行设置表格中所有文字的字体、字号等。选中相应单元格，在"表格工具|布局"选项卡→"对齐方式"组中设置对齐方式。

步骤 7：根据表格文字调整单元格的列宽和行高。选择需要调整的列（行或单元格），在"表格工具|布局"选项卡的"单元格大小"组中的"高宽"和"宽度"数值框中输入数字，按 Enter 键确认。参照此方法调整其他单元格的列宽和行高。

此外，也可以直接拖动边框线调整，方法如下：将鼠标指针放置到第 1 根列线上，鼠标指针呈水平双向箭头 ↔，向左拖动调整第 1 列列宽；选择调整第 3~4 行第 2 列的两个单元格，向右拖动右边框线调整列宽；选择"何地、何校学习" 6 个单元格，向右拖动右边框线调整列宽；将鼠标指针放置到第 9 根（"何地、何校学习"下方）行线上，鼠标指针呈垂直双向箭头 ↕，向下拖动调整第

8 行行高；选择"担任学习干部和社会工作情况"单元格，向右拖动右边框线调整列宽，同时将鼠标指针放置到"担任学习干部和社会工作情况"下方的行线上，向下拖动调整行高；将鼠标指针放置到最后一行下方的行线上，向下拖动调整行高。将鼠标指针放置到最右边的列线上，向右拖动适当调整最后一列的列宽。

步骤 8：单击"表格工具|布局"选项卡→"表"组→"属性"按钮，在弹出的"表格属性"对话框中切换到"表格"选项卡，选择表格在页面中的对齐方式为"居中"。

2. 表格数据处理

在"学生信息登记表"后面插入一个空页，按以下要求完成表格数据的处理。

（1）在空页上参照以下格式输入相应内容，其中，第 1 行"课程成绩"后面有一个空格，第 2 行"科目"与"成绩"之间有一个空格，第 3 行到第 10 行的各行科目名称与成绩值之间均有一个空格，第 11 行"平均分"后面有一个空格。

课程成绩
科目 成绩
高等数学 93
大学英语 87
计算机与互联网 92
计算机应用实践 96
体育 92
计算机操作系统 89
计算机网络 90
科学计算与数据可视化（MATLAB）93
平均分

（2）将上面 11 行文字转换为一个 11 行 2 列的表格，文字分隔位置为"空格"。

（3）设置表格行高为"0.6 厘米"，第 1 列列宽为"7.8 厘米"，第 2 列列宽为"4 厘米"，表格整体水平、垂直方向均位于页面的中间位置。

（4）将表格第 1 行合并为一个单元格，内容居中；将表格第 1 行文字"课程成绩"设置为"小三、黑体"，字符间距加宽 1.5 磅，文字颜色选择红色（标准色）以突出显示。

（5）表格中除第 1 行文字居中，其余各行文字的第 1 列文字中部两端对齐，第 2 列文字中部居中。

（6）统计平均分，填入相应的列，同时将平均值四舍五入为整数。

（7）以成绩为主要关键字，降序排列，科目为次要关键字，升序排列，对各科成绩进行排序。

（8）设置表格外框线为 1.5 磅红色的"双实线，1/2 pt，着色 1"、内框线为 0.75 磅标准色蓝色"单实线 1，1/2 pt"；第 1 行和第 2 行间的内框线为 1.5 磅红色（标准色）"双实线，1/2 pt"；去掉第 1 行上框线、左框线和右框线。

（9）除第 1 行外，为表格添加"红色，个性色 2，淡色 80%"底纹（或自行选择）。

操作步骤如下。

步骤 1：将光标定位在表格最后，单击"布局"选项卡→"页面设置"组→"分隔符"按钮，选择"分页符"选项，插入空页，将光标定位在空页，参照要求（1）的格式输入指定的 11 行文字。

步骤 2：选中需要转换为表格的 11 行文字，单击"插入"选项卡→"表格"组→"表格"按钮，选择"文本转换成表格"选项，在弹出的对话框中完成设置。

步骤 3：选定整个表格，在"表格工具|布局"选项卡下"单元格大小"组的"高度"数值框中输入"0.6 厘米"；选中第 1 列，同理设置宽度为"7.8 厘米"；选中第 2 列，设置宽度为"4 厘米"；

选中整个表格，单击"表格工具|布局"选项卡→"表"组→"属性"按钮，在弹出的对话框中设置整个表格对齐方式为"居中"。

步骤 4： 参照"学生信息登记表"相关操作完成要求（4）。

步骤 5： 参照"学生信息登记表"相关操作完成要求（5）。

步骤 6： 将光标定位在需要填写计算结果的单元格，然后单击"表格工具|布局"选项卡→"数据"组→"公式"按钮，进入"公式"对话框，在"公式"文本框中输入"=ROUND(AVERAGE(ABOVE),0)"。

注意： 公式必须以"="开头，计算函数（如 AVERAGE 等）可以从"粘贴函数"下拉列表中选择。AVERAGE(ABOVE)表示对以上数据求平均值，ROUND(AVERAGE(ABOVE),0)对求出的平均值进行四舍五入。

步骤 7： 选中第 2 行"科目"～第 10 行（共 9 行），单击"表格工具|布局"选项卡→"数据"组→"排序"按钮，在弹出的对话框中选中左下方"列表"区域的"有标题行"单选按钮。

步骤 8： 具体操作如下。

① 选中表格，单击"表格工具|设计"选项卡→"边框"组→"边框样式"下拉按钮，选择"双实线，1/2pt，着色 1"选项，笔颜色选择"红色"，笔画粗细选择"1.5 磅"，单击"边框"下拉按钮并选择"外侧框线"选项。

② 选中表格，单击"表格工具|设计"选项卡→"边框"组→"边框样式"下拉按钮，选择"单实线 1，1/2pt"选项，笔颜色选择"蓝色"，笔画粗细选择"0.75 磅"，单击"边框"下拉按钮并选择"内部框线"选项。

③ 选中第 1 行，单击"边框样式"下拉按钮，选择"双实线，1/2 pt"选项，笔颜色选择"红色"，笔画粗细选择"1.5 磅"，单击"边框"下拉按钮并选择"下框线"选项。

④ 选中第 1 行，单击"表格工具|设计"选项卡→"边框"组→"边框"下拉按钮，选择"边框和底纹"选项，在弹出的对话框右侧"预览"区域中单击去掉上框线、左框线和右框线，只保留下框线。

步骤 9： 选中除第 1 行（即课程成绩）外的全部单元格，单击"表格工具|设计"选项卡→"表格样式"组→"底纹"下拉按钮，选择"红色，个性色 2，淡色 80%"选项。

"课程成绩"表格数据的处理效果如图 3-68 所示。

课程成绩

科目	成绩
计算机应用实践	96
高等数学	93
科学计算与数据可视化（MATLAB）	93
计算机与互联网	92
体育	92
计算机网络	90
计算机操作系统	89
大学英语	87
平均分	92

图 3-68 "课程成绩"表格数据的处理效果

【实例 3-5】流程图制作（计算机考试流程）。

新建一个空白文档并保存为"计算机考试流程（学号）"，按以下要求制作计算机考试流程图，效果如图 3-69 所示。

（1）标题为"计算机考试流程"，自行设置其字体、字号、颜色、段前和段后的间距等格式，并在下方自行插入一种形状作为分隔。

（2）插入各种形状（如矩形、菱形、直线等）并添加文字（矩形也可以采用绘制文本框代替），设置图形无填充，线条颜色为黑色，根据需要自行设置形状内部文本的边距。

（3）插入形状"箭头"，设置"箭头"的线条颜色和线型。

（4）复制设置好的形状，完成所有形状的绘制。

（5）从页面整体布局调整各文本框和形状的位置及大小。

（6）组合所有形状（如矩形、菱形、直线、箭头等），再适当调整组合后形状的大小和位置。

（7）插入两张图片并调整大小和位置。

（8）设置页面边框和颜色。通过自定义设置一种页面边框，页面颜色在填充效果的预设中自行选择（本例采用"羊皮纸"）。

操作步骤如下。

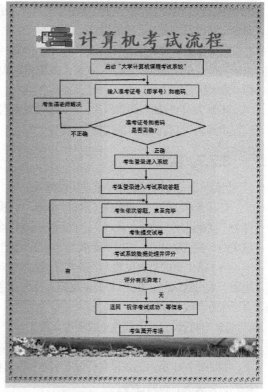

图 3-69　计算机考试流程图效果

步骤 1：输入标题文字，自行设置字体和段落格式。将光标定位在标题下方，单击"插入"选项卡→"插图"组→"形状"按钮，在弹出的下拉列表中选择"线条"栏的"直线"。选中直线，单击"绘图工具|格式"选项卡→"形状样式"组→"形状轮廓"下拉按钮，选择"标准色"栏的"红色"，选择"粗细"为"2.25 磅"，调整长度，并复制一条，调整位置。

步骤 2：插入矩形，即单击"插入"选项卡→"插图"组→"形状"按钮，选择"矩形"栏中的"矩形"。选中矩形，单击"绘图工具|格式"选项卡→"形状样式"组→"形状填充"下拉按钮，选择"无填充"选项；单击"绘图工具|格式"选项卡→"形状样式"组→"形状轮廓"下拉按钮，选择"标准色"栏的"黑色"，选择"粗细"为"0.25 磅"（有的矩形，如"正确""不正确""有""无"等，还需要通过"形状轮廓"下拉按钮设置为"无轮廓"）。用鼠标右键单击矩形，在弹出的快捷菜单中选择"添加文字"命令，输入相关文本并设置好合适的文本字体格式，自行调整形状大小和位置。

步骤 3：参照以上操作，插入箭头形状。单击"绘图工具|格式"选项卡→"形状样式"组→"形状轮廓"下拉按钮，选择"标准色"栏的"黑色"，设置"粗细"为"0.75 磅"，设置"箭头"为"箭头样式 5"。

步骤 4：使用同样的操作方法插入菱形等形状。相同形状可复制而来，修改其文本，调整位置和大小。

步骤 5：通过缩小窗口右下角的显示比例，在能显示完整页的情况下，调整各文本框和形状的位置及大小，使该页面整体布局合理、美观。

步骤 6：组合形状。依次单击各个形状（除第 1 个外，单击其他形状时按住 Shift 键），选中所有形状，如图 3-70 所示。将鼠标指针置于所有选中对象中呈梅花状时单击鼠标右键，在弹出的快捷菜单中选择"组合"命令，在其子菜单中选择"组合"命令，即可完成所有形状的组合。

若要取消组合，用鼠标右键单击组合形状，在弹出的快捷菜单中选择"组合"命令，在其子菜单中选择"取消组合"命令。

步骤 7：自行插入两张图片，并调整大小和位置。

步骤 8：自行设置页面边框和颜色。

3.2.7　实训

【实训3-3】海报制作（就业讲座海报）。

打开素材文件"就业讲座（素材）.docx"，将其另存为"就业讲座（学号）.docx"，此后所有操作均基于该文档。参照效果图，按以下要求完成海报的制作。

（1）第 1 页的页面设置（纸张类型、纸张方向、页边距）采用默认值；在第 1 页末尾插入分页，将第 2 页纸张方向改为横向。

（2）自行设置页面颜色（或图片背景）。

（3）缩小窗口的显示比例，在能显示完整页的情况下，参照图 3-71 所示的效果自行设置字体和段落格式，做到页面美观、布局合理。

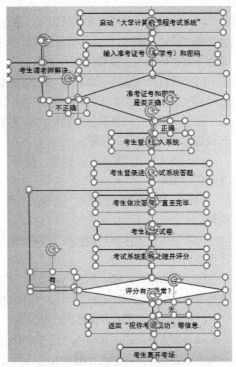

图3-70　文本框和形状选择效果

（4）第 2 页日程安排为表格，报名流程用 SmartArt 图形，报告人介绍下面的文字首字下沉，可参照图 3-72 所示的效果自行设置字体、段落格式等，做到页面美观。

图3-71　第1页效果

图3-72　第2页效果

操作提示：第 2 页横向设置。

将光标定位于第 2 页"标题"两字前，单击"布局"选项卡→"页面设置"组→"对话框启动器"按钮，在弹出的对话框中切换到"页边距"选项卡，将"纸张方向"设置为"横向"，"应用于"设置为"插入点之后"。

【实训3-4】表格数据处理（奖牌排行榜）。

打开素材文件"学校运动会奖牌排行榜（素材）.docx"，将其另存为"学校运动会奖牌排行榜

（学号）.docx"，此后所有操作均基于该文档。参照图 3-73 所示效果，完成对表格数据的处理。

学校运动会奖牌排行榜			
班级	金牌	银牌	铜牌	各班合计
商务1班	8	6	5	19
电子1班	8	4	2	14
电子2班	7	2	4	13
商务2班	7	2	1	10
网络2班	5	6	3	14
电子3班	5	5	7	17
国贸1班	4	4	5	13
网络1班	3	6	6	15
国贸2班	2	3	5	10
奖牌合计	49	38	38	125

（1）将文档最后 12 行文字转换为一个 12 行 5 列的表格，文字分隔位置为"空格"；设置表格列宽为"2.5 厘米"、行高为"0.5 厘米"；将表格第 1 行合并为一个单元格，内容居中；表格应用样式"网格表 1，浅色，着色 2"。

（2）表格整体水平、垂直方向均位于页面中间位置。

图 3-73 "学校运动会奖牌排行榜"表格效果

（3）将表格第 1 行文字"学校运动会奖牌排行榜"设置为"小三、黑体"，字符间距设置为"加宽、1.5 磅"，并添加标准色红色以使文字突出显示。

（4）统计各班金、银、铜牌数量，将各类奖牌数量填入相应行和列。

（5）以金牌为主要关键字，降序排列，银牌为次要关键字，降序排列，铜牌为第三关键字，降序排列，对 9 个班进行排序。

（6）表格中第 1~2 行文字水平居中，其余各行文字中，第 1 列文字中部左对齐，其余各列文字水平居中。

（7）设置外框线为 1.5 磅标准色红色单实线、内框线为 0.75 磅标准色蓝色单实线。

（8）为表格添加任一图案样式底纹，以不影响文字阅读为宜。

3.3 长文档制作

学习目标

- 掌握 Word 2016 长文档的排版技巧。
- 掌握 Word 2016 多级符号的设置方法。
- 掌握 Word 2016 长文档图表目录的创建方法。

在文字处理中常常会遇到一些超过 5 页的长文档，如论文、计划书、课题以及著作等，这类长文档的编排比一般文档的图文混排要复杂一些，因为它要求格式尽量统一，而且可能包含一些目录、公式和图表的制作等。用户掌握这类长文档的处理技巧，不仅能提高工作效率，还有助于提升文档的美观度和专业度。

3.3.1 文档封面

【知识点 1】制作封面

利用 Word 2016 提供的封面功能能够快速地为文档制作封面。用户可以使用 Word 2016 提供的丰富的封面模板库，也可以自己设计封面模板并保存到文档库，以备后续使用。

其操作方法：单击"插入"选项卡→"页面"组→"封面"按钮，在下拉列表中可预览 Word 2016 提供的封面模板，如图 3-74 所示。如果要删除"封面"，则只需选择"封面"下拉列表中的"删除当前封面"选项即可。

图 3-74 Word 2016 提供的封面模板

3.3.2　各级标题样式

利用 Word 2016 提供的各级标题样式，可以快速地对长文档中各级标题和正文进行排版。用户可以预览、管理和自定义 Word 2016 中文样式，利用窗口查看和编辑每个样式的详细信息、创建新样式并在文档中快速预览样式，也可以更新样式与所选文本匹配。

【知识点 2】创建样式

样式包含一系列的格式特征，如字体、段落格式、制表位、边框和底纹、项目符号和编号等。系统的样式分为内置样式和自定义样式。其中内置样式是 Word 2016 中自带的通用样式（位于"开始"选项卡下"样式"组的样式列表中，见图 3-75）。自定义样式是指若用户认为内置样式不符合文档的要求，则可以根据自身需要为文档创建新的样式。

图 3-75　内置样式

创建新样式的操作方法：单击"开始"选项卡→"样式"组→"对话框启动器"按钮，在"样式"任务窗格中单击左下角的"新建样式"按钮，弹出图 3-76 所示的对话框。

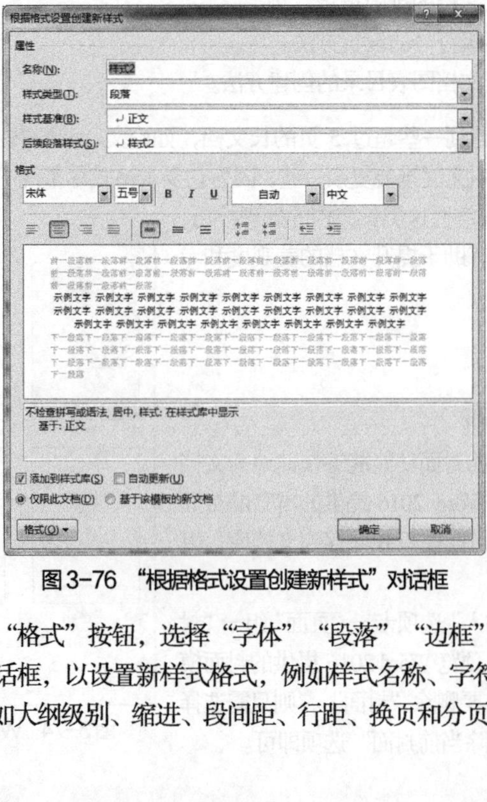

图 3-76　"根据格式设置创建新样式"对话框

在该对话框中，单击"格式"按钮，选择"字体""段落""边框""编号""文字效果"等选项可分别打开相应的对话框，以设置新样式格式，例如样式名称、字符格式（如字体、字号、字体颜色等）、段落格式（如大纲级别、缩进、段间距、行距、换页和分页等）、边框和底纹、编号、文字效果等。

【知识点 3】修改样式

用户可对 Word 2016 提供的内置样式进行修改以满足文档的需要。其操作方法：单击"开始"选项卡，用鼠标右键单击"样式"组下样式列表中所选样式，在弹出的快捷菜单中选择"修改"命令，如图 3-77 所示，进入"样式修改"对话框，修改样式的操作类似创建新样式。

【知识点 4】删除样式

图 3-77 选择"修改"命令

在"样式"组的样式列表中用鼠标右键单击想要删除的样式，在弹出的快捷菜单中选择"从样式库中删除"命令。

【知识点 5】导入样式

单击"样式"组→"对话框启动器"按钮，在弹出的"样式"任务窗格中单击"管理样式"按钮，弹出"管理样式"对话框，单击"导入/导出"按钮，打开"管理器"对话框，如图 3-78 所示。在"样式位于"下拉列表框下方，单击"关闭文件"按钮，关闭默认样式文件，此时"关闭文件"按钮变为"打开文件"按钮，单击此按钮，选择需要导入的样式所在的文档，"在样式中"出现该文档的样式，从中选择需要导入的样式，单击"复制"按钮即可完成样式的导入。

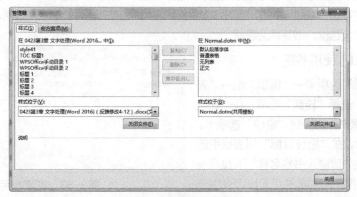

图 3-78 "管理器"对话框

【知识点 6】应用样式

单击样式列表中某一样式，则光标所在位置的格式就被定义为该样式的格式。如果选择文本后再进行上述操作，则该样式应用于选中的文本。

3.3.3 多级列表

【知识点 7】定义多级列表

多级列表是为文档设置层次结构而创建的列表，用以组织项目或创建大纲，文档最多可有 9 个级别。用户可以更改列表中各个级别的外观或者为文档中的标题添加编号。

单击"开始"选项卡→"段落"组→"多级列表"按钮，在其下拉列表中选择一种多级编号样式，可定义一种多级编号列表。

如果在其下拉列表中选择"定义新的多级列表"选项，可以自定义多级编号样式。具体操作方法：执行该命令后，打开相应对话框，在级别列表中分别选各级别，设置编号格式、编号样式、字体等。

3.3.4 书签

我们在阅读书籍时，经常用书签来标记书中的某一位置或一段文字，以便以后能迅速找到这一位置或这段文字。文档中书签即超链接，用于跳转到文档特定位置。

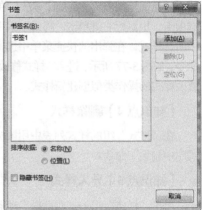

【知识点 8】插入书签

将光标定位于需要制作书签的位置，单击"插入"选项卡→"链接"组→"书签"按钮，弹出"书签"对话框，如图 3-79 所示，在"书签名"文本框中输入新建的书签名，然后单击"添加"按钮，即可将书签添加到文档中。再次打开"书签"对话框，如果新建的书签名出现在列表框，说明书签已经创建成功。

【知识点 9】删除书签

在"书签"对话框的列表框中选择要删除的书签，单击"删除"按钮。

图 3-79 "书签"对话框

【知识点 10】显示书签

书签可以显示在屏幕上，也可以隐藏起来。选择"文件"菜单→"选项"命令，在弹出的"Word选项"对话框中单击"高级"，在"显示文档内容"栏中勾选"显示书签"复选框，书签就会显示出来；取消这个复选框，书签就会隐藏。

【知识点 11】使用书签

单击"开始"选项卡→"编辑"组→"查找"下拉按钮，选择"转到"选项，在"查找和替换"对话框中，切换到"定位"选项卡，如图 3-80 所示。在"定位目标"列表框中选择"书签"，在"请输入书签名称"下拉列表框中直接输入书签名称或在其下拉列表中选择书签，单击"定位"按钮即可将光标定位在指定书签处。

图 3-80 书签的使用

3.3.5 题注和交叉引用

文档中图片、表格、公式、图表等的名称、注解和编号等标签就是题注。使用题注能使文档中的项目更有条理，便于阅读和查找。而且，一旦项目有了题注，就可以在交叉引用中引用该题注，方便查找。

【知识点 12】插入题注

将光标定位在需要插入题注的位置，单击"引用"选项卡→"题注"组→"插入题注"按钮，弹出图 3-81 所示的对话框，在"选项"栏的"标签"下拉列表中选择标签即可。如果"标签"下拉列表框中没有想用的标签，单击"新建标签"按钮，弹出"新建标签"对话框，在"标签"文本框中输入新标签，然后单击"确定"按钮，关闭"新建标签"对话框，返回到图 3-81 所示的"题注"对话框，在"标签"下拉列表中选择新建的标签，单击"确定"按钮。

如果在插入题注时单击"自动插入题注"按钮，则会出现图 3-82 所示的"自动插入题注"对话框。

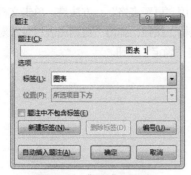

图 3-81 “题注”对话框

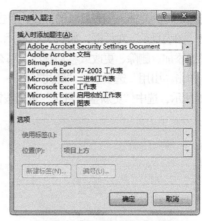

图 3-82 “自动插入题注”对话框

在“插入时添加题注”列表框中，勾选自动插入题注的项目对应的复选框。如果不想在插入某一项目时自动添加题注，则应取消这一项目的复选框。

在“位置”下拉列表中选择题注相对于项目的位置。

一般情况下，用阿拉伯数字“1、2、3……”来为题注编号。如果想使用其他的编号方式，单击“编号”按钮，在“格式”下拉列表中选择一种合适的编号方式。

【知识点 13】交叉引用

文档中需要链接指向某个题注标识的项目时，可以使用交叉引用，其方法如下。

将光标定位到要链接指向题注项目的位置，单击“引用”选项卡→“题注”组→“交叉引用”按钮，弹出“交叉引用”对话框。在“引用类型”下拉列表中选择所需类型（如新建的标签“图 3-”），勾选“插入为超链接”复选框，在“引用哪一个题注”列表框中选择需要链接指向的题注，在“引用内容”下拉列表中选择“只有标签和编号”，如图 3-83 所示，单击“插入”按钮，完成交叉引用。

图 3-83 “交叉引用”对话框

【知识点 14】插入图表目录

向图表添加题注后，可以通过创建图表目录（类似目录）列出和组织文档中的图片或表格。创建图表目录时，Word 2016 会搜索文档中的所有题注，并自动按页码排序添加图表目录，如图 3-84 所示。

图 3-1 文档操作流程 1
图 3-2 Word 2016 工作界面 3
图 3-3 功能区显示选项 4
图 3-4 “开始”功能选项卡与其功能区 4
图 3-5 文档编辑区和插入点光标 5
图 3-6 状态栏、视图切换按钮和显示比例调节滑块 5
图 3-7 “视图”组的视图方式 5
图 3-8 “阅读视图”中的各种阅读工具 6
图 3-9 标尺 7
图 3-10 滚动条 7

图 3-84 图表目录

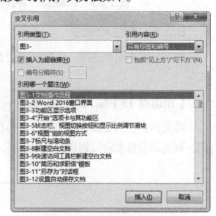

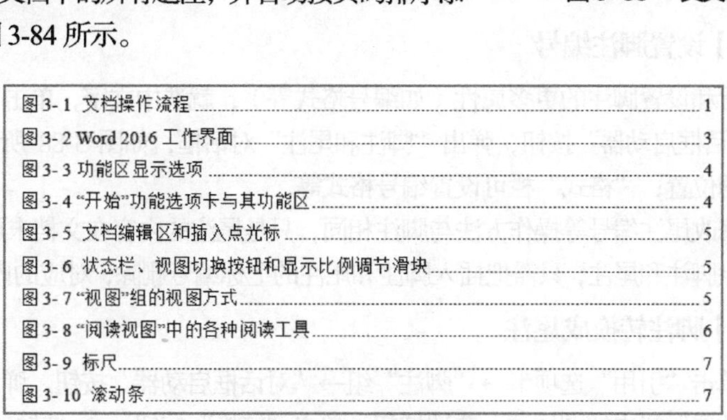

将光标定位到要插入图表目录的位置，单击"引用"选项卡→"题注"组→"插入表目录"按钮，弹出"图表目录"对话框，如图 3-85 所示，选择题注标签后，单击"确定"按钮。

如果想添加、删除、更改或移动题注，那么可以使用"更新表格"，方法是：单击文档中的图表目录，单击"引用"选项卡→"题注"组→"更新表格"按钮，弹出"更新图表目录"对话框，如图 3-86 所示，选中"更新整个目录"单选按钮，单击"确定"按钮。

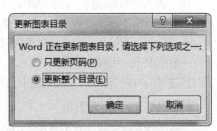

图 3-85　"图表目录"对话框　　　　图 3-86　"更新图表目录"对话框

3.3.6　脚注和尾注

脚注显示在页面底部，尾注出现在文档末尾。脚注和尾注的数字或符号与文档中的引用标记相匹配。

【知识点 15】插入脚注和尾注

将光标定位到要插入脚注的内容的右侧，单击"引用"选项卡→"脚注"组→"插入脚注"按钮，则光标会自动定位到当前页面底部，输入说明性文字，完成脚注内容的添加，如图 3-87 所示。

1

图 3-87　插入脚注

【知识点 16】设置脚注编号

如果需要查看和设置脚注的更多属性（如编号格式等），就选中文字，单击"引用"选项卡→"脚注"组→"对话框启动器"按钮，弹出"脚注和尾注"对话框，如图 3-88 所示，"位置"栏可设置脚注或尾注的位置；"格式"栏可设置编号格式等。

插入尾注和修改尾注编号等操作方法与脚注相同，只是尾注的内容在文档末尾添加。

如果需要删除脚注和尾注，只需把插入脚注和尾注的上标编号删除，对应的内容也会随之删除。

【知识点 17】脚注转换成尾注

选中脚注，单击"引用"选项卡→"脚注"组→"对话框启动器"按钮，弹出"脚注和尾注"对话框，选中"位置"栏中的"尾注"单选按钮，单击"转换"按钮，在"转换注释"对话框中选择合适的转换方式（见图 3-89），单击"确定"按钮，完成脚注到尾注的转换。

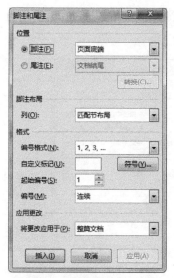

图 3-88　"脚注和尾注"对话框

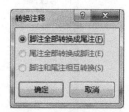

图 3-89　脚注转换成尾注

3.3.7　索引

索引就是将文档中所有重要词汇按照字母顺序排列，并列出每个词汇在文档中对应的页码，方便用户对文档信息进行快速查找的列表。

【知识点 18】标记索引项

选中需要标记索引项的文字，单击"引用"选项卡→"索引"组→"标记索引项"按钮，弹出"标记索引项"对话框，如图 3-90 所示，在"索引"栏的"主索引项"文本框中输入需要标记索引项的文本，单击"标记全部"按钮。

在"标记索引项"对话框中，选中"交叉引用"单选按钮，在其文本框中输入文字，可以创建交叉索引；选中"当前页"单选按钮，可以列出索引项的当前页码；选中"页码范围"单选按钮，Word 2016 会显示页码范围。当一个索引项有多页时，选定这些文本后将索引项定义为书签，在"书签"下拉列表中选定该书签，Word 2016 将自动计算该书签所对应的页码范围。

图 3-90　"标记索引项"对话框

【知识点 19】插入和删除索引项标记

1. 插入索引项标记

完成索引项标记后，关闭"标记索引项"对话框，将光标定位到需要插入索引的位置，单击"引用"选项卡→"索引"组→"插入索引"按钮，弹出"索引"对话框，如图 3-91 所示，对插入的索引进行设置。完成设置后关闭对话框。

在"索引"对话框中，如果选中"缩进式"单选按钮，次索引项将相对于主索引项缩进；如果选中"接排式"单选按钮，则主索引项和次索引项将排在一行中。由于中文和西文的排序方式不同，因此应该在"语言(国家/地区)"下拉列表中选择索引使用的语言。如果是中文，则可在"排序依据"下拉列表中选择排序的方式。勾选"页码右对齐"复选框，页码将靠右排列，而不是紧跟在索引项的后面。

如果需要对索引的样式进行修改，再次打开"索引"对话框，单击"修改"按钮，弹出"样式"

对话框，在"索引"列表框中选择需要修改样式的索引，单击"修改"按钮，在弹出的"修改样式"对话框中对索引样式进行设置。

图3-91　"索引"对话框

2. 删除索引项标记

如果要删除文档中指定文字的索引项标记，单击"开始"选项卡→"编辑"组→"替换"按钮，打开"查找和替换"对话框。在"查找内容"下拉列表框中输入要删除的索引项标记的文字，将光标定位其后，单击"更多"按钮，单击"特殊格式"按钮，选择"域"。在"替换为"下拉列表框中输入指定文字，单击"全部替换"按钮，单击"关闭"按钮。

【知识点 20】更新索引

将光标定位在索引处，单击"引用"选项卡→"索引"组→"更新索引"按钮。

3.3.8　目录

目录是一个文档的重要部分，目录的内容通常都是由各级标题及其所在页的页码组成的，目的是方便阅读者直接查询有关内容。Word 2016 提供了根据文档中标题样式自动生成目录的功能。

注意：文档中标题一定要使用相应的标题样式，否则，Word 2016 就不能按标题样式自动创建目录。

【知识点 21】自动目录

将光标定位在要插入目录的位置，单击"引用"选项卡→"目录"组→"目录"按钮，在下拉列表中选择一种自动目录，如图 3-92 所示。

【知识点 22】自定义目录

目录可以自定义是否显示页码、页码对齐方式以及格式等。将光标定位在要插入目录的位置，单击"引用"选项卡→"目录"组→"目录"按钮，选择"自定义目录"选项，弹出"目录"对话框，如图 3-93 所示。其中"选项"按钮可以修改目录级别，把不需要的样式级别后的数字删除。

图 3-92　选择自动目录

图 3-93　"目录"对话框

【知识点 23】更新目录

将光标定位在目录处,用鼠标右键单击,在弹出的快捷菜单中选择"更新域"命令,在弹出的对话框中,选中"更新整个目录"单选按钮,单击"确定"按钮更新目录,如图 3-94 所示。

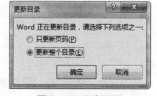

图 3-94　更新目录

3.3.9　书目

【知识点 24】插入书目

将光标定位在要引用的句子或短语的末尾处,单击"引用"选项卡→"引文与书目"组→"管理源"按钮,在"源管理器"对话框中单击"浏览"按钮,导入书目的来源文档,单击"复制"按钮,关闭对话框。

在"引文与书目"组中单击"书目"按钮,选择"插入书目"选项,如图 3-95 所示。

3.3.10　页眉和页脚

页眉和页脚为文档页面提供了丰富的导航信息,给用户浏览文档带来便利。用户在长文档中可设置个性化的页眉和页脚。

【知识点 25】插入统一的页眉和页脚

单击"插入"选项卡→"页眉和页脚"组→"页眉"按钮(或"页脚"按钮),在下拉列表中选择合适的页眉(或页脚)内置样式,如图 3-96 所示。

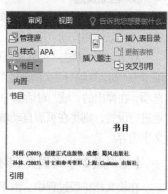

图 3-95　选择"插入书目"选项

【知识点 26】为页眉添加特殊内容

页眉内容不仅可以有文字，还可以有 Logo、横线和文档部件中的域等。

1. 自定义页眉横线

选中页眉上方所有内容（包含段落标记），单击"开始"选项卡→"段落"组→"边框"下拉按钮，选择"边框和底纹"选项，在弹出的"边框和底纹"对话框中，切换到"边框"选项卡，选择"方框"，选择一种线型，设置颜色和宽度，"应用于"选择"文字"，在右边"预览"区域中设置横线的位置，如图 3-97 所示。

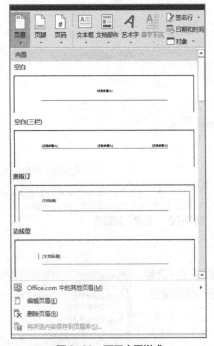

图 3-96　页眉内置样式

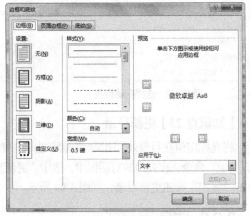

图 3-97　自定义页眉横线

2. 删除页眉横线

要删除页眉横线，则在图 3-97 所示对话框中选择边框为"无"，"应用于"选择"段落"。

3. 自动页眉

当需要在页眉中自动填写该页中某个样式内容时，可以使用自动页眉方法。

双击页眉，单击"页眉和页脚工具|设计"选项卡→"插入"组→"文档部件"按钮，选择"域"选项，在弹出的"域"对话框中，参照图 3-98 所示进行设置，则将在页眉自动填写选定样式中的文字内容。

【知识点 27】奇偶页不同

在长文档排版过程中，由于装订问题，文档中设置的页眉和页脚通常奇数页与偶数页的内容和对齐方式有所不同。

图 3-98　"域"对话框

双击页眉，在"页眉和页脚工具|设计"选项卡→"选项"组中勾选"奇偶页不同"复选框。

注意：在勾选"奇偶页不同"复选框后，偶数页内容会自动消失，在偶数页重新插入对应内容即可。

【知识点 28】不同章节显示不同内容

长文档页眉常常要把其章节内容显示出来，章节不同显示就有所不同。

先将文档进行分节（按页眉内容进行分节）：单击"布局"选项卡→"页面设置"组→"分隔符"按钮，选择"下一页"选项。

分节后将光标定位在页眉或页脚，在"页眉和页脚工具|设计"选项卡→"导航"组中取消"链接到前一条页眉"按钮（见图 3-99），输入内容。

图 3-99　设置不同的页眉和页脚

注意："链接到前一条页眉"表示链接到前一节以继续使用相同的页眉或页脚，关闭此功能可为当前节创建不同的页眉或页脚。

页眉或页脚设置完后，单击"关闭页眉和页脚"按钮，退出页眉和页脚区域。

3.3.11　主题

【知识点 29】文档主题

单击"设计"选项卡→"文档格式"组→"主题"按钮，出现图 3-100 所示的"主题"下拉列表，选择需要的主题即可。

图 3-100　"主题"下拉列表

【知识点 30】文档格式

打开"设计"选项卡→"文档格式"组，如图 3-101 所示，在"文档格式"列表框中选择需要的文档格式即可。

图 3-101　"文档格式"列表框

3.3.12　实例

【实例 3-6】长文档排版（课程论文）。

打开素材"课程论文（素材）.docx"，将其另存为"课程论文（学号）.docx"，此后所有操作均基于该文档。按照以下要求完成长文档的排版。

（1）纸张大小设置为"A4"，上、下、左、右边距均为"2.5 厘米"，装订线为"1 厘米"，页眉和页脚距边界均为"1.1 厘米"。

（2）将文档中所有手动换行符替换为段落标记，删除文档中所有空格和多余的空行。

（3）为论文创建封面，将论文题目、作者姓名和作者专业放置在文本框中，并居中对齐；文本框的环绕方式为"四周型"，在页面中的对齐方式为"水平居中"。在页面下面部分自行插入一幅图片，环绕方式为"四周型"，并应用一种映像效果。

（4）对文档内容进行分节，使得"封面""目录""图表目录""摘要""1.引言""2.库存管理的原理和方法""3. 传统库存管理存在的问题""4. 供应链管理环境下的常用库存管理方法""5. 结论""参考书目""专业词汇索引"各部分的内容都位于独立的节中，且每节都从新的一页开始。

（5）修改文档中样式为"正文文字"的文本，使其首行缩进 2 字符，段前和段后的间距为"0.5行"；修改"标题 1"样式，将其自动编号的样式修改为"第 1 章、第 2 章、第 3 章⋯⋯"。

（6）修改标题 2.1.2 下方的编号列表，使用自动编号，样式为"1)、2)、3) ⋯⋯"；复制"项目符号列表.docx"文档中的"项目符号列表"样式到论文中，并应用于标题 2.2.1 下方的项目符号列表。

（7）将文档中的所有脚注转换为尾注，并使其位于每节的末尾。

（8）在"目录"节中插入"流行"格式的目录，替换"请在此插入目录！"文字；目录中需包含各级标题以及"摘要""参考书目""专业词汇索引"，其中"摘要""参考书目""专业词汇索引"在目录中需与标题 1 同级别。

（9）使用题注功能修改图片下方的标题编号，以便其编号可以自动排序和更新，同时使用交叉引用功能，修改图表上方正文中对于图表标题编号的引用（已经用黄色底纹标记），以便这些引用能够在图表标题的编号发生变化时自动更新。

（10）在"图表目录"节中插入格式为"正式"的图表目录。

（11）将文档中所有的文本"ABC 分类法"都标记为索引项；删除文档中文本"供应链"的索引项标记；更新索引。

（12）在文档的页脚正中间插入页码，要求封面页无页码，目录和图表目录部分使用"Ⅰ、Ⅱ、Ⅲ⋯⋯"，正文以及参考书目和专业词汇索引部分使用"1、2、3⋯⋯"。

操作步骤如下。

步骤 1：单击"布局"选项卡→"页面设置"组→"对话框启动器"按钮，弹出"页面设置"对话框，在"页边距"选项卡中将上、下、左、右边距均设置为"2.5 厘米"，装订线设置为"1 厘米"；在"纸张"选项卡中，纸张大小选择"A4"；在"版式"选项卡中设置页眉和页脚距边界均"1.1 厘米"。

步骤 2：单击"开始"选项卡→"编辑"组→"替换"按钮，在"查找和替换"对话框中单击"更多"按钮，将光标定位在"查找内容"下拉列表框中，通过底部的"特殊格式"按钮选择"手动换行符"，再将光标定位在"替换为"下拉列表框中，通过"特殊格式"按钮选择"段落标记"，单击"全部替换"按钮。使用类似的操作方法，将光标定位在"查找内容"下拉列表框中，通过"特殊格式"按钮选择"空白区域"，"替换为"不填，单击"全部替换"按钮，删除文档中多余的空格。将光标定位在"查找内容"下拉列表框中，通过"特殊格式"按钮选择两个"段落标记"，再将光标定位在"替换为"下拉列表框中，通过"特殊格式"按钮选择"段落标记"，单击"全部替换"按钮，删除部分多余的空行，多次重复此操作，删除文档中多余的空行（最后可配合 Backspace 键或 Delete 键删除残留的空行）。

步骤 3：创建封面。将光标定位在文档最前面，单击"布局"选项卡→"页面设置"组→"分隔符"按钮，选择"下一页"选项。将光标定位在文档的第 1 页，单击"插入"选项卡→"文本"组→"文本框"按钮，选择"简单文本框"选项。在文本框中输入论文标题"供应链库存管理研究"，作者姓名（如"章雨恒"）以及作者专业（如"2017 级企业管理专业"）。选定 3 行文字内容，自行设置字体、字号和段前、段后间距。用鼠标右键单击文本框，选择"环绕文字"→"四周型"。单击"绘图工具|格式"选项卡→"排列"组→"对齐"按钮，选择"水平居中"选项；在"形状样式"组中单击"形状填充"下拉按钮，选择"无填充颜色"选项；单击"形状轮廓"下拉按钮，选

择"无轮廓"选项。将光标定位在文本框外面,自行插入图片。用鼠标右键单击图片,在弹出的快捷菜单中选择"环绕文字"→"四周型"命令。单击"图片工具|格式"选项卡→"图片样式"组→"图片效果"按钮,在"映像"的"映像变体"栏中自行选择映像效果。

步骤 4:将光标定位到"图表目录"前,单击"布局"选项卡→"页面设置"组→"分隔符"按钮,选择"下一页"选项,使用相同方法完成后面几个节的划分。

步骤 5:单击"开始"选项卡→"样式"组→"其他"按钮("样式"列表右下方向下箭头),在展开的下拉列表中,用鼠标右键单击"正文"样式,在弹出的快捷菜单中选择"修改"命令,在弹出的"修改样式"对话框中单击"格式"按钮→"段落",在"段落"对话框中按照要求设置首行缩进 2 字符,段前和段后的间距为"0.5 行"。使用相同的方法完成"标题 1"样式的修改,在弹出的"修改样式"对话框中单击"格式"按钮→"编号",在"编号和项目符号"对话框中单击"定义新编号"按钮,在弹出的对话框中,"编号样式"选择"1,2,3,…",在"编号格式"文本框中将"1."中的"."删掉(注意不要删掉数字"1"),在"1"的左右两边分别输入"第"和"章"字。

步骤 6:选中标题 2.1.2 下方的编号列表,单击"开始"选项卡→"段落"组→"编号"下拉按钮,单击编号库中的"1)"编号样式。单击"开始"选项卡→"样式"组→"对话框启动器"按钮,单击"管理样式"按钮,在弹出的对话框中单击"导入/导出"按钮。在"管理器"对话框中,先单击右边的"关闭文件"按钮,再单击"打开文件"按钮,在弹出的"打开"对话框中单击右下方的"所有 Word 模板",选择"Word 文档(*.docx)",在素材文件夹中选择文档"项目符号列表.docx",单击"打开"按钮。选中右框中的"项目符号列表",单击"复制"按钮,粘贴到左边的框中,关闭所有对话框。选中标题 2.2.1 下方的 3 个项目符号列表内容,单击"样式"组中的"项目符号列表",即可将样式应用到标题 2.2.1 下方的项目符号列表文字。

步骤 7:将光标定位在脚注,单击鼠标右键,在弹出的快捷菜单中选择"便笺选项"命令,在弹出的"脚注和尾注"对话框中单击"转换"按钮,在弹出的"转换注释"对话框中选中"脚注全部转换成尾注"单选按钮,单击"确定"按钮,关闭对话框。

步骤 8:选中文档中的"摘要""参考书目""专业词汇索引"文字,单击"开始"选项卡→"段落"组→"对话框启动器"按钮,在弹出的"段落"对话框中将"大纲级别"设置为"1 级"。将光标定位在"请在此插入目录!"文字后面,删除这些文字,单击"引用"选项卡→"目录"组→"目录"按钮,选择"自定义目录"选项,在弹出的"目录"对话框中将"格式"设置为"流行",显示级别设置为"4",单击"确定"按钮,关闭对话框。

步骤 9:删除文档中第 1 张图片下方的标题文字"图 1",将光标定位在图片标题文字前,单击"引用"选项卡→"题注"组→"插入题注"按钮,在弹出的"题注"对话框中单击"新建标签"按钮,在"新建标签"对话框的"标签"文本框中输入"图"后,单击"确定"按钮,关闭对话框。可以看到"题注"文本框自动填充为"图 1",确认无误后单击"确定"按钮,则第 1 张图片自动加上编号。使用相同的方法为其他图片添加题注。

将文档中"如图 1 所示"中的"图 1"两字去掉,将光标定位在"如"字后面,单击"引用"选项卡→"题注"组→"交叉引用"按钮,在"交叉引用"对话框中,"引用类型"选择"图","引用内容"选择"只有标签和编号","引用哪一个题注"选择相关的编号(如"图 1"),单击"插入"按钮后,单击"关闭"按钮关闭对话框。同理,完成修改其他图表上方正文中对于图表标题编号的引用。

步骤 10:将光标定位在文档中"请在此插入图表目录!"文字后,删除这些文字,单击"引用"选项卡→"题注"组→"插入表目录"按钮,单击"确定"按钮。

步骤 11:选中"ABC 分类法"文字,单击"引用"选项卡→"索引"组→"标记索引项"按钮,在"标记索引项"对话框中单击"标记全部"按钮，关闭对话框。

单击"开始"选项卡→"编辑"组→"替换"按钮，在打开的"查找和替换"对话框中，"查找内容"输入"供应链"，单击"更多"按钮，"特殊格式"按钮，选择"域"，"替换为"输入"供应链"，单击"全部替换"按钮，关闭对话框。

将光标定位到文档最后的"专业词汇索引"索引部分，单击鼠标右键，在弹出的快捷菜单中选择"更新域"命令，或者单击"引用"选项卡→"索引"组→"更新索引"按钮。

步骤 12：双击目录页页脚区域，进入页脚编辑状态，将光标定位在第 2 节第 1 页（也就是目录页第 1 页）的页脚，取消"链接到前一条页眉"按钮的选中状态（单击"页眉和页脚工具|设计"选项卡→"导航"组→"链接到前一条页眉"按钮），单击"插入"选项卡→"页眉和页脚"组→"页码"按钮，选择"设置页码格式"选项，在弹出的"页码格式"对话框中选择"编号格式"为"Ⅰ，Ⅱ，Ⅲ，..."；在"页码编号"栏中设置"起始页码"为"Ⅰ"。

把光标定位到第 3 节页脚区域，如果看到第 3 节图表目录页显示的页码是数字"3"，则选中数字"3"，单击"插入"选项卡→"页眉和页脚"组→"页码"按钮，选择"设置页码格式"选项，在弹出的"页码格式"对话框中选择"编号格式"为"Ⅰ，Ⅱ，Ⅲ，..."；"页码编号"选中"续前节"单选按钮。

进入第 4 节的页脚编辑区域，取消"链接到前一条页眉"按钮的选中状态，选中数字"4"，单击"插入"选项卡→"页眉和页脚"组→"页码"按钮，选择"设置页码格式"选项，在弹出的"页码格式"对话框中选择"编号格式"为"1,2,3,..."；在"页码编号"栏中设置"起始页码"为"1"。单击"页眉和页脚工具|设计"选项卡→"关闭"组→"关闭页眉和页脚"按钮。

3.3.13　实训

【实训 3-5】长文档排版（企业摘要）。

打开素材"企业摘要（素材）.docx"，将其另存为"企业摘要（学号）.docx"，此后所有操作均基于该文档。按照以下要求完成长文档的排版。

（1）调整文档纸张大小为"A4"，纸张方向为"纵向"，并调整上、下页边距为"2.5 厘米"，左、右页边距为"3.2 厘米"。

（2）将文档中出现的全部"软回车"符号（手动换行符）更改为"硬回车"符号（段落标记）。

（3）打开"样式标准.docx"文档，将其文档样式库中的"标题 1,标题样式一"和"标题 2,标题样式二"复制到此文档样式库中。

（4）将文档中所有红色文字段落应用为"标题 1,标题样式一"段落样式，所有绿色文字段落应用为"标题 2,标题样式二"段落样式。

（5）修改文档样式库中的"正文"样式，使得文档中所有正文段落首行缩进 2 字符。

（6）为文档添加页眉，并使当前页中样式为"标题 1,标题样式一"的文字自动显示在页眉区域中。

（7）在文档第 4 段后面（标题为"目标"的段落之前）插入一个空段落，并根据表 3-2 的数据在此空段落中插入一个折线图，将图表的标题命名为"公司业务指标"。

表 3-2　某企业 2016—2019 年的业务数据

年份	销售额	成本	利润
2016 年	4.3	2.4	1.9
2017 年	6.3	5.1	1.2
2018 年	5.9	3.6	2.3
2019 年	7.8	3.2	4.6

操作提示如下。

要求（4）：选中红色文字段落"企业摘要"，单击"开始"选项卡→"编辑"组→"选择"按钮，选择"选定所有格式类似的文本"选项，再单击"标题1,标题样式一"，即可应用该样式。使用同样的方法应用"标题2,标题样式二"样式。

要求（6）：双击页眉进入页眉编辑状态，单击"页眉和页脚工具|设计"选项卡→"插入"组→"文档部件"按钮，选择"域"选项，在弹出的"域"对话框中，"域名"选择"StyleRef"，"样式名"选择"标题1,标题样式一"，勾选"更新时保留原格式"复选框后，关闭对话框。单击"关闭页眉和页脚"按钮，退出页眉编辑状态。

要求（7）：在文档第4段后（标题为"目标"的段落之前）插入一个空段落。将光标定位在空段落处，单击"插入"选项卡→"插图"组→"图表"按钮，选择"折线图"。在打开的 Excel 文档中，输入上面的表格数据（见图3-102），在折线图上方的"图表标题"中输入"公司业务指标"，关闭 Excel 文档。

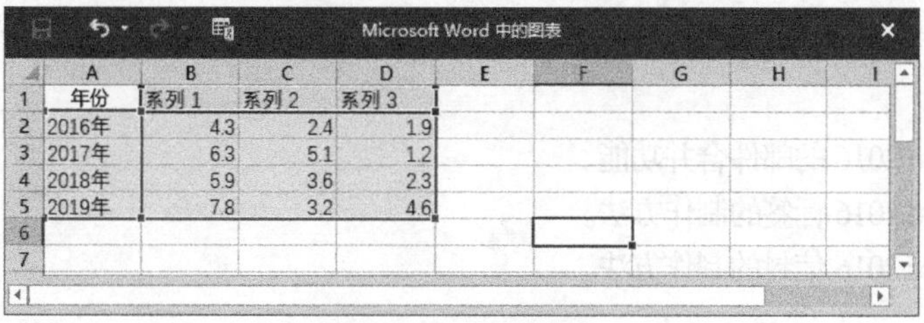

图3-102　插入图表

【实训3-6】长文档排版（年度报告）。

打开素材"年度报告（素材）.docx"，将其另存为"年度报告（学号）.docx"，此后所有操作均基于该文档。按以下要求完成长文档的排版。

（1）将文档中的西文空格全部删除。

（2）将纸张大小设置为"16开"，上、下页边距分别设置为"3.2厘米""3厘米"，左、右页边距均设置为"2.5厘米"。

（3）利用文档的前3行文字内容制作一个封面，将其放置在文档的最前端，并独占一页（封面样式可参考"封面样例.png"文件）。

（4）将文档中以"一、""二、"等开头的段落设置为"标题1"样式；以"（一）""（二）"等开头的段落设置为"标题2"样式；以"1""2"等开头的段落设置为"标题3"样式。

（5）将标题"（三）咨询情况"下用蓝色标出的段落转换为表格，为表格套用一种表格样式使其更加美观。基于该表格数据在表格下方插入一个饼图，用于反映各种咨询形式所占比例，要求在饼图中仅显示百分比。

（6）为正文第3段中用红色标出的文字添加超链接，链接地址由用户自行指定。同时在该文字后添加脚注。

（7）将除封面页外的所有内容分为两栏布局显示，但是前述表格及相关图表居中显示，无须分栏。

（8）在封面页与正文之间插入文档目录，目录中要求包含"标题1""标题2""标题3"样式的标题及对应的页号。文档目录单独占用一页，且无须分栏。增加标题"目录"两字，并应用"标题1"样式，目录内容字体为"宋体、四号"。

（9）除封面页和目录页外，在正文页中添加页眉，页眉内容包含文档标题"北京市政府信息公开工作年度报告"和页码，页码编号从正文第1页开始，其中奇数页页眉文字右对齐，页码放置在标题文字右侧；偶数页页眉文字左对齐，页码放置在标题文字左侧。

（10）保存"年度报告（学号）.docx"文档，并根据文档内容生成一份同名的 PDF 文档。

操作步骤提示如下。

要求（5）：在表格下方插入空白行，居中，光标定位于空白行，单击"插入"选项卡→"插图"组→"图表"按钮，选择"饼图"命令，在弹出的 Excel 文件中用鼠标右键单击 A1 单元格，在弹出的快捷菜单选择"选择性粘贴"命令，在弹出的对话框中选择"文本"，单击"确定"按钮。删除多余的数据行（列），调整数据区域为"A1:C4"，关闭 Excel 文件。选中图表，单击"图表工具|设计"选项卡→"图表布局"组→"添加图表元素"按钮，选择"图表标题"→"无"命令；单击"添加图表元素"按钮→"数据标签"，选择"其他数据标签选项"命令，在"设置数据标签格式"窗格中勾选"百分比"复选框，取消"值"复选框和"显示引导线"复选框。

3.4   邮件合并

学习目标

- 掌握 Word 2016 的邮件合并功能。
- 掌握 Word 2016 标签的制作方法。
- 掌握 Word 2016 信封的制作方法。

在实际工作中，有时需要向参加会议或活动的嘉宾发送邀请函或请柬，邀请函或请柬等的格式相同，但收件人不同。如果参加的人员较多，逐个制作这些信函既浪费时间又容易出错，因此，用户一般就会利用文字处理软件中的邮件合并功能来制作这些大量格式相同的信函文件。

Word 2016 邮件合并可以将一个主文件与一个数据源结合起来，最终生成一系列文档。借用 Word 2016 所提供的邮件合并功能可以实现批量制作名片、学生成绩单、信件封面以及请帖等。

3.4.1   邮件合并基础

【知识点 1】邮件合并常规流程

1. 准备好数据源

用文字处理软件的邮件合并功能批量制作信函的前提是有一个邮件合并的数据源，该数据源一般用电子表格软件制作。

2. 建立主文档

创建一个新 Word 2016 主文档并排版。

3. 邮件合并

单击"邮件"选项卡→"开始邮件合并"组→"开始邮件合并"按钮，选择文档类型（如"信函"）。单击"选择收件人"按钮，选择"使用现有列表"命令，在"编写和插入域"组中单击"插入合并域"按钮，选择"域"命令，重复操作插入全部合并域，在"完成"组中单击"完成并合并"按钮。

【知识点 2】规则

在制作邀请函时，为了实现在邀请函姓名后根据嘉宾性别自动输出"先生"或"女士"作为对被邀请人的尊称，用户在插入域后需要进行规则设置。

1. 如果…那么…否则

单击"邮件"选项卡→"编写和插入域"组→"规则"按钮，选择"如果…那么…否则"命令，在弹出的对话框中完成相应的设置，如图 3-103 所示。

2. 邮件合并跳过记录

单击"邮件"选项卡→"编写和插入域"组→"规则"按钮，选择"跳过记录条件"命令，可以设置自动跳过满足条件的记录，不进行邮件合并，如绩效金额低于 200 元的职工绩效单据自动跳过。

【知识点 3】编辑收件人列表

在制作邀请函时，仅想对部分嘉宾生成邀请函时，就需要编辑收件人列表。

单击"邮件"选项卡→"开始邮件合并"组→"编辑收件人列表"按钮，打开"邮件合并收件人"对话框，勾选需要生成邀请函的嘉宾，如图 3-104 所示。

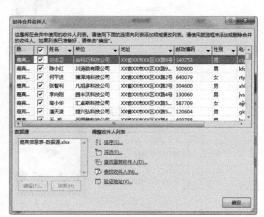

图 3-103　规则的设置　　　　　　　　　　图 3-104　编辑收件人列表

【知识点 4】邮件合并插入照片

制作名片或考生准考证时，常常要在"粘贴照片"处插入照片。

将光标定位在"粘贴照片"处，选择"插入"选项卡→"文本"组→"文档部件"按钮→"域"命令，在弹出的对话框中"域名"选择"IncludePicture"命令，如图 3-105 所示，文件名或 URL 随意，如用"1"或"照片"代替。

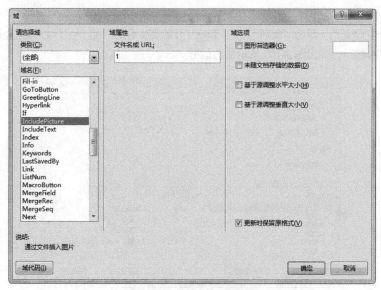

图 3-105　插入域及相应设置

按 Alt+F9 组合键切换成域代码方式，选中信息表中前面命名的文件名域如"1"（或"照片"），单击"邮件"选项卡→"编写和插入域"组→"插入合并域"按钮，选择"照片"建立联系。再次按 Alt+F9 组合键关闭域代码。

单击"完成并合并"按钮，选择"编辑单个文档"选项，在弹出的对话框中选择"全部"记录，生成数据源中所有信息的文档，如图 3-106 所示。

图 3-106　带照片的邮件合并

注意：数据源中有插入的照片字段，其字段值为相应照片的文件名（扩展名为".jpg"）；如果合并后照片没有显示出来，选中所有照片并按 F9 键更新即可显示对应的每一张照片。

【知识点 5】邮件合并生成标签

利用 Word 2016 邮件合并功能，可以根据 Excel 数据表中的记录制作相同格式但不同内容的小标签。由于制作的标签很小，因此一个页面可以制作若干标签。

方法 1：利用标签制作。

新建一个空白文档，单击"邮件"选项卡→"开始邮件合并"组→"开始邮件合并"按钮，选择文档类型"标签"，弹出图 3-107 所示的对话框。

图 3-107　"标签选项"对话框

在"产品编号"列表框中选择合适的模板，右侧会给出标签信息；单击"详细信息"按钮，可以对标签的尺寸边距、行数、列数等进行设置。

单击"邮件"选项卡→"开始邮件合并"组→"选择收件人"按钮，选择"使用现有列表"（打开数据源）→"插入合并域"，选择"域"（插入全部的合并域），更新标签，单击"完成并合并"按钮→"编辑到单个文档"→"全部记录"，标签如图 3-108 所示。

方法 2：利用目录制作。

设计标签内容和格式（最后空两行，作为标签间隔），单击"邮件"选项卡→"开始邮件合并"组→"开始邮件合并"按钮，选择文档类型"目录"，单击"选择收件人"按钮，选择"使用现有列表"（打开数据源），单击"插入合并域"按钮并选择"域"命令，重复操作，插入全部合并域。

设置纸张大小、页边距、分栏、栏距等。

单击"完成"组→"完成并合并"按钮，选择"全部记录"，"目录"式标签如图 3-109 所示。

浏览文档，如果有标签被分成两部分，回到 Word 2016 重新调整页边距等。

图 3-108　标签　　　　　　　　　　　图 3-109　"目录"式标签

3.4.2　实例

【实例 3-7】邮件合并"职工年度考核"。

打开素材"职工年度考核（素材）.docx"，将其另存为"职工年度考核（学号）.docx"，此后所有操作均基于该文档，按以下要求完成操作。

（1）设置文档纸张方向为"横向"，上、下、左、右页边距均为"2.5 厘米"，自行添加一种页面边框。

（2）自行完成文字"职工年度考核成绩报告（2020 年）"的字体、颜色、字形、字号的设置。在文字"职工年度考核"后插入一个竖线符号。对文字"成绩报告（2020 年）"应用"双行合一"

的排版格式，"（2020 年）"显示在第 2 行。

（3）修改表格样式。

① 设置表格宽度为页面宽度的 100%。

② 表格"可选文字"属性的标题为"职工考核成绩单"。

③ 合并第 3 行和第 7 行的单元格，设置其垂直框线为"无"，同时行高设置为"0.4 厘米"；合并第 4～6 行第 3 列的单元格以及第 4～6 行第 4 列的单元格。

④ 为表格中第 1 列和第 3 列包含文字的单元格设置一种底纹（如"蓝色，个性色 1，淡色 80%"）。

⑤ 将表格所有单元格中的内容都设置为水平居中对齐。适当调整表格中文字的大小、段落格式以及表格行高，使其能够在一个页面中显示。

（4）为文档插入"空白（三栏）"式页脚，左侧文字为"MicroChuang"，中间文字为"电话：023-12345678"，右侧文字为可自动更新的当前日期；在页眉的右侧插入图片"logo.png"，适当调整图片大小，使所有内容保持在一个页面中，如果页眉中包含水平横线则应删除。

（5）把表格右下角单元格中插入的文件对象下方的题注文字修改为"指标说明"。

（6）使用文件"职工年度考核.xlsx"中的数据创建邮件合并，并在"职工姓名""职工编号""出生日期""职工性别""业绩考核""能力考核""态度考核""综合考核"右侧的单元格中插入对应的合并域，其中"综合考核"保留 1 位小数。

（7）在"是否达标"右侧单元格中插入域，如果综合考核大于或等于 70 分，则显示"合格"，否则显示"不合格"。

（8）编辑单个文档，完成邮件合并，将合并结果文件另存为"职工年度考核（合并文档）.docx"。操作步骤如下。

步骤 1：略，参照要求（1）。

步骤 2：自行完成文字"职工年度考核成绩报告（2020 年）"的格式设置。将光标定位在文字"职工年度考核"后，输入"|"。选中文字"成绩报告（2020 年）"，单击"开始"选项卡→"段落"组→"中文版式"按钮，选择"双行合一"选项。

步骤 3：具体操作如下。

① 选中整个表格，单击"表格工具|布局"选项卡→"表"组→"属性"按钮，在对话框中，单击"表格"标签，勾选"指定宽度"复选框，"度量单位"选择"百分比"，设置"指定宽度"为"100%"。

② 单击"可选文字"标签，在"标题"文本框中输入"职工考核成绩单"。

③ 合并单元格：合并第 3 行、第 7 行单元格，第 4～6 行第 3 列的单元格以及第 4～6 行第 4 列的单元格。选中第 3 行单元格，单击"表格工具|设计"选项卡→"表格样式"组→"边框"下拉按钮，选择"边框和底纹"选项，取消"左框线"按钮和"右框线"按钮，以同样的操作取消第 7 行单元格左、右框线。将光标定位到表格第 3 行，在"表格工具|布局"选项卡下"单元格大小"组的"高度"数值框中输入"0.4 厘米"，按 Enter 键确认输入。使用相同的方法设置表格第 7 行行高。

④ 选中需要设置的单元格，单击"表格工具|设计"选项卡→"表格样式"组→"底纹"下拉按钮，自行选择一种底纹（如"蓝色，个性色 1，淡色 80%"）。

⑤ 选中整个表格，单击"表格工具|布局"选项卡→"对齐方式"组→"水平居中"按钮。

步骤 4：单击"插入"选项卡→"页眉和页脚"组→"页脚"按钮，选择"空白（三栏）"选项。单击页脚左侧控件，输入"MicroChuang"，单击页脚中间控件，输入"电话：023-12345678"；单击页脚右侧控件，单击"页眉和页脚工具|设计"选项卡→"插入"组→"日期和时间"按钮，在弹

出的对话框的"可用格式"列表框中选择一种日期格式（如2023-04-03），勾选"自动更新"复选框，单击"确定"按钮，关闭对话框。单击"导航"组→"转至页眉"按钮，单击"开始"选项卡→"段落"组→"右对齐"按钮。插入指定图片（"logo.png"），调整图片大小。选中整个页眉，单击"开始"选项卡→"段落"组→"边框"下拉按钮，选择"边框和底纹"选项，在弹出的对话框中的右侧"预览"区域中取消"下框线"按钮，单击"关闭页眉和页脚"按钮，关闭页眉。

步骤5：用鼠标右键单击所插入的文件对象，在弹出的快捷菜单中选择"文档"对象→"转换"，在弹出的对话框中选择"Microsoft Word 2016 文档"，单击"更改图标"按钮，在弹出的对话框的"题注"中输入"指标说明"。

步骤6：单击"邮件"选项卡→"开始邮件合并"组→"选择收件人"按钮，选择"使用现有列表"选项，在弹出的对话框中选择"职工年度考核.xlsx"。将光标定位到职工姓名右侧单元格中，单击"编写和插入域"组→"插入合并域"按钮，选择"职工姓名"，使用相同的方法插入其他合并域："职工编号""出生日期""职工性别""业绩考核""能力考核""态度考核""综合考核"。将光标定位到"综合考核"域中，用鼠标右键单击，在弹出的快捷菜单中选择"编辑域"命令，在弹出的对话框中单击"域代码"按钮，在"域代码"文本框的末尾输入"\#0.0"。

步骤7：将光标定位到"是否达标"右侧的单元格中，单击"编写和插入域"组→"规则"按钮，选择"如果...那么...否则"命令。在弹出的对话框中，"域名"选择"综合考核"，"比较条件"选择"大于等于"，"比较对象"输入"70"，"则插入此文字"输入"合格"，"否则插入此文字"输入"不合格"。

步骤8：单击"邮件"选项卡→"完成"组→"完成并合并"按钮，选择"编辑单个文档"，合并后的效果如图 3-110 所示。将文档另存为"职工年度考核（合并文档）.docx"。

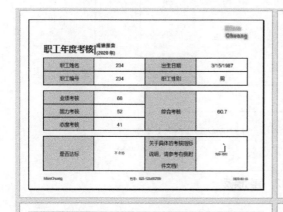

图3-110　"职工年度考核"合并后的效果

3.4.3 实训

【实训 3-7】制作邀请函和信封。

打开主文档素材"邀请函主文档（素材）.docx"，制作邀请函和相应的信封，如图 3-111 所示。

（a）邀请函　　　　　　　　　　　　　　　　（b）信封

图 3-111　邀请函和信封效果

将主文档素材"邀请函主文档（素材）.docx"另存为"邀请函主文档（学号）.docx"，此后所有操作均基于该文档。参照效果图（见图 3-111），利用邮件合并功能制作数据源中所有嘉宾的邀请函和信封，文件保存为"信封（学号）.docx"。

操作步骤提示：启动信封制作向导，生成一个信封模板，如图 3-112 所示。

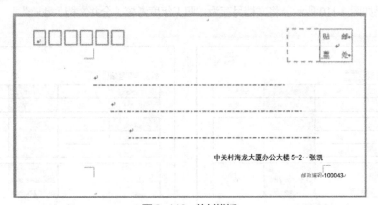

图 3-112　信封模板

3.5　文档审阅与修订

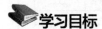学习目标

- 掌握多位审阅者对同一篇文档进行审阅和修订的方法。
- 掌握 Word 2016 中插入批注的方法。
- 掌握查看某个用户的修订的方法。
- 掌握接受或拒绝修订的方法。

在审阅别人的文档时，如果想对文档进行修订，但又不想破坏原文档内容或结构，则可以使用 Word 2016 文字处理软件提供的修订工具，它可以使多位审阅者对同一篇文档进行修订；作者只需要浏览每个审阅者的每一条修订内容，决定接受或拒绝修订的内容即可。

3.5.1　文档审阅

【知识点 1】中文简繁转换

选中文本，单击"审阅"选项卡→"中文简繁转换"组→"简转繁"按钮（或"繁转简"按钮）。

【知识点 2】添加批注

选中想要添加批注的文本（如一个句子或段落），单击"审阅"选项卡→"批注"组→"新建批注"按钮，输入批注，它会出现在 Word 2016 工作区的右侧。

【知识点 3】删除批注

选中文本的批注，单击"审阅"选项卡→"批注"组→"删除"按钮。

3.5.2　文档修订

【知识点 4】内容修订

选中需要修订的文本，单击"审阅"选项卡→"修订"组→"修订"按钮，进入修订状态，输入修订内容，再次单击"修订"按钮退出修订状态。

【知识点 5】浏览审阅者修订内容

如果想浏览修订内容，单击"修订"组→"显示标记"按钮。

【知识点 6】接受或拒绝修订

修订完后，根据需要对修订进行接受或拒绝，单击"更改"组→"接受"按钮（或"拒绝"按钮）。

3.5.3　文档保护

【知识点 7】限制编辑

单击"审阅"选项卡→"保护"组→"限制编辑"按钮，弹出"限制编辑"窗格，如图 3-113 所示，在其中进行相应的设置即可。

3.5.4　实例

【实例 3-8】 审阅与修订"重庆概况"。

打开素材"重庆概况（素材）.docx"，将其另存为"重庆概况（学号）.docx"，此后所有操作均基于该文档。按以下要求完成文档的审阅与修订。

（1）全文字体为"宋体、小四"，1.5 倍行距，首行缩进 2 字符。

（2）更改用户名（即设置审阅专家信息）。

（3）审阅者（QY）对开始文本"重庆"插入一条批注，批注内容为"被称为'山水之城'"。

图 3-113　"限制编辑"窗格

（4）审阅者（QY）将文档中第 4 行"市区"修订为"重庆市区"。

（5）增加一位审阅专家信息（姓名"潘力"，姓名缩写"PL"），该审阅者（PL）审阅和修订内容为：删除文档中第 1 行文本"重庆除了山多，再就是水多。"；把文档中末尾的"山水之城"修订为带格式的"山水之城"（红色、加粗、倾斜）；把文档中第 1 行"乌山"修订为"巫山"；

对文档末尾的"重庆"插入一条批注——既是"山城",又是"江城"。

（6）接受审阅者对文档的所有修订。

操作步骤如下。

步骤1：将全文字体设置为"宋体、小四"，1.5倍行距，首行缩进2字符。

步骤2：单击"审阅"选项卡→"修订"组→"对话框启动器"按钮，在弹出的"修订选项"对话框中单击"更改用户名"按钮，在"Word选项"对话框的"常规"中输入用户名和缩写（姓名"齐云"，姓名缩写"QY"）。

步骤3：选中段首文本"重庆"，单击"审阅"选项卡→"批注"组→"新建批注"按钮，输入批注内容——被称为"山水之城"，效果如图3-114所示。

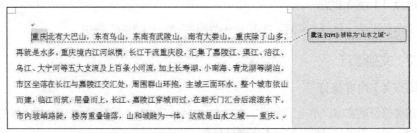

图3-114　插入批注

步骤4：选中文档中第4行"市区"，单击"修订"组→"修订"按钮，输入"重庆市区"，再次单击"修订"按钮退出修订状态。

步骤5：参照前面的方法重新增加一位审阅专家信息（姓名"潘力"，姓名缩写"PL"）。选中文本"重庆除了山多，再就是水多。"，单击"修订"组→"修订"按钮，按Delete键，再次单击"修订"按钮。选中文本"山水之城"，单击"修订"组→"修订"按钮，按要求设置格式后，再次单击"修订"按钮。选中文本"乌山"，单击"修订"组→"修订"按钮，输入"巫山"，再次单击"修订"按钮。参照插入批注方法对文档末尾"重庆"插入一条批注——既是"山城"，又是"江城"。审阅者（PL）审阅和修订的内容如图3-115所示。

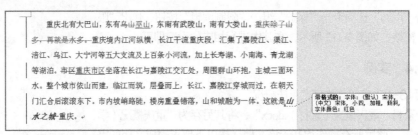

图3-115　修订内容

步骤6：单击"审阅"选项卡→"更改"组→"接受"按钮，文档效果如图3-116所示。

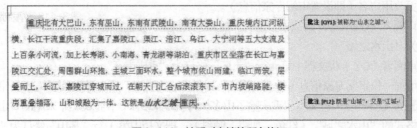

图3-116　接受对文档的所有修订

3.5.5　实训

【实训 3-8】审阅与修订"丽江概况"。

打开素材"丽江概况（素材）.docx"，将其另存为"丽江概况（学号）.docx"，此后所有操作均基于该文档。按以下要求完成文档的审阅与修订。

（1）全文字体为"宋体、小四"，1.5 倍行距，首行缩进 2 字符。

（2）有两位审阅者对文章进行审阅，具体如下。

① 审阅者 1（李虎，姓名缩写"L"）对第 1 段段首文本"丽江"插入批注"丽江以风景秀丽著称，有'高原姑苏'之誉。"；对第 3 段的"丽江古城"插入批注"丽江古城的纳西名字为'谷本'，意思是仓廪云集之地，它的汉语本名叫'大研镇'。"。

② 审阅者 2（肖阳，姓名缩写"X"）将第 2 段"66 个乡（镇）"修改为"5 个县（区），10 个街道、24 个镇、32 个乡（含 15 个民族乡）。"；将第 2 段"总人口为 109 万人"修改为"2021 年年末，全市常住人口 125.4 万人，纳西、彝、白等少数民族人口占总人口的 55.8%。"；还要对第 2 段末的"民族"插入一条批注，即"境内居住着纳西、彝、傈僳、白、普米、藏、傣、苗、回等 22 个少数民族，有世居少数民族 11 个。"。

（3）接受所有修订。

第 4 章
电子表格处理

Excel 2016 是 Microsoft Office 2016 的组件之一，是一套功能完整、操作简易的电子表格处理软件，它通过行、列的方式存储和处理数字、文字和公式，还提供了丰富的函数、强大的图表、报表制作功能和多种数据处理工具，以实现各种数据的处理、统计分析和辅助决策等，目前被广泛应用于管理、统计、财经、金融等众多领域。Excel 2016 的基本功能主要如下。

（1）方便的表格制作。Excel 2016 支持快捷地建立工作簿和工作表，并对其进行数据录入、编辑操作和多种格式化设置。

（2）强大的计算能力。Excel 2016 提供公式输入功能和多种内置函数，便于用户进行复杂的计算。

（3）丰富的图表表现力。Excel 2016 支持根据工作表中的数据生成多种类型的统计图表，并对图表的外观进行修饰。

（4）快速的数据库操作。Excel 2016 支持对工作表中的数据实施多种数据库操作，包括排序、筛选和分类汇总等。

（5）数据共享。Excel 2016 可实现多个用户共享同一个工作簿文件，即与超链接功能结合，实现远程或本地多人协同对工作表进行编辑和修饰。

4.1　电子表格制作基础

学习目标

- 熟悉电子表格处理流程。
- 掌握 Excel 工作界面的组成。
- 掌握 Excel 文件的基本操作。
- 掌握 Excel 操作对象的概念和基本操作。
- 掌握 Excel 中数据的输入方法。
- 掌握 Excel 单元格的格式设置方法。

电子表格制作基础包括电子表格处理流程、Excel 的工作界面、Excel 文件的基本操作、Excel 操作对象，以及 Excel 中数据的输入和单元格的格式设置。

4.1.1　电子表格处理流程

【知识点 1】电子表格处理的基本流程

使用 Excel 对电子表格进行处理时，通常都遵循图 4-1 所示的基本流程。

图 4-1　电子表格处理的基本流程

1. 数据输入和处理

在开始所有操作之前，首先需要在 Excel 电子表格中输入数据，然后对数据进行相应的处理和显示，同时保存表格文件。

2. 格式设置

当数据输入、处理完成后，可以对表格格式进行设置，实现表格的美化。格式设置完成后，保存表格文件。

3. 工作表操作

在一个工作表中完成了数据输入、处理和格式设置之后，还可以对表格进行复制、删除等操作，完成后保存表格文件。

4. 页面设置

页面设置包括页边距、纸张大小、打印区域和打印标题等的设置，设置完成后保存表格文件。

5. 打印输出

完成上述操作后，还可以通过打印操作将编辑好的电子表格文件输出。

4.1.2　Excel 2016 的工作界面

【知识点 2】Excel 2016 的工作界面组成

Excel 2016 的工作界面主要由快速访问工具栏、标题栏、选项卡、功能区、表名栏、状态栏等组成，如图 4-2 所示。

1. 快速访问工具栏

快速访问工具栏位于标题栏的左侧，它包含一组常用的按钮，这些按钮是固定的，不随选项卡的选择而变化，默认情况下为"保存""撤销""恢复"按钮。单击其右侧的下拉按钮，用户即可自定义快速访问工具栏中的按钮。

图 4-2　Excel 2016 电子表格的工作界面

2. 标题栏

标题栏位于 Excel 2016 窗口的顶部，显示应用程序名 Excel 及当前正在被编辑的工作簿名。

3. 选项卡

每个选项卡下都包含了多个组，每个组中又包含了若干按钮和选项等，一个选项卡就是一类按钮和选项等的集合。

4. 功能区

功能区位于选项卡的下方，它与选项卡配合使用。功能区中列出了当前选中的选项卡所包含的组和相关按钮等。选择不同的选项卡，功能区的内容也会发生变化。

5. 表名栏

工作界面中能看到的是一个工作簿，每个工作簿可以包含多个工作表，这些工作表通过表名栏呈现。单击表名栏内的工作表可以完成表之间的切换，用鼠标右键单击表名栏内的工作表可以通过快捷菜单进行移动或复制、重命名等操作，如图 4-3 所示。

6. 状态栏

状态栏位于工作界面的底部，它的功能主要包括显示当前单元格数据的编辑状态、显示选定区域的统计数据、选择页面显示方式以及调整页面显示比例等。用鼠标右键单击状态栏会弹出快捷菜单，用于完成状态栏的显示设置。

7. 行号、列号

工作表的每行和每列都有自己的标号，即行号和列号。列号显示在工作表的上端，用英文字母"A、B、……"来表示；行号显示在工作表的左端，用连续的数字"1、2、……"来表示。

图 4-3　用鼠标右键单击表名栏弹出的快捷菜单

8. 地址栏

地址栏（又称为名称框）用于显示单元格的地址（或名称），如果地址栏里显示"F8"，则表示当前选中的是第 F 列、第 8 行的单元格。

9. 编辑栏

编辑栏用来显示和编辑当前选中的单元格（活动单元格）的内容。一般情况下，编辑栏使用频率较低，用户习惯直接在单元格中输入数据。

10. 滚动条

滚动条分为垂直滚动条和水平滚动条，拖动滚动条可以调整工作表的显示区域。

4.1.3　Excel 文件的基本操作

【知识点 3】Excel 2016 的启动和关闭

1. Excel 2016 的启动

Excel 2016 的启动方法比较多，这里介绍两种常用的启动方法。

（1）单击"开始"按钮→"所有程序"→"Microsoft Office"→"Microsoft Office Excel 2016"。

（2）双击桌面上的"Excel 2016"快捷方式图标。

2. Excel 2016 的关闭

完成对 Excel 文件的编辑后需要关闭 Excel，关闭 Excel 2016 可以使用下列方法之一。

（1）单击 Excel 2016 窗口右上角的"关闭"按钮。

（2）选择"文件"→"关闭"命令，关闭 Excel 2016。

【知识点 4】Excel 2016 新建文件

选择"文件"→"新建"命令，Excel 2016 出现图 4-4 所示的界面。用户可以根据自身需求新建不同类型的文件，通常情况下新建"空白工作簿"。

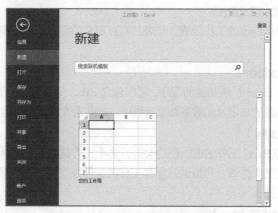

图 4-4　Excel 2016 新建文件界面

【知识点 5】Excel 2016 保存文件

文档在制作过程中需要随时进行保存，Excel 2016 中制作的电子表格也不例外。对电子表格进行保存的方式如下。

1. 保存

对新建的表格第一次保存时，选择"文件"→"保存"命令，打开"另存为"对话框进行保存；如果不是第一次保存，选择"保存"命令，Excel 将用文件现有内容覆盖原文件。

2. 另存为

选择"文件"→"另存为"命令时，Excel 首先会让用户选择文件的保存路径，用户单击"另存为"界面中的"浏览"（见图4-5），在弹出的"另存为"对话框（见图4-6）中选择保存路径，当用户确定保存路径之后，需要在对话框中确定"文件名"以及"保存类型"，最后单击"保存"按钮便会按照指定路径、文件名和保存类型对文件进行保存。

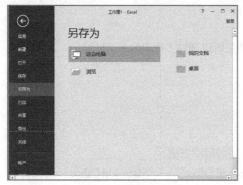

图4-5　"另存为"界面

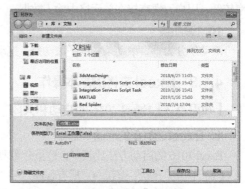

图4-6　"另存为"对话框

【知识点 6】Excel 2016 文件保存类型

在 Excel 2016 中，文件常用的保存类型有以下几种。

1. Excel 工作簿文件（.xlsx）

在 Excel 中，用来存储并处理工作数据的文件叫作工作簿，它是 Excel 工作区中一个或多个工作表的集合，这个类型的文件也是 Excel 中最常用的文件类型之一。

2. 启用宏的工作簿（.xlsm）

该文件保存类型用于存储包含 VBA 宏代码或 Excel 4.0 宏表的工作簿。

3. 模板文件（.xltx 或.xltm）

模板文件能够使用户创建的工作簿或工作表具有自定义的颜色、文字样式、表格样式以及显示设置等。

4. 加载宏文件（.xlam）

加载宏是一些包含 Excel 扩展功能的程序，可以包含 Excel 自带的分析工具库、规划求解等加载宏，也可以包含用户创建的自定义函数等加载宏程序。加载宏文件就是包含这些程序的文件。

5. 工作区文件（.xlw）

在处理较为复杂的 Excel 工作表时，往往会打开多个工作簿文件。如果希望下一次继续该工作时，再次打开之前的这些工作簿，可以通过保存工作区文件来实现。工作区文件就是能够保存用户当前打开的工作簿的文件。

6. 网页文件（.mht 或.htm）

Excel 可以将包含数据的表格保存为网页格式发布，分为单个文件的网页（.mht）和普通网页（.htm）两种。

4.1.4　Excel 的操作对象和基本操作

【知识点 7】Excel 的操作对象

1. 工作簿

在 Excel 中创建的文件叫作工作簿，它以扩展名".xlsx"保存，可以由多个工作表（Sheet）组成，也就是说一个工作簿里可以有多个内容相互独立的工作表。默认情况下，新建的工作簿中有 1 个"Sheet1"工作表，用户根据需求可以添加工作表，理论上最多可包含 255 个工作表。工作簿的名称是在"文件"→"另存为"命令打开的对话框中进行命名或修改的。

2. 工作表

工作表即电子表格，用来存储和处理数据，是工作簿的一部分。工作表标签即工作表的名称，一个工作簿中不能有同名的工作表。工作表由若干行（行号 1～1048576）、若干列（列号 A,B,…,Y,Z,AA,AB,…XFD，共 16384 列）组成。工作表由工作表标签来区别，如 Sheet1、Sheet2 等。表名栏里列出了工作簿所包含的所有工作表，单击这些表名可以切换到相应的工作表。在表名栏内双击工作表的名称可以对其进行修改。工作表的数量可以增减。

3. 单元格

行和列的交叉处就是单元格。单元格是工作表的基本元素，也是 Excel 的最小单位，数据输入在单元格中。每个单元格由唯一的地址进行标识，用"列号+行号"表示，例如，"A5"表示第 A 列、第 5 行的单元格。如果要表示不同工作表中的单元格，则可在地址前加工作表名称，例如，"Sheet2!A5"表示 Sheet2 工作表的 A5 单元格。

【知识点 8】工作表的基本操作

1. 切换工作表

一个工作簿中可以包含多个工作表，每个工作表都有一个名称。单击表名栏中的工作表名即可切换到所选的工作表。若工作表太多，表名栏显示不全，可单击表名栏前方的"前进"按钮或"后退"按钮进行翻阅，如图 4-7 所示。同时按 Ctrl 键和前向箭头可以显示工作簿里的第一个表，同理，同时按 Ctrl 键和后向箭头可以显示工作簿里的最后一个表。

图 4-7 表名栏

2. 工作表的插入、删除、重命名

用鼠标右键单击表名栏中的工作表名，在弹出的快捷菜单中选择"插入"命令，在弹出的对话框中选择插入对象的类型，选择"工作表"后，单击"确定"按钮即可在所选工作表之前插入一个空白工作表。

用鼠标右键单击表名栏中的工作表名，在弹出的快捷菜单中选择"删除"命令，即可删除所选的工作表。

用鼠标右键单击表名栏中的工作表名，在弹出的快捷菜单中选择"重命名"命令，或直接双击工作表名，即可修改工作表名。在同一工作簿内不能有名称相同的工作表。

3. 工作表的移动与复制

Excel 可以在同一工作簿文件内很方便地移动、复制工作表。在同一工作簿内移动工作表，可以改变工作表的排列顺序，但并不影响表中的数据。移动工作表的方法是单击表名栏中的工作表名并将其拖动到所需位置。复制工作表的方法是选中工作表，按住 Ctrl 键将其拖动到所需位置，新工作表的名称为源工作表名称后加上"（2）"。

另外，将鼠标指针指向表名栏的工作表名，单击鼠标右键后会弹出快捷菜单，选择"移动或复制"命令，打开"移动或复制工作表"对话框，如图 4-8 所示，"工作簿"下拉列表用于选择移动或复制的工作簿的名称，"下列选定工作表之前"列表框用

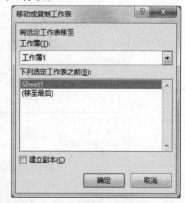

图 4-8 "移动或复制工作表"对话框

于确定工作表移动或复制后在工作簿中的位置，勾选"建立副本"复选框可实现复制功能。

4. 多个表之间的联动操作

如果需要同时修改多个工作表同一区域的值，此时可以在选中第一个工作表之后，按住 Shift 键的同时单击最后一个工作表以选中连续的多个工作表，或者按住 Ctrl 键的同时单击多个不同工作表以选中不连续的多个工作表，然后修改第一个工作表的时候，其他工作表中的对应区域也会同时被修改。

5. 打印输出工作表

Excel 的打印功能可将工作表的内容输出到纸张上，而页面设置用于调整打印的效果，这两个功能是相互关联的。

（1）页面设置。单击"页面布局"选项卡→"页面设置"组→"对话框启动器"按钮，可打开"页面设置"对话框（见图 4-9）。Excel 的页面设置多数只在打印或预览时生效，正常的编辑状态下看不出效果，且页面设置只对当前工作表有效。

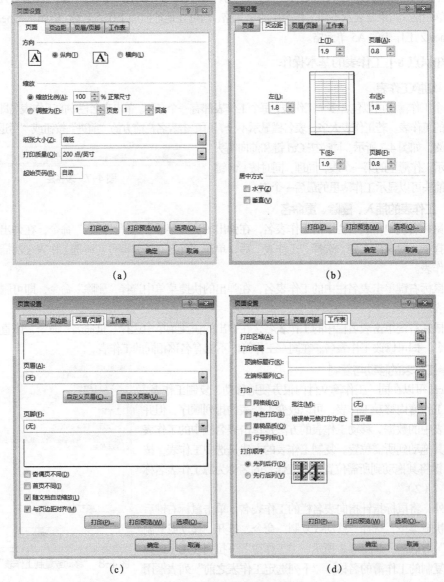

图 4-9 "页面设置"对话框

该对话框中有"页面""页边距""页眉/页脚""工作表"4 个选项卡，下面分别进行介绍。

①　"页面"选项卡：该选项卡主要用于设置打印的方向（横向或纵向）、缩放比例、纸张大小等内容。

②　"页边距"选项卡：该选项卡用于设置打印的上、下、左、右边距，页眉/页脚的高度和打印内容的摆放位置等。

③　"页眉/页脚"选项卡：Excel 允许在页眉或页脚内插入日期、时间、页码、作者等标识。用户可在下拉列表中选择预先设定好的页眉和页脚样式。如果需要设置更复杂的页眉和页脚，可单击"自定义页眉"和"自定义页脚"按钮进行设置。

④　"工作表"选项卡：该选项卡主要用于设置工作表的打印区域、打印顺序和打印标题等。在打印标题中可以把工作表的一行或连续的多行定义成"打印标题"，在打印过程中 Excel 会自动将这些行加在各打印页的开头。

（2）打印输出。Excel 的打印操作很简单，既可在"页面设置"对话框中执行，也可在快速访问工具栏或选项卡中执行。打印前还可以设置打印份数和打印区域、选择打印机、预览打印效果等。

【知识点 9】单元格的基本操作

1. 单元格区域

单元格区域是一组被选中的连续或非连续的单元格。单元格区域被选中后，所选范围内的单元格都会高亮显示；取消后又恢复原样。对一个单元格区域的操作是指对该区域内的所有单元格执行相同的操作。用户想要取消对单元格区域的选择，只需在所选区域外单击即可。单元格或单元格区域可以以变量的形式引入公式参与计算。为便于引用，用户可以给单元格区域起名称。

2. 单元格的选定

选定单元格，可以用鼠标，也可以用键盘。用鼠标选定单元格的常用方法（见表 4-1）是单击或拖动鼠标，利用该方法可以选定一个、多个、一行或一列单元格等。

表 4-1　用鼠标选定单元格的常用方法

选定单元格	操作步骤
选定一个单元格	单击该单元格
选定连续的若干个单元格	拖动鼠标；或者单击第一个单元格后，按住 Shift 键的同时再去单击最后一个单元格
选定离散的若干个单元格	单击第一个单元格后，按住 Ctrl 键的同时再去单击其他单元格
选定一行单元格	将鼠标指针移到该行最左边的行号处，鼠标指针呈水平向右时单击
选定一列单元格	将鼠标指针移到该列最上边的列标处，鼠标指针呈竖直向下时单击
选定多行单元格	将鼠标指针移到该行行号处，向下拖动鼠标
选定多列单元格	将鼠标指针移到该列列标处，向右拖动鼠标
选定矩形区域	拖动鼠标（又称框选法）
选定多个矩形区域	选定第一个区域后，按住 Ctrl 键的同时再去选择其他区域

注：矩形区域可以表示为"左上角单元格地址:右下角单元格地址"，如 B2:D6。

3. 单元格的填充柄

当选定一个单元格或单元格区域，将鼠标指针移至黑色矩形框的右下角时，会出现一个黑色"+"图标，称为填充柄。通过填充柄可完成单元格格式、公式的复制和序列填充等操作。

4. 单元格的清除、删除、插入等

单元格的清除是指将单元格中的内容、格式、批注或超链接清除，并用默认的格式替换原有格

式，而单元格本身仍保留；删除是指将整个单元格（包括其中的内容、格式等）删除，而且要用其他单元格来填补。

（1）清除单元格。选择单元格再按 Delete 键，可清除单元格中的内容，但不能清除格式、批注等。若要清除格式、批注或超链接，单击"开始"选项卡→"编辑"组→"清除"按钮，并选择相应的选项。

（2）删除单元格。选定单元格，单击"开始"选项卡→"单元格"组→"删除"下拉按钮，并选择相应的选项。

（3）插入单元格。选定单元格后，单击"开始"选项卡→"单元格"组→"插入"下拉按钮，并选择相应的选项，可插入一行、一列或单个单元格。若用鼠标右键单击行号或列号后在弹出的快捷菜单中选择"插入"命令，则可插入一行或一列单元格。

批注是指对 Excel 单元格中的数据进行解释、说明，以便用户了解数据所要表达的含义。添加批注的方法：选择需要添加批注的单元格，单击"审阅"选项卡→"批注"组→"新建批注"按钮，在批注框中输入批注内容。单元格添加完批注后，其右上角会出现一个红色的小三角形标记。默认情况下批注是隐藏的，单击包含批注的单元格，批注就会显示出来，如图 4-10 所示。

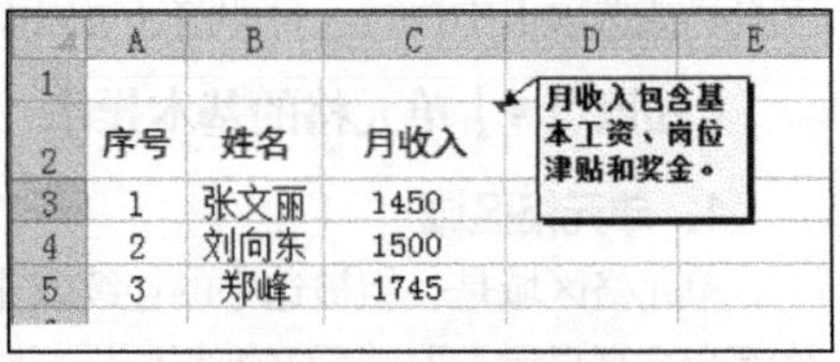

图 4-10   单元格的批注

5. 单元格的复制与移动

单元格的复制、移动可以利用"开始"选项卡→"剪贴板"组→"复制""剪切""粘贴" 3 个按钮来实现，或者按 Ctrl+C 组合键、Ctrl+X 组合键、Ctrl+V 组合键完成，它们的具体使用方法与 Word 中的基本相同，但 Excel 具有特有的单元格移动、复制的快捷操作。

（1）移动单元格

选中单元格区域后，将鼠标指针移动到所选区域的边缘，鼠标指针变成"✛"；按住鼠标左键后，鼠标指针变成"▷"，将所选区域拖动至所需位置即可。

（2）复制单元格

① 复制单个单元格。选中某个单元格，单击"开始"选项卡→"剪贴板"组→"复制"按钮，然后定位在目标单元格中，单击"开始"选项卡→"剪贴板"组→"粘贴"按钮即可实现。

② 复制升序（降序）数列。如果所选区域是单个单元格，且单元格中的数据为数值、日期、时间等可计数的类型，则将鼠标指针移动到所选单元格的填充柄处，按住 Ctrl 键（日期、时间型不按），鼠标指针变成"✚"，按住鼠标左键沿行或列的方向拖动，若向右侧或下方拖动，此时可在行或列的方向上产生一个升序数列；若向左侧或上方拖动，此时可在行或列的方向上产生一个降序数列。

③ 复制等差数列。想要产生一组等差数列，只需在相邻的两个单元格中输入数据，确定步长后，其他数据便可利用复制功能自动产生。

4.1.5 数据输入

【知识点 10】Excel 中数字的分类

Excel 单元格中可以输入不同类型的数字，分类如图 4-11 所示，如数值、文本、日期和时间等。其中，数值型数据包括 0～9 的数字以及含有正负号、货币符号、百分号等符号的数据。文本数据包括汉字、英文字母、数字、空格和使用键盘能输入的其他符号。文本数据和其他数据最大的不同在于文本数据不能参与算术运算，而数值、日期和时间数据都可以参与算术运算。

在输入数据之前，应该先设置单元格支持的数据存储类型，以保证在单元格中正确输入内容。

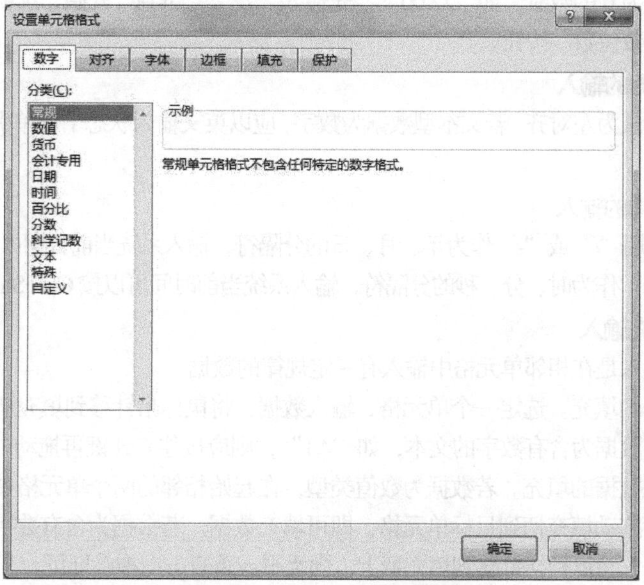

图 4-11　Excel 中的数字分类

在默认情况下，单元格的数据类型为"常规"。其实"常规"不是特定类型，而是一个不定类型。例如，如果用户输入的全是阿拉伯数字，将被系统自动识别为数值；如果输入的数据含有字符，将被自动识别为文本，输入数据之前先输入前导符"'"，它也会被识别为文本；如果输入"2023/3/1"等的数据，将被自动识别为日期。表 4-2 中展示了部分数字类型数据示例。

表 4-2　部分数字类型数据示例

数字类型	设置前数据	设置后数据	数字类型	设置前数据	设置后数据
百分比	0.0134	1.34%	日期数据	2023/3/1	二〇二三年三月一日
0 开头数值	8156	008156	时间数据	23：45	下午 11 时 45 分
多位数值	5.23014E+12	5230135788645	中文大写数字	3845	叁仟捌佰肆拾伍

【知识点 11】Excel 中数据的输入

1. 数据的输入方式

在 Excel 中输入数据时，首先选中需要输入数据的单元格对象，再向其中输入数据，输入的数据会显示在该单元格和编辑栏中。数据的输入有以下 3 种常用方式。

（1）单击需要输入数据的单元格，该单元格出现黑色加粗边框，即选中其为当前单元格，输入数据，按 Enter 键确认，或者单击其他单元格完成输入确认。

（2）选中单元格后，单击编辑栏，即可在闪烁的光标后输入数据，按 Enter 键确认，或者单击其他单元格完成确认，抑或单击编辑栏前方的"√"完成输入确认；编辑栏内的"×"代表取消输入，"fx"代表插入公式。

（3）双击单元格，进入单元格编辑状态，出现闪烁的光标，将光标调整到需要输入数据的位置后即可输入数据。这种方式一般用于对单元格内容进行修改。

2. 数值型数据的输入

数值型数据默认为右对齐，若数据太长，自动改为科学记数法表示。

　　输入分数时，应在数字前加一个"0"和空格，如"2/3"，应输入为"0 2/3"。

　　输入小数末尾为 0 的数时，如"72.00"，先输入"72"，再到"开始"选项卡→"数字"组中单击两次"增加小数位数"按钮。

3. 文本型数据的输入

　　文本型数据默认为左对齐，若文本型数据为数字，应以英文输入状态下的单引号开头，如"0001"应输入为"'0001"。

4. 日期和时间的输入

　　输入日期时，用"/"或"-"作为年、月、日的分隔符，输入系统当前日期可以按 Ctrl+;组合键；输入时间时，用":"作为时、分、秒的分隔符，输入系统当前时间可以按 Ctrl+Shift+;组合键。

5. 数据的填充输入

　　数据的填充输入是在相邻单元格中输入有一定规律的数据。

　　（1）相同数据的填充。选定一个单元格，输入数据，将鼠标指针移到填充柄上，向水平或垂直方向拖动即可；若数据为含有数字的文本，如"A1"，则应按住 Ctrl 键再拖动。

　　（2）规律变化数据的填充。若数据为数值类型，在起始相邻的两个单元格中输入数据，选中这两个单元格，然后拖动填充柄到目标单元格，即可填充数据。若数据为含有数字的文本，选定一个单元格，输入数据，将鼠标指针移到填充柄上，向水平或垂直方向拖动即可。

6. 换行符的输入

　　一个单元格中还可以采用强制换行方式输入多行数据，按 Alt+Enter 组合键即可强制换行。

7. 数据的修改

　　双击单元格，单元格中出现闪烁的光标，此时单元格处于可编辑状态，光标闪烁的位置称为插入点。移动光标到所需位置，可输入新的内容，也可利用 Delete 键或 Backspace 键清除一个或多个字符。

4.1.6　单元格的格式设置

　　单元格格式设置主要设置单元格和数据的外观，因此单元格格式设置也称为单元格修饰。"格式"的内涵相当丰富，它包含了单元格的数据类型、单元格对齐方式、字体（含字体、字号、字形、颜色、效果）、边框、填充、保护等多种设置。

　　单击"开始"选项卡→"数字"组→"对话框启动器"按钮，可打开"设置单元格格式"对话框。该对话框也可通过用鼠标右键单击单元格，在弹出的快捷菜单中选择"设置单元格格式"命令打开。该对话框中包含"数字""对齐""字体"等（6 个）选项卡，每个选项卡下面对应了不同类型的格式设置，其中"数字"选项卡的功能已经在【知识点 10】中提及，下面介绍"对齐""字体""边框""填充" 4 个选项卡。

【知识点 12】设置单元格的对齐

　　单元格的对齐主要是设置数字在单元格中的"文本对齐方式""文本控制""从右到左""方向" 4 个部分，如图 4-12 所示。"文本对齐方式"包括单元格中数字的"水平对齐"和"垂直对齐"，以及对齐时的缩进设置；"文本控制"用于设置单元格中文字的"自动换行""缩小字体填充""合并单元格"；"从右到左"用于设置文字左右显示顺序；"方向"设置用于单元格中文本的显示方向。

【知识点 13】设置单元格的字体

　　"字体"选项卡如图 4-13 所示，用于实现"字体""字形""字号""下画线""颜色""特殊效果"的设置。

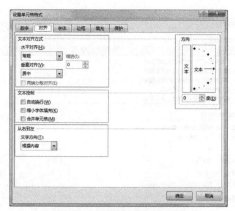

图4-12 设置单元格的对齐

图4-13 设置单元格的字体

【知识点 14】设置单元格的边框

Excel 提供了丰富、灵活的边框设置功能,它允许分别设置单元格的上、下、左、右、对角线边框,并允许使用不同的线条样式和颜色。在设置边框时,首先选中待设置的对象(可以是单元格,也可以是单元格区域),然后选定"线条"栏中的"样式"和"颜色",再选择边框,如图4-14 所示。

【知识点 15】设置单元格的填充

"填充"选项卡如图 4-15 所示,用于设置单元格的背景色、背景图案的颜色和样式。其中,背景色还可以设置填充效果,"填充效果"对话框如图4-16 所示,用于设置填充效果的颜色、底纹样式和变形。

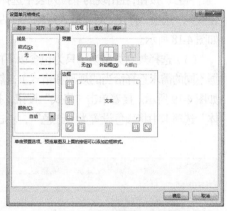

图4-14 设置单元格的边框

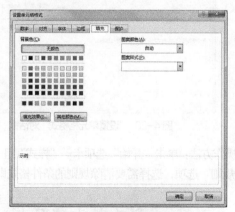

图4-15 "填充"选项卡

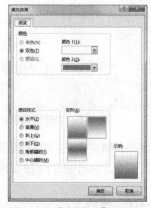

图4-16 "填充效果"对话框

【知识点 16】调整列宽(或行高)

在"开始"选项卡的"单元格"组中单击"格式"按钮,选择"行高"可精确设置行高,选择"列宽"可精确设置列宽。

把鼠标指针移到两列之间,如A列和B列,如图4-17 所示,待鼠标指针变成"✛"时,按住鼠标左键并左右拖动可以改变A列的宽度。

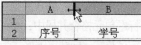

图4-17 调整列宽

把鼠标指针移到两行之间，如第 1 行和第 2 行，待鼠标指针变成"＋"时，按住鼠标左键并上下拖动可以调整第 1 行的行距。

【知识点 17】设置条件格式

条件格式指符合指定条件时才应用的格式。例如，将 A1:A10 区域中小于 60 的单元格中的内容设置为红色，操作步骤如下。

（1）选定需要设置条件格式的单元格（A1:A10）。

（2）单击"开始"选项卡→"样式"组→"条件格式"按钮，在出现的下拉列表中选择"新建规则"选项，打开"新建格式规则"对话框，如图 4-18 所示。

图 4-18　"新建格式规则"对话框

（3）选择规则类型为"只为包含以下内容的单元格设置格式"（有许多可选规则，用户可以根据不同的需求选择恰当的规则和格式），然后选择"单元格值""小于"，在输入框中输入"60"，如图 4-19 所示。接着单击"格式"按钮，打开"设置单元格格式"对话框，如图 4-20 所示，在"字体"选项卡中将颜色设置为"红色"，单击"确定"按钮，完成条件格式的设置。

图 4-19　新建格式规则　　　　　　　　图 4-20　"设置单元格格式"对话框

设置条件格式后，还可以清除条件格式。其操作方法：单击"开始"选项卡→"样式"组→"条件格式"按钮，在出现的下拉列表中选择"清除规则"选项，选择需要清除规则的条件格式即可。

4.1.7　实例

【实例 4-1】新建一个工作簿，保存为"学生基本情况表.xlsx"，在工作表 Sheet1 中根据以下实例要求实现图 4-21 所示的效果。

实例要求：输入数据并设置单元格数据类型；标题单元格合并居中；单元格数据垂直居中；设置字体格式，标题字体格式为"黑体、22 号、粗体"，

	A	B	C	D	E
1	学生基本情况表				
2	序号	学号	姓名	入学成绩	出生年月
3	1	0001	李木子	72.00	2006/8/14
4	2	0002	许言午	95.00	2006/7/15
5	3	0003	张长弓	80.00	2005/12/1
6	4	0004	杨木易	95.00	2006/4/5
7	5	0005	雷雨田	90.00	2005/11/23

图 4-21　"学生基本情况表.xlsx"效果

表中数据字体格式为"宋体、11 号";适当调整列宽(或行高);设置表格边框,外边框为"红色、双实线",内部为"细实线";设置入学成绩为 90 分及 90 分以上的数值显示为红色。

操作步骤如下。

步骤 1:新建工作簿并保存为"学生基本情况表.xlsx"。启动 Excel 后,根据【知识点 4】讲解的方法新建一个空白工作簿。按照【知识点 5】讲解的方法将工作簿命名为"学生基本情况表.xlsx"并保存。

步骤 2:输入数据。

① 在单元格 A1 中输入"学生基本情况表"。在 A2:E2 单元格区域中分别输入"序号""学号""姓名""入学成绩""出生年月",其中"入学成绩"和"出生年月"在输入时需要按 Alt+Enter 组合键在单元格中换行。

② 在 A3:A7 单元格区域中输入 1~5;在 B3:B7 单元格区域中输入"0001"~"0005";在 C3:C7 单元格区域中输入学生姓名;在 D3:D7 单元格区域中输入成绩数据;在 E3:E7 单元格区域中输入日期数据。

步骤 3:设置"学生基本情况表"的单元格格式。

① 选中 D3:D7 区域,单击鼠标右键,选择快捷菜单中的"设置单元格格式"命令,打开"设置单元格格式"对话框,选择"数字"选项卡,在"分类"列表框中选择"数值",然后设置小数位数为"2",如图 4-22 所示。

② 选中 E3:E7 区域,单击鼠标右键,选择快捷菜单中的"设置单元格格式"命令,打开"设置单元格格式"对话框,选择"数字"选项卡,在"分类"列表框中选择"日期",然后选择类型,如图 4-23 所示。

图 4-22 设置数值类型格式

图 4-23 设置日期类型格式

步骤 4:设置表格格式。

① 设置标题单元格合并居中。选择 A1:E1 区域,单击"开始"选项卡→"对齐方式"组→"合并后居中"按钮。

② 选择 A2:E7 区域,单击"开始"选项卡→"对齐方式"组→"垂直居中"按钮。

③ 按字体格式要求,在"设置单元格格式"对话框的"字体"选项卡中完成字体格式的设置。

④ 调整列宽(或行高),在"开始"选项卡→"单元格"组中单击"格式"按钮,选择"行高"可精确设置行高,选择"列宽"可精确设置列宽。

⑤ 设置表格边框,选定整个数据表格(A1:E7),单击鼠标右键,在快捷菜单中选择"设置单

元格格式"命令，打开"设置单元格格式"对话框，单击"边框"选项卡，选择颜色为"红色"，然后选择线条样式为"双实线"；再单击"外边框"，然后选择线条样式为细实线，又单击"内部"，最后单击"确定"按钮，关闭对话框。

⑥ 设置条件格式（90 分及 90 分以上的入学成绩用红色字表示）。选定需要设置条件格式的单元格（D3:D7），在"开始"选项卡→"样式"组中单击"条件格式"按钮，在出现的下拉列表中选择"新建规则"选项，打开"新建格式规则"对话框，设置"选择规则类型"为"只为包含以下内容的单元格设置格式"，在"编辑规则说明"栏中设置"单元格值"为"大于或等于""90"，单击"格式"按钮，在"设置单元格格式"对话框的"字体"选项卡中选择颜色为"红色"，最后一直单击"确定"按钮。

步骤 5：保存文件。

【实例 4-2】 复制【实例 4-1】中"学生基本情况表"的"Sheet1"，并将复制的工作表名称改为"成绩表"，如图 4-24 所示，设置第 1 行和第 2 行为"顶端标题行"并保存文件。

操作步骤如下。

步骤 1：打开文件"学生基本情况表"。

步骤 2：复制并重命名工作表。

① 用鼠标右键单击工作表"Sheet1"，选择快捷菜单中的"移动或复制"命令，打开"移动或复制工作表"对话框，如图 4-25 所示，勾选"建立副本"复选框，单击"确定"按钮，完成工作表的复制。

② 用鼠标右键单击复制得到的"Sheet1(2)"工作表，在快捷菜单中选择"重命名"命令，输入工作表名为"成绩表"，效果如图 4-24 所示。

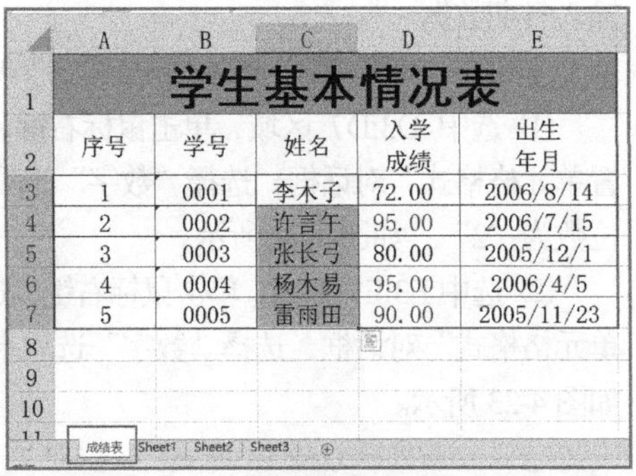

图 4-24　复制并重命名工作表

步骤 3：工作表的页面设置。在"页面布局"→"页面设置"组中单击"对话框启动器"按钮，打开"页面设置"对话框，选择"工作表"选项卡，单击"顶端标题行"后的■按钮，在工作表中选择第 1 行和第 2 行，如图 4-26 所示，单击"确定"按钮完成页面设置。

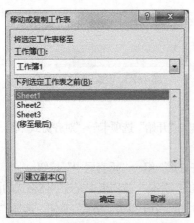

图 4-25　"移动或复制工作表"对话框

图 4-26　页面设置

步骤 4：保存文件。

4.1.8　实训

【实训 4-1】制作一个工资发放表，效果如图 4-27 所示，保存为"工资发放表.xlsx"。

工资发放表							
姓名	工资编号	应发金额		扣税	实发金额	身份证号码	发放日期
		基本工资	奖金				
季禾子	00138	8500.0	3800.0	3.0%	11931	52308719850205****	2023年7月8日
何人可	01045	6200.0	2200.0	3.0%	8148	51723319950815****	2023年7月8日
江水工	01227	3900.0	750.0	0.0%	4650	51021219971025****	2023年7月8日
应发合计（大写）		贰万肆仟柒佰贰拾玖					

图 4-27　"工资发放表"效果

实训要求如下。

（1）创建一个工作簿，保存为"实训 1-学生学号.xlsx"，将其中的 Sheet1 工作表更名为"工资发放表"，纸张大小设置为"B5"，纸张方向设置为"横向"，设置合适的行高、列宽，使工资发放表可在一张 B5 纸中均匀分布。

（2）在工作表中输入图 4-29 中的内容。

（3）表标题字体格式为"黑体、加粗、28 号"；次标题字体格式为"黑体、加粗、15 号"；表内字体格式为"宋体、15 号"。

（4）表框线设置为"外框粗线，内部细线"。

（5）以第 1～3 行作为"顶端标题行"。

【实训 4-2】创建工作表"员工登记表"，表中的具体内容如图 4-28 所示，保存为"员工登记表.xlsx"。

员工登记表							
序号	部门	员工编号	姓名	性别	出生年月	工龄	工资
1	开发部	09018681	张伟雄	男	1981/5/9	20	9600
2	测试部	09018780	黄晓娟	女	1990/11/28	8	7800
3	测试部	09018781	李妮娜	女	1990/3/19	8	7800
4	市场部	09018850	王强	男	1982/1/10	13	8600
5	市场部	09018851	赵秀春	女	1994/12/7	7	6800
6	开发部	09018682	罗亮	男	1983/5/4	16	9200
7	文档部	09018980	王蓓蓓	女	1979/3/10	23	6600
8	开发部	09018683	沈海涛	男	1988/8/22	14	8600
9	市场部	09018852	樊烨	男	1995/2/5	5	6200
10	文档部	09018981	钟新萍	女	1998/6/14	2	3600

图 4-28　"员工登记表"的具体内容

操作后的"员工登记表"效果如图 4-29 所示。

员工登记表					
序号	部门	姓名	性别	工龄	工资
1	开发部	张伟雄	男	20	¥9,600.0
2	测试部	黄晓娟	女	8	¥7,800.0
3	测试部	李妮娜	女	8	¥7,800.0
4	市场部	王强	男	13	¥8,600.0
5	市场部	赵秀春	女	7	¥6,800.0
6	开发部	罗亮	男	16	¥9,200.0
7	文档部	王蓓蓓	女	23	¥6,600.0
8	开发部	沈海涛	男	14	¥8,600.0
9	市场部	樊烨	男	5	¥6,200.0
10	文档部	钟新萍	女	2	¥3,600.0

图 4-29　"员工登记表"效果

实训要求如下。

（1）将"工龄"这列数据移到"出生年月"这列数据的前面（选中数据列，按住 Shift 键的同时拖动数据列的左边框线即可）。

（2）设置标题格式，将标题行字体格式设置为"隶书、20 号、加粗"，行高设置为"40"，垂直居中。

（3）设置表头格式，将表头字体格式设置为"楷体、12 号、加粗"，字体颜色设置为"红色"，底纹填充浅蓝。

（4）设置行高和列宽，将"工资"这列数据的列宽设置为"自动调整列宽"，其余各列列宽设置为"12"，将除标题行外的数据行的行高设置为"16"（通过"单元格"组的"格式"按钮设置）。

（5）设置对齐方式，将"工资"这列数据设置为"货币格式"（带 1 位小数），其他所有数据居中对齐。

（6）设置表格边框线，为表格外边框（不包括标题）加上蓝色粗实线，其他框线为黑色细实线。

（7）添加批注，为员工"黄晓娟"添加批注"2023 年度优秀员工"。

（8）设置条件格式，将工资在 7000 元（包括 7000 元）以下的数据显示为蓝色，同时将工资在 8500 元（包括 8500 元）以上的数据显示为绿色（通过单击"样式"组→"条件格式"按钮→"新建规则"设置）。

（9）隐藏"员工编号"和"出生年月"两列数据（选中所有列，单击鼠标右键，在弹出的快捷菜单中可选择取消隐藏）。

（10）为表格设置自动套用格式，具体设置为"表样式中等深浅 16"。

4.2　Excel 的公式和函数

学习目标

- 掌握单元格的引用方法。
- 掌握 Excel 公式的组成。
- 掌握 Excel 常用函数的使用方法。

Excel 中的公式是对工作表中的数据执行计算并返回结果的等式，它是 Excel 最重要的功能之一。在单元格中输入公式后，用户可以对工作表中的各类数据进行数值、逻辑、文本等运算，并实时显示计算结果。

4.2.1　单元格引用

对单元格进行引用可通过单元格地址和单元格名称两种方式完成。

【知识点 1】单元格地址

单元格地址用以标识单元格。在 Excel 表格中编辑内容时，选定某个单元格后，可以在"名称框"中看到此单元格的地址，如图 4-30 左上角所示，单元格地址为"列标+行号"，例如第 2 列、第 2 行地址为 B2。

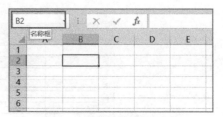

图 4-30　名称框中的单元格地址

【知识点 2】相对地址、绝对地址和混合地址

1. 相对地址

前面提到的"列标+行号"地址书写方式称为"相对列地址和相对行地址"，例如 B2，简称为相对地址。若在公式中引用相对地址，则公式复制到其他单元格后，目标单元格的地址引用将发生变化。

2. 绝对地址

若公式中的某个引用地址需要固定指向某个单元格，且复制公式后不被改变，这种情况下就必须采用绝对地址。绝对地址在书写时需要在行和列之前加上一个"$"，如$B$2。

3. 混合地址

混合地址在书写时需要在行或列之前加上一个"$"，它又分为两种形式，如$A6、H$3，加了"$"的地址在复制公式时保持不变。

【知识点 3】单元格名称

单元格名称是为单元格取的一个名字，以替代它原有的单元格地址；被定义了名称的单元格，其地址栏里显示的是它的名称，而不是原来单元格的地址。为单元格定义一个容易记忆的名称，以便在其他地方对该单元格直接引用，其引用效果与绝对地址引用相同。

图4-31　"新建名称"对话框

单元格名称的定义方法：首先选中需要定义名称的单元格，单击鼠标右键并在快捷菜单中选择"定义名称"命令，然后在弹出的"新建名称"对话框（见图 4-31）中输入名称并选择适用范围，单击"确定"按钮即可。

【知识点 4】单元格的引用

在公式中需要用到某一单元格时，可以通过单元格的地址或名称对单元格进行引用。引用时采用相对地址就称为"相对引用"，采用绝对地址就称为"绝对引用"，采用混合地址就称为"混合引用"。无论采用哪种引用，单元格中的公式复制到其他单元格后，公式中引用地址的行列变化规律为：有"$"就不变，无"$"则加上行或列的增量完成变化。

例如，单元格 A1 中的公式是"=$B11"，把 A1 复制到 C5，行、列增量为 4 和 2，但由于是相对行绝对列引用，公式复制后行变列不变，因此 C5 中的公式应该是"=$B15"；单元格 A1 中的公式是"=B$11"，把 A1 复制到 C5，行、列增量为 4 和 2，但由于是绝对行相对列引用，公式复制后列变行不变，因此 C5 中的公式应该是"=D$11"；单元格 A1 中的公式是"=$B$11"，把 A1 复制到 C5，行、列增量为 4 和 2，但由于是绝对行绝对列引用，公式复制后行列均不变，因此 C5 中的公式应该是"=$B$11"。

4.2.2　Excel 的公式

【知识点 5】公式的组成

Excel 的公式由运算符连接常量、单元格引用和函数组成。

1. 运算符

运算符是表示特定类型运算的符号。Excel 公式中包含 4 种类型的运算符，即引用运算符、算术运算符、文本运算符和比较运算符。Excel 公式中常用的运算符如表 4-3 所示。

表 4-3　Excel 公式中常用的运算符

运算符	功能	类别
:	区域运算符，产生对包括在两个引用之间的所有单元格的引用，如 (B5:B15)	引用运算符
（单个空格）	交叉运算符，产生对两个引用共有的单元格的引用，如 (B7:D7 C6:C8)	
,	联合运算符，将多个引用合并为一个引用，如 SUM(B5:B15,D5:D15)	
–	负号	算术运算符
∧	乘幂	
*、/	乘、除	
%	百分比	
+、–	加、减	
&	连接两个文本数据	文本运算符
=、<、>、<=、>=、<>	等于、小于、大于、小于或等于、大于或等于、不等于	比较运算符

2. 常量

常量是参与计算的一些固定不变的值，例如，"=10+20" 中的 10 和 20 都是常量。

3. 单元格引用

单元格引用表示对工作表上的单元格或单元格区域的使用，指明公式中所使用的数据的位置。通过引用，可以在公式中使用不同单元格的数据。公式中的引用一般是某个（如 A3 等）/某些单元格地址（如 B1:B9 等）或名称，通过地址引用时可以使用相对地址、混合地址或绝对地址。引用的值就是该地址所指的单元格中的数据，单元格中的数据发生变化，引用的值也会相应地发生变化。

4. 函数

函数是预先编写好的特殊公式，可以对一个或多个数据执行运算，并返回一个或多个结果。有关该内容的详细介绍见函数部分知识点。

【知识点 6】公式的输入

所有的公式都必须以英文状态下的等号 "=" 开头，公式可包含单元格引用、运算符、常量和函数，图 4-32（a）、图 4-32（b）均为公式的示例。

公式输入步骤如下。

① 选中目标单元格（需要输入公式的单元格）。

② 输入 "="。

③ 输入公式，类似图 4-32 中的内容。

④ 按 Enter 键或单击编辑栏中的 "输入" 按钮 "√" 确认公式的输入。

如果在输入公式时未加 "="，Excel 将把输入的内容当成一般的文本数据。在单元格中输入公式并按 Enter 键后，输入的公式将显示在编辑栏中，确认公式输入后，结果显示在单元格中。

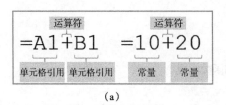

（a）

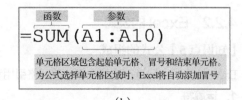

（b）

图 4-32　Excel 中的公式

图 4-33 所示为公式的应用实例。在单元格 F2 中输入 "=C2+D2+E2"，其作用是计算 C2、D2

和 E2 这 3 个单元格的内容之和。

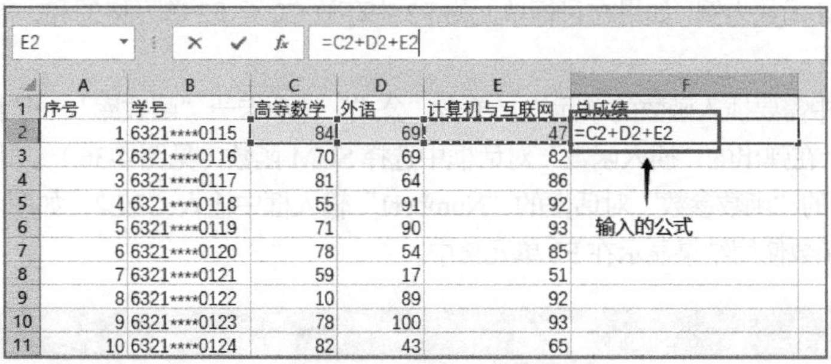

图 4-33　公式的应用实例

【知识点 7】复制公式

如果需要在多个单元格中输入相同的计算公式，例如，图 4-33 中 F3～F11 这些单元格的公式，可利用 Excel 提供的公式复制功能实现这些单元格公式的快速填充。公式复制其实就是将一个单元格的内容复制到另一个单元格。公式从源单元格复制到目标单元格后，目标单元格中公式引用的相对地址会自动发生变化，如将 F2 单元格的公式"=C2+D2+E2"复制到 F3，公式将由"=C2+D2+E2"变为"=C3+D3+E3"。相对地址变化的规律是目标单元格公式中引用的行、列数=源单元格公式中引用的行、列数+(行增量、列增量)。以图 4-33 中的公式为例，F2 的公式复制到 F3 后，其行、列增量分别为 1、0，因此，公式就由"=C2+D2+E2"变为"=C3+D3+E3"。

4.2.3　Excel 的函数

Excel 中使用的函数是预先构建的命令，函数以特定方式进行计算（如进行数学运算、查找值或者计算日期和时间）并返回结果。例如，SUM 函数采用单元格引用或指定区域，并对它们求和。Excel 为用户提供了 400 多个标准函数，并根据用途将这些函数划分为"常用函数""财务""日期与时间""数学与三角函数""统计""文本""逻辑"等十几个种类，用户可以单击"公式"选项卡→"函数库"→"插入函数"按钮，打开"插入函数"对话框，通过"或选择类别"下拉列表查看不同类别的函数，如图 4-34 所示。

图 4-34　"插入函数"对话框中的"或选择类别"下拉列表

【知识点 8】函数的使用方法

以使用 SUM 函数为例，如果在目标单元格 F2 中存放 C2 至 E2 单元格的和，有以下两种函数使用方法。

方法 1：选中需要插入函数的单元格，单击"公式"选项卡→"函数库"→"插入函数"按钮，如图 4-35 所示。在弹出的"插入函数"对话框中选择 SUM 函数（见图 4-36），并单击"确定"按钮。之后在弹出的"函数参数"对话框的"Number1"输入框中输入 C2:E2，如图 4-37 所示。单击"确定"按钮，函数使用结果显示在 F2 单元格中。

图 4-35　"插入函数"按钮

图 4-36　"插入函数"对话框

图 4-37　"函数参数"对话框

方法 2：在输入"="后输入"sum"，Excel 将启动 IntelliSense，列出以输入的字母开头的所有函数，如图 4-38 所示。在列出的函数中双击所需函数，Excel 将自动补全函数名称并输入左括号。此外，还将显示可选和必选参数，如图 4-39 所示。在左括号后输入"C2:E2"和右括号，按 Enter键或在编辑栏内单击"输入"按钮，计算结果显示在 F2 单元格内。

图 4-38　Excel 列出所有以 SUM 开头的函数

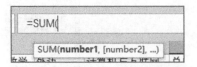

图 4-39　SUM 函数的可选和必选参数

【知识点 9】常用函数

Excel 的函数中，"统计""数学""逻辑""文本""日期与时间"类函数最为常用。SUM、

AVERAGE、COUNT、MAX、MIN 等函数能实现简单的统计功能，这些函数的参数中只有单元格地址，不能输入统计条件。如果需要根据一些条件进行统计，如"女性的平均年龄""计算机科学系学生总人数""姓王的男学生人数"等，就需要使用 Excel 提供的条件统计函数，这些函数可以按照设置的条件进行统计。常用的条件统计函数有 COUNTIF、SUMIF、IF 等，这些函数还能组合起来，完成复杂的统计功能。

常用函数如表 4-4 所示。

表 4-4　常用函数

函数名	功能
SUM	计算指定单元格区域中的数值之和
AVERAGE	计算指定单元格区域中的平均值
COUNT	计算指定单元格区域中的数字个数
RANK.EQ	返回指定数字在数值列表中的排位
INT	将数值向下舍入到最接近的整数
POWER	用于计算次方
ROUND	返回按指定位数进行四舍五入的数值
MAX	计算指定单元格区域中的最大值
MIN	计算指定单元格区域中的最小值
ABS	计算指定单元格区域中数值的绝对值
IF	IF 函数通常指示某条件为 true 时执行某项操作，否则执行其他操作。该函数可以返回文本、值或者进行更多计算
SUMIF	根据给定条件或指定的条件对某单元格区域内的数值进行求和
COUNTIF	计算指定单元格区域中满足条件的单元格数
MID	从文本字符串中指定的起始位置起，返回指定长度的字符
LEFT	从一个文本字符串的第一个字符开始返回指定个数的字符
RIGHT	从一个文本字符串的最后一个字符开始返回指定个数的字符
NOW	提供当前时间，并在每次 Excel 计算时进行更新
TODAY	返回当前日期
DATE	将给定的年、月、日组成对应的日期
VLOOKUP	按列查找，最终返回该列所需查询序列所对应的值

1. 统计函数

（1）SUM 函数

语法：

```
SUM(数值1,数值2,…)
```

SUM 函数的作用是求和。例如用"=SUM(A1:A10)"计算一个单元格区域的和，其中"A1:A10"代表连续的单元格区域，作为 SUM 函数的一个参数；用"=SUM(A1:A10,E1:E10)"计算多个单元格区域的和，其中","用于分隔 SUM 的多个参数。

（2）AVERAGE 函数

语法：

```
AVERAGE(数值1,数值2,…)
```

AVERAGE 函数的作用是计算平均数。例如，用"=AVERAGE(A1:A12)"计算连续区域内单元格的平均值；用"=AVERAGE(A1:A10,E1:E10)"计算多个单元格区域的平均值。

（3）COUNT 函数

语法：

COUNT(值1,值2,…)

COUNT 函数的作用是统计单元格个数，例如"=COUNT(A1:A12)"，结果为 12。

（4）RANK.EQ 函数

语法：

RANK.EQ(number,ref,order)

RANK.EQ 函数包含 3 个参数，其中，number（必选）为查找其排名的数字；ref（必选）为数字列表数组或对数字列表的引用，ref 中的非数值型值将被忽略；order（可选）为一个指定数字的排名方式的数字，order 值为 0 或省略，对数字的排名就会基于 ref 按照降序排列的列表，否则就是按照升序排列的列表。

例如，如果希望按图 4-40 中学生的总成绩计算排名，那么使用公式"=RANK.EQ(G2,G$2:G$11)"，其中"G2"表示需要排名的数据，"G$2:G$11"表示在这个范围内对"G2"进行排名，这里使用了混合地址，目的是使公式在复制的过程中行号不发生变化。

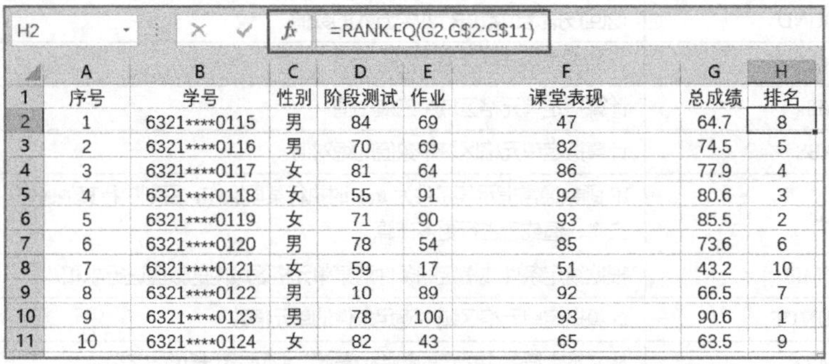

	A	B	C	D	E	F	G	H
1	序号	学号	性别	阶段测试	作业	课堂表现	总成绩	排名
2	1	6321****0115	男	84	69	47	64.7	8
3	2	6321****0116	男	70	69	82	74.5	5
4	3	6321****0117	女	81	64	86	77.9	4
5	4	6321****0118	女	55	91	92	80.6	3
6	5	6321****0119	男	71	90	93	85.5	2
7	6	6321****0120	男	78	54	85	73.6	6
8	7	6321****0121	女	59	17	51	43.2	10
9	8	6321****0122	男	10	89	92	66.5	7
10	9	6321****0123	男	78	100	93	90.6	1
11	10	6321****0124	女	82	43	65	63.5	9

H2 的公式：=RANK.EQ(G2,G$2:G$11)

图 4-40　计算学生总成绩排名的 RANK.EQ 函数

2. 数学函数

（1）INT 函数

语法：

INT(值)

INT 函数用于取整，将数值向下舍入到最接近的整数。例如"=INT(8.9)"表示将 8.9 向下舍入到最接近的整数 8，又如"=INT(-8.9)"表示将-8.9 向下舍入到最接近的整数-9。

（2）ROUND 函数

语法：

ROUND(number,num_digits)

ROUND 函数用于将某个数值的小数部分四舍五入到指定的位数，number 是要四舍五入的数值，num_digits 是四舍五入的位数。如果 num_digits 大于 0，则将数字四舍五入到指定的小数位；如果 num_digits 等于 0，则将数字四舍五入到最接近的整数；如果 num_digits 小于 0，则在小数点左侧进行四舍五入。例如，"=ROUND(2456.789,0)"的值为 2457，"=ROUND(2456.789,2)"的值为 2456.79，"=ROUND(2456.789,-2)"的值为 2500。

（3）POWER 函数

语法：

POWER(number,power)

POWER 函数的功能是计算 number 值的 power 次幂。例如求"5^3"的公式为"=POWER(5,3)"。

（4）MAX 函数和 MIN 函数

语法：

```
MAX(number1,number2,…), MIN(number1,number2,…)
```

MAX 函数用于返回一组数值中的最大值，MIN 函数用于返回一组数值中的最小值。

3. 逻辑函数

（1）AND 函数

语法：

```
AND(logical1,logical2,…)
```

AND 函数用于返回逻辑值，对所有参数进行判断，如果所有参数值均为逻辑"真"（TRUE），则返回逻辑"真"，反之返回逻辑"假"（FALSE）。例如，在 C5 单元格输入公式"=AND(A5>=60,B5>=60)"，如果 C5 中返回 TRUE，说明 A5 和 B5 中的数值均大于或等于 60；如果返回 FALSE，则说明 A5 和 B5 中的数值至少有一个小于 60。

（2）IF 函数

语法：

```
IF(逻辑表达式,逻辑表达式为真的返回值,逻辑表达式为假的返回值)
```

IF 函数共有 3 个参数，作用是以第 1 个参数作为条件，判断该条件的值，如果值为 TRUE，IF 函数的结果为第 2 个参数的值，否则为第 3 个参数的值。在 Excel 的函数集中，IF 属于逻辑函数，它可以与其他统计函数混合使用，实现比较复杂的统计功能。例如，给出的条件是 A1>A5，如果比较结果是 TRUE，那么 IF 函数就返回第 2 个参数的值；如果是 FALSE，则返回第 3 个参数的值，IF 函数的形式为 "=IF(A1>A5,1,2)"。

IF 函数还可以嵌套使用。所谓嵌套就是一层 IF 函数的第 2 个参数或者第 3 个参数又包含一个 IF 函数。如图 4-41 所示，将百分制的考试成绩转换成五级制，先判断分数是否小于 60，若是则为"不及格"，若不是则判断分数是否小于 70，若是则为"及格"，若不是则判断分数是否小于 80，若是则为"中"，若不是则判断分数是否小于 90，若是则为"良"，若不是则为"优"。IF 嵌套书写为 "=IF(F2<60,"不及格",IF(F2<70,"及格",IF(F2<80,"中",IF(F2<90,"良","优"))))"。

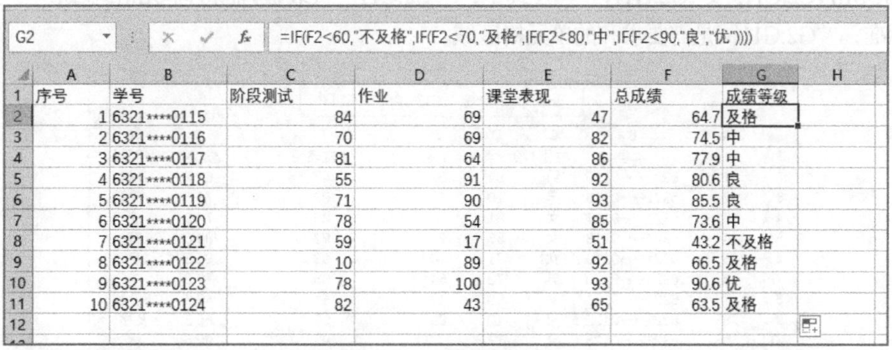 G2	▾	✕ ✓ fx	=IF(F2<60,"不及格",IF(F2<70,"及格",IF(F2<80,"中",IF(F2<90,"良","优"))))				
	A	B	C	D	E	F	G	H
1	序号	学号	阶段测试	作业	课堂表现	总成绩	成绩等级	
2	1	6321****0115	84	69	47	64.7	及格	
3	2	6321****0116	70	69	82	74.5	中	
4	3	6321****0117	81	64	86	77.9	中	
5	4	6321****0118	55	91	92	80.6	良	
6	5	6321****0119	71	90	93	85.5	良	
7	6	6321****0120	78	54	85	73.6	中	
8	7	6321****0121	59	17	51	43.2	不及格	
9	8	6321****0122	10	89	92	66.5	及格	
10	9	6321****0123	78	100	93	90.6	优	
11	10	6321****0124	82	43	65	63.5	及格	
12								

图 4-41　IF 函数嵌套

IF 函数除了能嵌套使用外，还能与其他函数组合使用，例如，针对收入在 8000 元以内（包括 8000 元）的简化版税收计算如下，5000 元以下不需要扣除个税，收入大于 5000 元且小于或等于 8000 元，按 3% 扣税。其扣税的公式为 "=IF(SUM(B2:C2)>5000,(SUM(B2:C2)-5000)*0.03,0)"。

（3）COUNTIF 函数

语法：

```
COUNTIF(range,criteria)
```

COUNTIF 称为条件计数函数，用于统计指定范围内满足条件的单元格个数。在图 4-42 所示的例子中，如果要统计表中总成绩大于或等于 80 分的人数（即统计总成绩大于或等于 80 分的单元格个数），此时可以在任意空白单元格中输入包含条件计数函数的公式 "=COUNTIF(F2:F11,">=80")"，按 Enter 键后得到统计结果。

COUNTIF 函数有两个参数，第 1 个参数是被统计的单元格区域，第 2 个参数是统计条件，参数与参数之间用英文的逗号分隔。在图 4-42 的公式中，参数 "F2:F11" 代表总成绩数据所在单元格区域是 F2:F11，""">=80"" 代表条件。注意，公式中的引号必须是英文的双引号。

图 4-42　COUNTIF 函数的使用

（4）SUMIF 函数

语法：

SUMIF(判断区域,判断标准,求和区域)

SUMIF 称为条件求和函数，即对满足一定条件的单元格中的数据求和。SUMIF 函数有 3 个参数，分别是：判断区域（根据标准被判断的单元格区域）、判断标准、求和区域（对哪些单元格区域进行求和）。

如图 4-43 所示，如果要计算女生的"总成绩"总和，需要考虑 3 个问题：一是被判断的区域在哪里；二是判断标准是什么；三是需要求和的数据在哪里。清楚这 3 点后，公式就很容易写出来了，即 "=SUMIF(C2:C11,"女",G2:G11)"。公式中，"C2:C11" 代表被判断的单元格区域，""女"" 是判断标准，"G2:G11" 是需要求和的单元格区域。

图 4-43　SUMIF 函数的使用

4. 文本函数

（1）MID 函数

语法：

MID(字符串,起始位置,字符长度)

MID 函数的功能是从文本字符串中指定的起始位置起，返回指定长度的字符（串）。例如，需要从图 4-44 的"身份证号码"中取出出生年份，相当于从身份证号码字符串的第 7 位开始取 4 个字符，即"=MID(C3,7,4)"。

（2）LEFT 函数

语法：

```
LEFT(字符串[,长度])
```

LEFT 函数的功能是从一个文本字符串的第一个字符开始返回指定个数的字符。例如，需要从图 4-45 的"季禾子"中取第一个字符，相当于从姓名字符串左边开始取 1 个字符，即"=LEFT(A3,1)"。

D3		× ✓	fx	=MID(C3,7,4)	
	A	B	C	D	
1			员工基本情况表		
2	姓名	工资编号	身份证号码	出生年份	
3	季禾子	00138	52308719850205****	1985	
4	何人可	01045	51723319950815****		
5	江水工	01227	51021219971025****		

图 4-44　MID 函数的使用

E3		× ✓	fx	=LEFT(A3,1)		
	A	B	C	D	E	
1			员工基本情况表			
2	姓名	工资编号	身份证号码	出生年份	姓氏	
3	季禾子	00138	52308719850205****	1985	季	
4	何人可	01045	51723319950815****	1995		
5	江水工	01227	51021219971025****	1997		

图 4-45　LEFT 函数的使用

（3）RIGHT 函数

语法：

```
RIGHT(字符串[,长度])
```

RIGHT 函数的功能是从一个文本字符串的最后一个字符开始返回指定个数的字符。例如，需要取出"身份证号码"的最后 4 个"*"，相当于取出身份证号码的右边 4 位，即"=RIGHT(C3,4)"，如图 4-46 所示。

F3		× ✓	fx	=RIGHT(C3,4)		
	A	B	C	D	E	F
1			员工基本情况表			
2	姓名	工资编号	身份证号码	出生年份	姓氏	身份证号码后四位
3	季禾子	00138	52308719850205****	1985	季	****
4	何人可	01045	51723319950815****	1995	何	
5	江水工	01227	51021219971025****	1997	江	

图 4-46　RIGHT 函数的使用

5. 日期与时间函数

（1）NOW 函数

语法：

```
NOW()
```

NOW 函数返回日期和时间。如果在单元格中输入"=NOW()"，将会得到系统当前的日期和时间，结果如图 4-47 中 L2 单元格所示。

（2）TODAY 函数

语法：

```
TODAY()
```

TODAY 函数的功能是返回系统当前日期。如果在单元格中输入"=TODAY()"，将会得到系统当前的日期，结果如图 4-47 中 L3 单元格所示。

图 4-47　日期与时间函数的使用

（3）DATE 函数

语法：

```
DATE(year,month,day)
```

DATE 函数用于返回由 3 个参数组成的日期类型数据。例如，要计算今天是中华人民共和国成立多少天，就可用公式“=TODAY( )-DATE(1949,10,1)”，得出的数字就是要计算的天数。结果如图 4-47 中 L4 单元格所示。

6. VLOOKUP 函数

语法：

```
VLOOKUP(待查找值,查找区域,返回值所在的列标,匹配模式)
```

VLOOKUP 函数用于在表格中查找数据，函数中第 1 个参数表示待查找的内容；第 2 个参数表示指定的查找区域；第 3 个参数表示在查找区域内找到查找值之后返回第几列；第 4 个参数表示查找的匹配模式，分为近似匹配（TRUE）或精确匹配（FALSE）两种。

图 4-48 分别为“订单明细表”和“图书单价表”，其中“订单明细表”中的“单价”需要从“图书单价表”中查询得到。在“E3”单元格中输入公式“=VLOOKUP(D3,图书单价表!A$2:B$19,2,FALSE)”可实现该功能，其中“D3”代表要查找的信息为相应图书的名称；“图书单价表!A$2:B$19”表示在图书单价表“A2:B19”范围的第一列中查找 D3 中的内容；“2”表示找到后返回其对应的第 2 列值；“FALSE”表示使用精确匹配进行查找。输入该公式后就可以得到图 4-49 所示的效果。

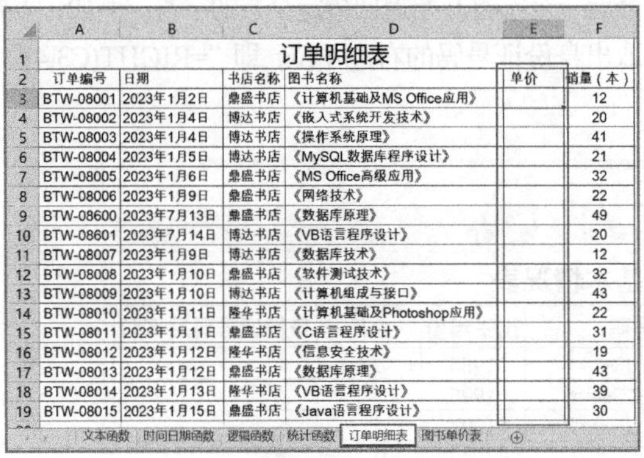

	A	B	C	D	E	F
1	订单明细表					
2	订单编号	日期	书店名称	图书名称	单价	销量（本）
3	BTW-08001	2023年1月2日	鼎盛书店	《计算机基础及MS Office应用》		12
4	BTW-08002	2023年1月4日	博达书店	《嵌入式系统开发技术》		20
5	BTW-08003	2023年1月4日	博达书店	《操作系统原理》		41
6	BTW-08004	2023年1月5日	博达书店	《MySQL数据库程序设计》		21
7	BTW-08005	2023年1月6日	鼎盛书店	《MS Office高级应用》		32
8	BTW-08006	2023年1月9日	鼎盛书店	《网络技术》		22
9	BTW-08600	2023年7月13日	鼎盛书店	《数据库原理》		49
10	BTW-08601	2023年7月14日	博达书店	《VB语言程序设计》		20
11	BTW-08007	2023年1月9日	博达书店	《数据库技术》		12
12	BTW-08008	2023年1月10日	鼎盛书店	《软件测试技术》		32
13	BTW-08009	2023年1月10日	博达书店	《计算机组成与接口》		43
14	BTW-08010	2023年1月11日	隆华书店	《计算机基础及Photoshop应用》		22
15	BTW-08011	2023年1月11日	鼎盛书店	《C语言程序设计》		31
16	BTW-08012	2023年1月12日	隆华书店	《信息安全技术》		19
17	BTW-08013	2023年1月12日	鼎盛书店	《数据库原理》		43
18	BTW-08014	2023年1月13日	隆华书店	《VB语言程序设计》		39
19	BTW-08015	2023年1月15日	鼎盛书店	《Java语言程序设计》		30

（a）订单明细表

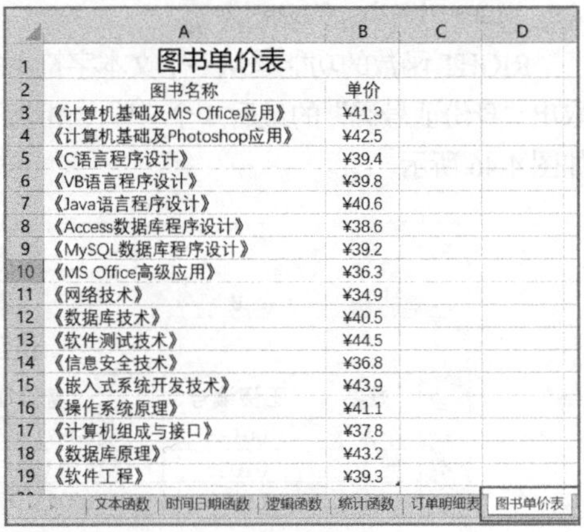

	A	B	C	D
1	图书单价表			
2	图书名称	单价		
3	《计算机基础及MS Office应用》	¥41.3		
4	《计算机基础及Photoshop应用》	¥42.5		
5	《C语言程序设计》	¥39.4		
6	《VB语言程序设计》	¥39.8		
7	《Java语言程序设计》	¥40.6		
8	《Access数据库程序设计》	¥38.6		
9	《MySQL数据库程序设计》	¥39.2		
10	《MS Office高级应用》	¥36.3		
11	《网络技术》	¥34.9		
12	《数据库技术》	¥40.5		
13	《软件测试技术》	¥44.5		
14	《信息安全技术》	¥36.8		
15	《嵌入式系统开发技术》	¥43.9		
16	《操作系统原理》	¥41.1		
17	《计算机组成与接口》	¥37.8		
18	《数据库原理》	¥43.2		
19	《软件工程》	¥39.3		

（b）图书单价表

图 4-48 订单明细表和图书单价表

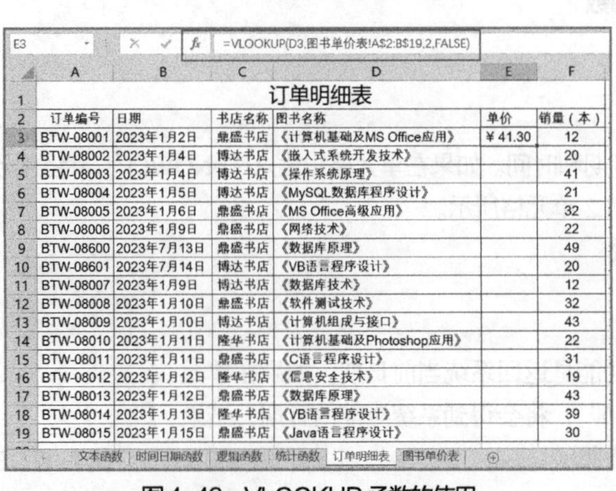

	A	B	C	D	E	F
1	订单明细表					
2	订单编号	日期	书店名称	图书名称	单价	销量（本）
3	BTW-08001	2023年1月2日	鼎盛书店	《计算机基础及MS Office应用》	¥ 41.30	12
4	BTW-08002	2023年1月4日	博达书店	《嵌入式系统开发技术》		20
5	BTW-08003	2023年1月4日	博达书店	《操作系统原理》		41
6	BTW-08004	2023年1月5日	博达书店	《MySQL数据库程序设计》		21
7	BTW-08005	2023年1月6日	鼎盛书店	《MS Office高级应用》		32
8	BTW-08006	2023年1月9日	鼎盛书店	《网络技术》		22
9	BTW-08600	2023年7月13日	鼎盛书店	《数据库原理》		49
10	BTW-08601	2023年7月14日	博达书店	《VB语言程序设计》		20
11	BTW-08007	2023年1月9日	博达书店	《数据库技术》		12
12	BTW-08008	2023年1月10日	鼎盛书店	《软件测试技术》		32
13	BTW-08009	2023年1月10日	博达书店	《计算机组成与接口》		43
14	BTW-08010	2023年1月11日	隆华书店	《计算机基础及Photoshop应用》		22
15	BTW-08011	2023年1月11日	鼎盛书店	《C语言程序设计》		31
16	BTW-08012	2023年1月12日	隆华书店	《信息安全技术》		19
17	BTW-08013	2023年1月12日	鼎盛书店	《数据库原理》		43
18	BTW-08014	2023年1月13日	隆华书店	《VB语言程序设计》		39
19	BTW-08015	2023年1月15日	鼎盛书店	《Java语言程序设计》		30

图 4-49 VLOOKUP 函数的使用

4.2.4　实例

【实例 4-3】打开“实例 4-3.xlsx”素材文件，实现图 4-50 所示的效果，并保存为“学生成绩登记表.xlsx”。

	A	B	C	D	E	F	G	H	I	J	K
1	学生成绩登记表										
2	学号	姓名	性别	专业	高等数学	大学英语	程序设计	总分	平均分	排名	成绩等级
3	201200001	赵菊	女	计算机应用	72	70	80	222	74.00	8	中等
4	201200002	韦华	女	计算机应用	90	85	96	271	90.33	2	优秀
5	201200003	李成	男	计算机应用	80	77	57	214	71.33	9	中等
6	201200004	黄芳	女	计算机应用	78	80	82	240	80.00	6	良好
7	201200005	刘大军	男	计算机应用	70	68	58	196	65.33	12	及格
8	201200006	覃小刚	男	网络工程	56	65	80	201	67.00	11	及格
9	201200007	周丽	女	网络工程	62	55	90	207	69.00	10	及格
10	201200008	卢铭	男	网络工程	92	93	95	280	93.33	1	优秀
11	201200009	周小玉	女	电子商务	88	90	85	263	87.67	3	良好
12	201200010	唐小花	女	电子商务	80	81	83	244	81.33	5	良好
13	201200012	覃壮	男	电子商务	80	75	78	233	77.67	7	中等
14	201200014	龚山	男	电子商务	85	82	88	255	85.00	4	良好
15	201200015	朱英	女	电子商务	60	50	55	165	55	13	不及格
16											
17	该科最高分				92	93	96				
18	该科最低分				56	50	55				
19	该科平均分				76.38	74.69	79.00				
20	参考人数				13	13	13				
21	及格人数				12	11	10				

学生成绩登记表　sheet2

图 4-50　“学生成绩登记表”完成效果

操作步骤如下。

步骤 1：打开“实例 4-3.xlsx”素材文件，将“Sheet1”重命名为“学生成绩登记表”。在表中输入图 4-50 所示的数据。

步骤 2：在 H3 单元格中输入“=E3+F3+G3”，按 Enter 键，再选定 H3，然后拖动填充柄到 H15，完成总分的计算。

步骤 3：在 I3 单元格中输入“=AVERAGE(E3:G3)”，按 Enter 键，再选定 I3，然后拖动填充柄到 I15，即可完成平均分的计算。

步骤 4：在 J3 单元格中输入“=RANK.EQ(H3,H$3:H$15)”，按 Enter 键，再选定 J3，然后拖动填充柄到 J15，完成排名操作。

步骤 5：在 K3 单元格中输入“=IF(I3>=90,"优秀",IF(I3>=80,"良好",IF(I3>=70,"中等",IF(I3>=60,"及格","不及格"))))”，按 Enter 键，再选定 K3，然后拖动填充柄到 K15，完成成绩等级划分操作。

步骤 6：在 E17 单元格中输入“=MAX(E3:E15)”，按 Enter 键，再选定 E17，然后拖动填充柄到 G17，求出各科最高分。

步骤 7：在 E18 单元格中输入“=MIN(E3:E15)”，按 Enter 键，再选定 E18，然后拖动填充柄到 G18，求出各科最低分。

步骤 8：在 E19 单元格中输入“=AVERAGE(E3:E15)”，按 Enter 键，再选定 E19，然后拖动填充柄到 G19，求出各科平均分。

步骤 9：在 E20 单元格中输入“=COUNT(E3:E15)”，按 Enter 键，再选定 E20，然后拖动填充柄到 G20，求出参考人数。

步骤 10：在 E21 单元格中输入“=COUNTIF(E3:E15,">=60")”，按 Enter 键，再选定 E21，然后拖动填充柄到 G21，求出及格人数。

步骤 11：保存为“学生成绩登记表.xlsx”。

【实例 4-4】打开“实例 4-4.xlsx”素材文件，在“订单明细表”中删除订单编号重复的记录（保留第一次出现的记录），如图 4-51（a）所示。在“订单明细表”的“单价”列中，利用 VLOOKUP 函数，辅以“图书单价表”填写相对应图书的单价金额，如图 4-51（b）所示。计算“订单明细表”

的"销售额小计",保留两位小数,如果每个订单的图书销量超过 40 本(含 40 本),则按照图书单价的 9.3 折进行销售,否则按照图书单价的原价进行销售。接着分别根据"统计项目"列的描述,计算并填写"统计报告"工作表中对应"销售额"单元格的信息,如图 4-51(c)所示。完成后,效果如图 4-52(a)、图 4-52(b)所示,保存为"图书销售信息统计表.xlsx"。

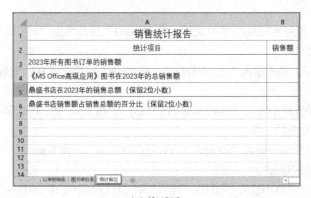

订单明细表

订单编号	日期	书店名称	图书名称	单价	销量(本)	销售额小计
BTW-08001	2023年2月2日	鼎盛书店	《计算机基础及MS Office应用》		12	
BTW-08002	2023年3月4日	博达书店	《嵌入式系统开发技术》		20	
BTW-08003	2023年3月4日	博达书店	《操作系统原理》		41	
BTW-08004	2022年11月5日	博达书店	《MySQL数据库程序设计》		21	
BTW-08005	2023年1月6日	鼎盛书店	《MS Office高级应用》		32	
BTW-08006	2022年12月9日	鼎盛书店	《网络技术》		22	
BTW-08600	2022年7月13日	鼎盛书店	《数据库原理》		49	
BTW-08601	2022年7月14日	博达书店	《VB语言程序设计》		20	
BTW-08007	2023年6月9日	博达书店	《数据库技术》		12	
BTW-08008	2023年5月10日	鼎盛书店	《MS Office高级应用》		32	
BTW-08009	2022年8月10日	博达书店	《计算机组成与接口》		43	
BTW-08010	2023年4月11日	隆华书店	《计算机基础及Photoshop应用》		22	
BTW-08011	2023年2月11日	鼎盛书店	《C语言程序设计》		31	
BTW-08012	2022年10月12日	隆华书店	《信息安全技术》		19	
BTW-08004	2022年11月5日	博达书店	《MySQL数据库程序设计》		21	
BTW-08014	2023年3月13日	隆华书店	《MS Office高级应用》		39	
BTW-08015	2023年5月15日	鼎盛书店	《Java语言程序设计》		30	

（a）订单明细表

图书单价表

图书名称	单价
《计算机基础及MS Office应用》	41.3
《计算机基础及Photoshop应用》	42.5
《C语言程序设计》	39.4
《VB语言程序设计》	39.8
《Java语言程序设计》	40.6
《Access数据库程序设计》	38.6
《MySQL数据库程序设计》	39.2
《MS Office高级应用》	36.3
《网络技术》	34.9
《数据库技术》	40.5
《软件测试技术》	44.5
《信息安全技术》	36.8
《嵌入式系统开发技术》	43.9
《操作系统原理》	41.1
《计算机组成与接口》	37.8
《数据库原理》	43.2
《软件工程》	39.3

（b）图书单价表

销售统计报告

统计项目	销售额
2023年所有图书订单的销售额	
《MS Office高级应用》图书在2023年的总销售额	
鼎盛书店在2023年的销售总额（保留2位小数）	
鼎盛书店销售额占销售总额的百分比（保留2位小数）	

（c）统计报告

图4-51【实例4-4】的3个初始数据表

订单明细表

订单编号	日期	书店名称	图书名称	单价	销量(本)	销售额小计
BTW-08001	2023年2月2日	鼎盛书店	《计算机基础及MS Office应用》	￥41.30	12	￥ 495.60
BTW-08002	2023年3月4日	博达书店	《嵌入式系统开发技术》	￥43.90	20	￥ 878.00
BTW-08003	2023年3月4日	博达书店	《操作系统原理》	￥41.10	41	￥ 1,567.14
BTW-08004	2022年11月5日	博达书店	《MySQL数据库程序设计》	￥39.20	21	￥ 823.20
BTW-08005	2023年1月6日	鼎盛书店	《MS Office高级应用》	￥36.30	32	￥ 1,161.60
BTW-08006	2022年12月9日	鼎盛书店	《网络技术》	￥34.90	22	￥ 767.80
BTW-08600	2022年7月13日	鼎盛书店	《数据库原理》	￥43.20	49	￥ 1,968.62
BTW-08601	2022年7月14日	博达书店	《VB语言程序设计》	￥39.80	20	￥ 796.00
BTW-08007	2023年6月9日	博达书店	《数据库技术》	￥40.50	12	￥ 486.00
BTW-08008	2023年5月10日	鼎盛书店	《MS Office高级应用》	￥36.30	32	￥ 1,161.60
BTW-08009	2022年8月10日	博达书店	《计算机组成与接口》	￥37.80	43	￥ 1,511.62
BTW-08010	2023年4月11日	隆华书店	《计算机基础及Photoshop应用》	￥42.50	22	￥ 935.00
BTW-08011	2023年2月11日	鼎盛书店	《C语言程序设计》	￥39.40	31	￥ 1,221.40
BTW-08012	2022年10月12日	隆华书店	《信息安全技术》	￥36.80	19	￥ 699.20
BTW-08014	2023年3月13日	隆华书店	《MS Office高级应用》	￥36.30	39	￥ 1,415.70
BTW-08015	2023年5月15日	鼎盛书店	《Java语言程序设计》	￥40.60	30	￥ 1,218.00

（a）

图4-52【实例4-4】效果

	A	B
2	统计项目	销售额
3	2023年所有图书订单的销售额	¥10,540.04
4	《MS Office高级应用》图书在2023年的总销售额	¥3,738.90
5	鼎盛书店在2023年的销售总额（保留2位小数）	¥7,994.62
6	鼎盛书店销售额占销售总额的百分比（保留2位小数）	46.73%
7		
8		
9		
10		
11		
12		
13		
14		
15		

订单明细表 图书单价表 统计报告 ⊕

（b）

图4-52 【实例4-4】效果（续）

操作步骤如下。

步骤1：打开"实例4-4.xlsx"素材文件，按图4-51所示将文件中的工作表分别重命名为"订单明细表""图书单价表""统计报告"。

步骤2：在"订单明细表"中选中任意一个单元格，切换至"数据"选项卡，单击"数据工具"组中的"删除重复项"按钮，在弹出的对话框中单击"取消全选"按钮，勾选"订单编号"复选框，如图4-53（a）所示，单击"确定"按钮，即可看到图4-53（b）所示删除结论。

（a）"删除重复项"对话框 （b）删除结论

图4-53 "删除重复项"对话框与删除结论

步骤3：选中"订单明细表"的E3单元格，在编辑栏中输入"=VLOOKUP(D3,图书单价表!A$2:B$19,2,FALSE)"，按Enter键计算结果，利用自动填充功能填充该列其余单元格。公式中的"图书单价表!A$2:B$19"表示在"图书单价表"的"A2:B19"区域中查找，该地址是一个混合地址。

步骤4：选中"订单明细表"的G3单元格，在编辑栏中输入"=IF(F3>=40,E3*0.93*F3,E3*F3)"，按Enter键计算结果，利用自动填充功能填充该列其余单元格。

步骤5：选中"统计报告"工作表的B3单元格，在编辑栏中输入"=SUMIFS(订单明细表!G3:G18,订单明细表!B3:B18,">="&DATE(2023,1,1),订单明细表!B3:B18,"<="&DATE(2023,12,31))"。公式中用到了SUMIFS函数，其语法格式为"SUMIFS(求和区域,条件区域1,条件1[,条件区域2,条件2]…)"，功能是对区域中满足多个条件的单元格求和。

步骤6：选中B4单元格，在编辑栏中输入"=SUMIFS(订单明细表!I3:I636,订单明细表!B3:B636,">="&DATE(2012,1,1),订单明细表!B3:B636,"<="&DATE(2012,12,31),订单明细表!D3:D636,"《MS Office高级应用》")"。

步骤 7：选中 B5 单元格，在编辑栏中输入“=SUMIF(订单明细表!C3:C18,"鼎盛书店",订单明细表!G3:G18)”。

步骤 8：选中 B6 单元格，在编辑栏中输入“=B5/SUM(订单明细表!G3:G18)”，设置数字格式为百分比，保留两位小数。

步骤 9：选择“文件”→“选项”命令，在弹出的对话框中选择“高级”，勾选“计算此工作簿时”栏中的“将精度设为所显示的精度”复选框，单击“确定”按钮。

步骤 10：保存为“图书销售信息统计表.xlsx”。

4.2.5 实训

【实训 4-3】打开“实训 4-3.xlsx”素材文件，表中具体内容如图 4-54 所示，按实训要求进行操作后，保存为“学生成绩统计表.xlsx”。

	A	B	C	D	E	F	G	H	I	J	K	L	M
1	学生成绩表												
2	序号	姓名	性别	籍贯	基础课	专业课1	专业课2	综合分	名次	奖学金等级	奖学金金额	特别奖	二等奖女生姓名
3	1	李向斌	男	北京	80	65	79						
4	2	刘晓丽	女	上海	78	86	80						
5	3	龚文文	女	江西	79	88	75						
6	4	刘伟	男	北京	58	75	53						
7	5	司琴	女	山东	80	80	67						
8	6	席梦娟	女	江西	56	79	67						
9	7	徐斌	男	天津	88	90	95						
10	8	黄国辉	男	广东	85	93	67						
11	9	张卫国	男	北京	78	74	45						
12	10	王玉娟	女	天津	86	89	82						
13													
14	男生人数												
15	姓“刘”的“综合分”之和												

图 4-54 学生成绩表

实训要求如下。

（1）综合分保留 1 位小数，综合分计算公式为“综合分=基础课×40%+专业课 1×30%+专业课 2×30%”。

（2）根据综合分对学生成绩进行排名（运用 RANK.EQ 函数完成）。

（3）根据综合分计算奖学金等级，综合分在 90 分以上（含 90 分）的为“一等奖”，综合分在 90 分以下、80 分（含 80 分）以上的为“二等奖”，综合分在 80 分以下、70 分（含 70 分）以上的为“三等奖”，70 分以下的为“无”（运用 IF 函数嵌套完成）。

（4）根据奖学金等级计算奖金金额，一等奖奖学金 1 万元，二等奖奖学金 8000 元，三等奖奖学金 5000 元（运用 IF 函数嵌套完成）。

（5）计算特别奖，综合分最高者将获得特别奖，特别奖 1 万元（运用 IF 函数和求最大值函数 MAX 完成）。

（6）在 M 列显示获得二等奖的女生姓名（运用 IF 函数完成）。

（7）在 F14 单元格中计算男生人数（运用 COUNTIF 函数完成）。

（8）在 F15 单元格中计算“刘”姓学生的“综合分”之和（运用 SUMIF 函数完成）。

（9）将综合分用绿色渐变填充的数据条来显示（在“开始”选项卡的“样式”组中单击“条件格式”按钮，在出现的下拉列表中选择“数据条”→“渐变填充”栏中的“绿色数据条”）。

【实训 4-4】期末考试结束了，初三（14）班的班主任王老师需要对本班学生的各科考试成绩汇总统计，按照下列实训要求，使用“实训 4-4.xlsx”和“学生档案.txt”素材文件完成该班的成绩汇总工作，并保存为“学生成绩汇总表.xlsx”。

（1）在工作簿“实训 4-4.xlsx”最左侧插入一个空白工作表，重命名为“学生成绩档案”，并将该工作表标签颜色设置为"紫色"（在该工作表标签上单击鼠标右键，在弹出的快捷菜单中选择"工作表标签颜色"命令，选择标准色中的"紫色"）。

（2）将以制表符分隔的文本文件"学生档案.txt"自 A1 单元格开始导入工作表"学生成绩档案"中，注意不得改变原始数据的排列顺序。

提示：在"学生成绩档案"工作表中，选中第 3 列，设置数字分类为"特殊"的"邮政编码"，然后选中 A1 单元格，单击"数据"选项卡→"获取外部数据"组→"自文本"按钮，弹出"导入文本文件"对话框，在该对话框中选择"学生档案.txt"，"文本导入向导-第 1 步，共 3 步"对话框中的"文件原始格式"选取"65001：Unicode (UTF-8)"，在"文本导入向导-第 3 步，共 3 步"对话框中将第 3 列的列数据格式设置为"文本"，然后单击"完成"按钮。

（3）在工作表"学生成绩档案"中，利用公式及函数依次输入每名学生的性别"男"或"女"、出生日期"××××年××月××日"和年龄。

提示：身份证号码的倒数第 2 位用于判断性别，奇数为男性，偶数为女性，配合 IF、MOD（取余数函数）和 MID 函数完成；身份证号码的第 7～14 位代表出生年月日；年龄计算配合 TODAY 函数完成。

（4）将"语文""数学""英语"等工作表中的"学期成绩"导入"学生成绩档案"工作表中的对应列（使用 VLOOKUP 函数），计算"总分"和"总分排名"。

（5）在工作表"学生成绩档案"中分别用红色（标准色）和加粗格式标出各科第一名的成绩，同时将前 10 名的总分用浅蓝色填充。

（6）设置"学生成绩档案"工作表中各行的行高（均为 22，默认单位）和各列的列宽（均为 14，默认单位）。

（7）调整工作表"学生成绩档案"的页面布局以便打印，纸张方向为"横向"，缩减打印输出，使得所有列只占一个页面宽（但不得缩小列宽），水平居中打印在纸上。

4.3　Excel 的数据图表化

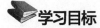**学习目标**

- 熟练掌握图表的创建及编辑方法。
- 掌握迷你图的创建方法。

通过图表能够更加直观地展示数据，因此目前数据图表化的应用非常广泛。Excel 中图表的使用首先需要了解图表的创建方法，认识图表中的各个组成元素，然后就可以对图表中各个元素分别设置格式以便得到更形象的数据展示效果。

4.3.1　Excel 的图表与使用

【知识点 1】创建图表的方法

1．选定要使用的数据

若要选定的数据为非连续区域，用户可在选定前一区域后，按住 Ctrl 键再选定后一区域。

2．插入图表

单击"插入"选项卡→"图表"组→"对话框启动器"按钮，打开图 4-55 所示的"插入图表"对话框，该对话框中有两个选项卡："推荐的图表"和"所有图表"。选择"所有图表"→"柱形图"→"簇状柱形图"图表类型后，单击"确定"按钮即可完成图表的创建。

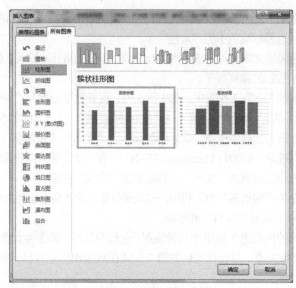

图4-55　"插入图表"对话框

【知识点2】图表的类型

图表可以使我们的工作变得更加轻松，更重要的是可以让我们更加清晰地观察、比较数据。接下来以表4-5的示例数据为例介绍 Excel 中常用的图表类型。

表4-5　示例数据

姓名	语文	数学	英语	总成绩
陈思思	76	83	68	227

1. 按表现形式分类

（1）柱状图

柱状图适用于二维数据集（每个数据点包括两个值 x 和 y），如图 4-56 所示，但只有一个维度需要比较。柱状图利用柱子的高度反映数据的差异，辨识效果非常好。

（2）折线图

折线图适合二维的大数据集，尤其是趋势比单个数据点更重要的场合，如图 4-57 所示。它还适合多个二维数据集的比较，可形象地反映出数据变化的趋势。

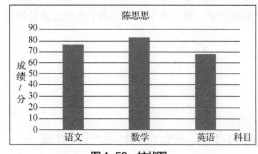

图4-56　柱状图

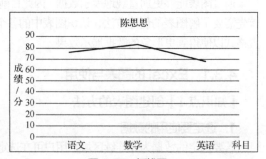

图4-57　折线图

（3）饼图

饼图适用于制作简单的占比图，在不要求数据精细的情况下可以使用。如图 4-58 所示，饼图可以清晰表达同一个整体中不同成分的比例关系。

（4）条形图

条形图用于显示各项目之间的比较情况，纵轴表示分类，横轴表示值，如图 4-59 所示。条形图强调各个值之间的比较，不太关注时间的变化。

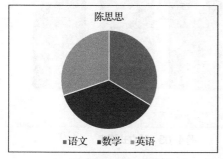

图 4-58　饼图

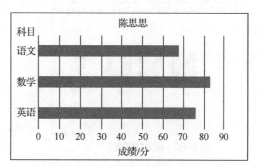

图 4-59　条形图

（5）面积图

面积图实际上是折线图的另一种表现形式，其一般用于显示不同数据系列之间的对比关系，同时也显示各数据系列与整体的比例关系，强调随时间变化的幅度，如图 4-60 所示。

（6）雷达图

雷达图是一种类似蜘蛛网的网状图，如图 4-61 所示，它可以反映数据相对中心点和其他数据点的变化情况，也可以清楚地反映事物的整体情况。雷达图适用于多维数据（四维以上），且每个维度必须支持排序。但是，它有一个局限，就是数据点最多为 6 个，否则无法辨别，因此适用场合有限。

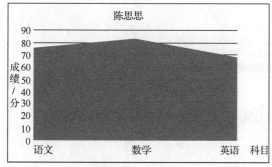

图 4-60　面积图

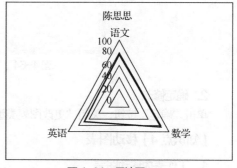

图 4-61　雷达图

2. 按图表位置分类

（1）嵌入式图表

在工作表内插入的图表称为"嵌入式图表"，如图 4-62 所示。

（2）独立式图表

独立在 Chart1 中的图表称为"独立式图表"，如图 4-63 所示。

【知识点 3】更改图表类型

1. 选择图表类型

单击"设计"选项卡→"类型"组→"更改图表类型"按钮，打开"更改图表类型"对话框，在左侧列表中选择图表分类，在右侧选择需要使用的图表，如图 4-64 所示。

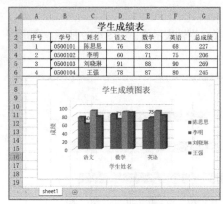

图 4-62 嵌入式图表

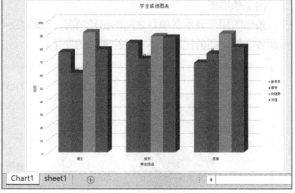

图 4-63 独立式图表

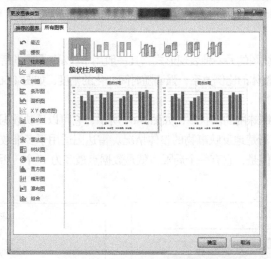

图 4-64 "更改图表类型"对话框

2. 确定修改

单击"确定"按钮，关闭"更改图表类型"对话框，此时图表更改为选择的类型。

【知识点 4】移动图表

1. 工作表内移动图表

选中图表，将鼠标指针放置到图表边框上，当鼠标指针变为""形状时，拖动图表即可在工作表内移动图表。

2. 工作表间移动图表

选中图表，在"图表工具|设计"选项卡的"位置"组中单击"移动图表"按钮，打开"移动图表"对话框，如图 4-65 所示。在该对话框中选中"对象位于"单选按钮，在其下拉列表中选择目标工作表，单击"确定"按钮关闭对话框，图表即可移动到指定的工作表中。若选中"新工作表"单选按钮，则图表将以独立图表形式存在，而不是以嵌入对象的形式存在。

图 4-65 "移动图表"对话框

【知识点 5】图标的元素

以表4-6"学生成绩表"中"姓名""语文""数学""英语"列数据生成的簇状柱形图为例介绍图表中常见的组成元素，如图4-66所示。

表4-6　学生成绩表

序号	学号	姓名	语文/分	数学/分	英语/分	总成绩/分
1	0500101	陈思思	76	83	68	227
2	0500102	李明	60	71	75	206
3	0500103	刘晓琳	91	88	90	269
4	0500104	王强	78	87	80	245

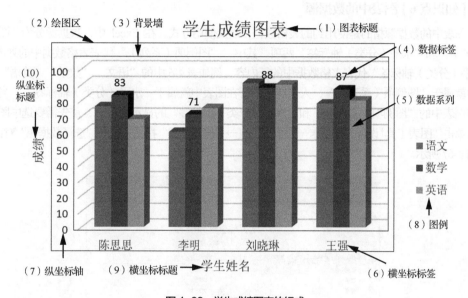

图4-66　学生成绩图表的组成

1. 图表标题

图表标题一般位于图表的最上方，通常作为图表主要内容的归纳，用户可设置是否显示及显示位置。图4-66中的（1）指向内容即图表标题。

2. 绘图区

绘制图表的具体区域，包括背景墙、绘图图形、坐标轴、坐标标签等的绘图区域。图4-66中的（2）指向内容即绘图区。

3. 背景墙

背景墙用来显示数据系列的背景区域，通常只在三维图表中才存在。图4-66中的（3）指向内容即背景墙。

4. 数据标签

图表中的数据标签用于体现各个形状代表的数值。图4-66中的（4）指向内容即数据标签。

5. 数据系列

数据系列是图表中对应的柱形或饼图等形状，用于形象地展示表格中的数据。图4-66中的（5）指向的彩色柱形即数据系列。

6. 坐标标签

坐标标签用来表示图表中需要比较的各个对象。图 4-66 中的（6）指向内容即横坐标标签。

7. 坐标轴

坐标轴用于显示分类或数值的坐标，根据工作表中数据的大小来自定义数据的单位长度，它是用来表示数值大小的坐标轴。图 4-66 中的（7）指向内容即纵坐标轴。

8. 图例

图例用来区分不同数据系列的标识，通常按列确定图例。图 4-66 中的（8）指向内容即图例。

9. 坐标轴标题

坐标轴标题用于概括每个坐标表示的内容，图 4-66 中的（9）、（10）指向内容分别代表横坐标标题和纵坐标标题。

【知识点 6】图表中的数据源

图表中的数据源指的是使用到的表格数据，以及使用方式。在 Excel 中，数据源分为"图例项（系列）"和"水平（分类）轴标签"两项。其中，"图例项（系列）"代表表格数据中的列内容，"水平（分类）轴标签"代表表格数据中的行内容。例如表 4-6 中的"语文""数学""英语"在图表中就属于"图例项（系列）"，人名所在的行在图表中就属于"水平（分类）轴标签"。当需要调整图表中的"图例项（系列）"和"水平（分类）轴标签"的显示内容时，首先需要选中图表，然后单击"图表工具|设计"选项卡→"数据"组→"选择数据"按钮，打开"选择数据源"对话框，如图 4-67 所示。

图 4-67　"选择数据源"对话框

根据不同需求，具体操作如下。

1. 图例项（系列）

（1）添加

如果需要在"图例项（系列）"增加显示更多列内容，单击对话框中的"添加"按钮，在弹出的"编辑数据系列"对话框中分别填写对应内容即可。例如，需要在图表中增加显示"总成绩"列，那么在"系列名称"输入框中填写"总成绩"的单元格地址，在"系列值"输入框中填写总成绩的区域，如图 4-68 所示；完成后，单击"确定"按钮即可将"总成绩"列显示在图表中。

图 4-68　"编辑数据系列"对话框

（2）编辑

如果需要修改图表中显示的"系列名称"或"系列值"，那么通过图 4-67 中的"编辑"按钮即可完成。

（3）删除

如果需要删除某列内容的显示，在"选择数据源"对话框的"图例项（系列）"中选中对应内容后，单击"删除"按钮即可。例如，需要删除对"总成绩"列的显示，在图 4-69 中勾选"图例项（系列）"列表框中的"总成绩"复选框，然后单击"删除"按钮，如图 4-69 方框位置所示，最后单击"确定"按钮。

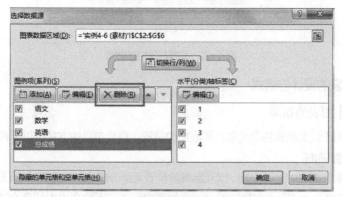

图 4-69　删除对"总成绩"列的显示

（4）调整顺序

如果需要修改表格中各列数据在图表中显示的先后顺序，我们可以通过"选择数据源"对话框中的"上移"按钮和"下移"按钮实现。例如，需要将"数学"列调整到最前面显示，首先勾选"数学"复选框，然后单击"上移"按钮，如图 4-70 所示，移动后的效果如图 4-71 所示。

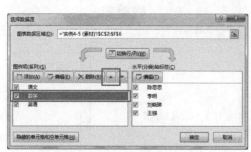

图 4-70　单击"上移"按钮

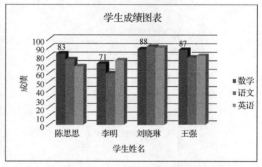

图 4-71　将"数学"列移到最前面的效果

2. 水平（分类）轴标签

"水平（分类）轴标签"部分只有一个"编辑"按钮，用于修改水平轴的标签。单击"编辑"按钮后，打开图 4-72 所示的"轴标签"对话框，重新选择轴标签所在区域后单击"确定"按钮即可修改水平轴标签。

图 4-72　"轴标签"对话框

3. 切换行/列

如果需要将行数据作为图例项，就需要切换行/列——通过单击"选择数据源"对话框中的"切换行/列"按钮实现。例如，表 4-6 中的数据需要将每个人作为图例，选择图表后，在"选择数据源"对话框中单击"切换行/列"按钮，单击"确定"按钮，效果如图 4-73 所示。

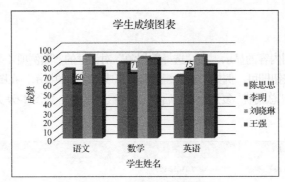

图4-73　切换行/列后的效果

4.3.2　图表的设计与格式

【知识点7】图表的布局

图表的布局用于设置图表各个元素在图表中的位置。调整布局的方式有以下两种。

1. 自定义图表布局

图表中的元素在图表中是否出现，以及出现的位置大部分都是可以由用户自己设定的，利用"图表工具|设计"选项卡→"图表布局"组→"添加图表元素"下拉列表中的各个选项即可实现，如图4-74所示。

2. 快速布局

"图表工具|设计"选项卡下"图表布局"组的"快速布局"下拉列表中列出了 Excel 内置的图表布局样式，用户直接选中某样式可以快速更改图表的布局样式，如图4-75所示。

图4-74　"添加图表元素"下拉列表

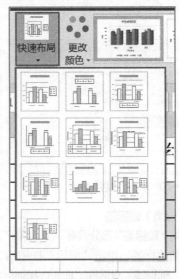

图4-75　"快速布局"下拉列表

【知识点8】图表的样式

在 Excel 中插入图表后，为了快速让图表更美观，此时可以使用图表样式实现。图表样式集成了对图表中多个元素的格式设置。选中图表，在"图表工具|设计"选项卡的"图表样式"组中单击"其他"按钮，在打开的下拉列表中列出了 Excel 内置的图表样式，直接选中某样式可以快速更改图表的样式，如图4-76所示。

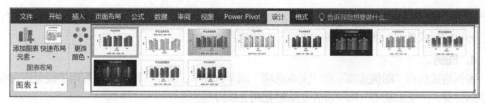

图 4-76　快速更改图表样式

在"图表样式"组中，还有一个"更改颜色"按钮，它用于调整图表中各个表示数据的形状的颜色。

【知识点 9】图表元素的格式

在图表上双击任意空白区域，即可在工作界面右侧打开"设置图表区格式"任务窗格，在该任务窗格中单击"图表选项"下拉按钮展开格式设置下拉列表，如图 4-77 所示。在该下拉列表中选择对应项即可精准地对该图表元素设置格式。

1. 标题与标签

图表中的标题元素包括图表标题、坐标轴标题，标签元素为数据标签。这几个元素都属于文本框类型，因此，这几个元素的格式设置方式与文本框的格式设置方式相同。

2. 背景墙

背景墙可以进行的格式设置包括"填充"和"边框"，具体操作方式与形状的相关设置相同。

3. 坐标轴格式

坐标轴格式设置包括"坐标轴选项"和"文本选项"两个选项卡。其中，"坐标轴选项"主要包括"坐标轴选项""刻度线""标签""数字"4 个内容，"文本选项"包括"文本填充"和"文本边框"。

（1）"坐标轴选项"用于设置坐标轴上显示的"最大值"和"最小值"、坐标轴的刻度"单位"、"基底交叉点"显示值，以及坐标轴上数值的"显示单位"（例如"万""百万"等），如图 4-78 所示。

图 4-77　格式设置下拉列表

图 4-78　"坐标轴选项"设置内容

（2）"标签"用于设置刻度显示标签在绘图区中的位置，有 4 个可选项："轴旁""高""低""无"。

（3）"数字"用于设置刻度数字的"类别"和"格式代码"，例如，如果希望刻度中的数字按照百分比的形式显示，就可以选择"类别"中的"百分比"。

4. 图例

图例格式包括"图例选项"和"文本选项"两个选项卡，其中"图例选项"用于设置图例在图表中的位置，"文本选项"用于设置文本填充和文本边框。

5. 数据系列

数据系列格式用于设置形状大小、间距，以及选择不同的形状样式，针对"柱形图"可以选择的形状样式包括"圆锥""圆柱"等。

4.3.3　创建并设计迷你图

【知识点 10】Excel 中的迷你图

Excel 中的迷你图是创建在工作表单元格中的一种微型图表。这种图表只有数据系列，没有坐标轴、标题、图例等其他图表元素，主要用于反映某一系列数据的变化趋势，或者突出显示数据中的最大值和最小值。使用迷你图的单元格可以进行文字输入、颜色填充等编辑。迷你图只有折线图、柱形图和盈亏 3 种类型，并且不能制作两种以上类型的组合图。

【知识点 11】迷你图的创建

在"插入"选项卡的"迷你图"组中单击要创建的迷你图类型（如折线图、柱形图），这里单击"柱形"按钮，打开"创建迷你图"对话框，如图 4-79 所示，在"数据范围"内选择需要图形化的单元格数据，在"位置范围"中选择存放迷你图的单元格，单击"确定"按钮创建迷你图，效果图如图 4-80 所示，拖动 H3 单元格的填充柄，可实现迷你图的自动填充。

图 4-79　"创建迷你图"对话框

	A	B	C	D	E	F	G	H
1			学生成绩表					
2	序号	学号	姓名	语文	数学	英语	总成绩	成绩迷你图
3	1	0500101	陈思思	76	83	68	227	
4	2	0500102	李明	60	71	75	206	
5	3	0500103	刘晓琳	91	88	90	269	
6	4	0500104	王强	78	87	80	245	

图 4-80　创建迷你图的效果

【知识点 12】迷你图的设计

选中迷你图，切换到"设计"选项卡，可以对迷你图进行以下设计。

1. "编辑数据"下拉列表

"迷你图"组中的"编辑数据"下拉列表可实现重新选择迷你图位置和数据源，以及隐藏、清空单元格。

2. 修改迷你图的类型

"类型"组中的"折线图""柱形图""盈亏" 3 个按钮用于修改迷你图的类型。

3. 突出显示

"显示"组中分别给出了"高点""低点""首点"等（6 个）复选框，用于突出显示迷你图中的"高点"或"低点"等内容。

4. 快速设置迷你图的格式

"样式"组中的"样式"下拉列表用于快速设置迷你图的颜色等格式；"迷你图颜色"下拉列

表用于自定义迷你图的格式；"标记颜色"下拉列表用于自定
义"高点""低点"等特殊点的显示颜色。

5. 删除迷你图

"组合"组中的"清除"下拉列表用于删除选中的迷你图或
迷你图组。当然，要清除单元格中的迷你图也可以直接选中迷
你图之后按 Delete 键删除。

4.3.4　打印图表

单独打印工作表中图表的操作方法：选中图表，选择"文
件"→"打印"命令，在"打印"界面的"设置"栏中选择"打
印选定图表"，如图 4-81 所示，完成设置后单击"打印"按钮
即可实现单独打印图表。

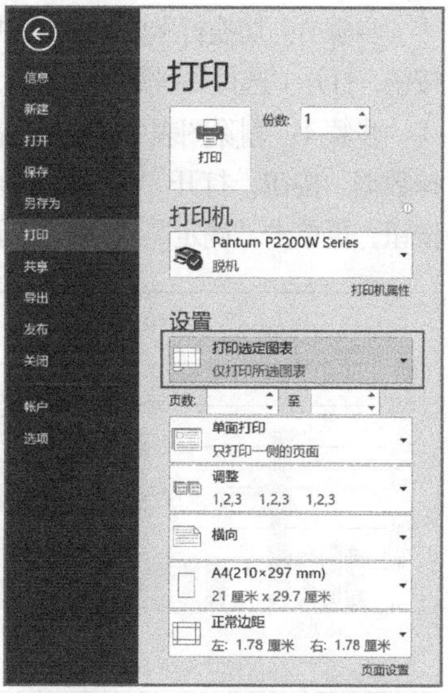

4.3.5　实例

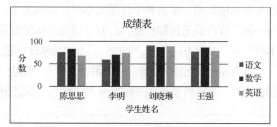

图 4-81　设置打印选定图表

【实例 4-5】新建一个工作簿，输入图 4-82 所示的表格数
据，将"Sheet1"重命名为"成绩表"，保存为"成绩图表.xlsx"；以 C2:G6 区域作为数据源创建
图表，对图表进行相应操作后实现图 4-83 所示的效果。

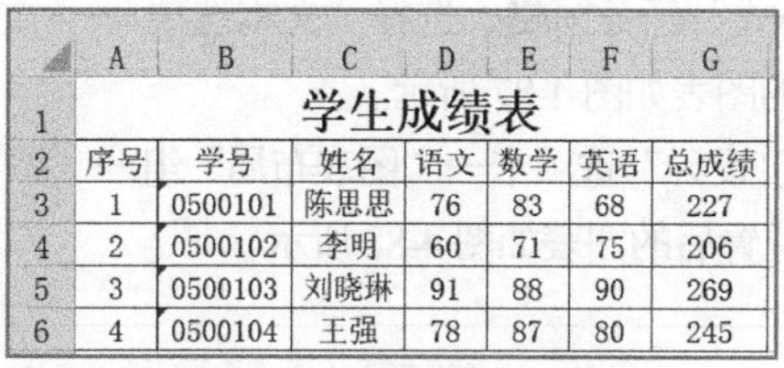

图 4-82　【实例 4-5】表格数据　　　　　　　　图 4-83　【实例 4-5】效果

操作步骤如下。

步骤 1：新建文件并输入数据，将"Sheet1"重命名为"成绩表"。

步骤 2：创建图表。选定 C2:G6 区域的单元格，单击"插入"选项卡→"图表"组→"对话框
启动器"按钮 ，在打开的"更改图表类型"对话框的"所有图表"选项卡中选择"簇状柱形图"
图表类型后，单击"确定"按钮，完成图 4-84 所示的图表创建。

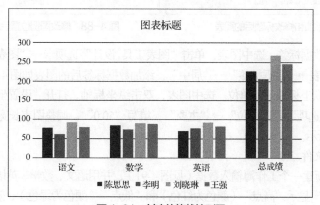

图 4-84　创建的簇状柱形图

步骤 3：切换行/列显示。选中图表，单击"图表工具|设计"选项卡→"数据"组→"切换行/列"按钮，打开"选择数据源"对话框，单击"切换行/列"按钮，切换行/列后的图表如图 4-85 所示。

步骤 4：删除图表中的总成绩。选中图表，单击"图表工具|设计"选项卡→"数据"组→"选择数据"按钮，打开"选择数据源"对话框，选定总成绩，单击"图例项（系列）"下的"删除"按钮，再单击"确定"按钮，删除"总成绩"后图表如图 4-86 所示。

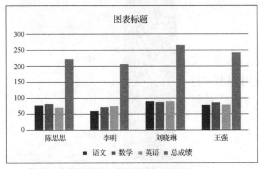

图 4-85　切换行/列后的图表

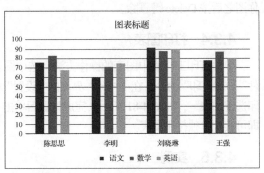

图 4-86　删除"总成绩"后的图表

步骤 5：添加、修改图表标题和坐标轴标题。选中图表，单击"图表工具|设计"选项卡→"图表布局"组→"添加图表元素"下拉列表→"轴标题"，选择"主要横坐标轴"和"主要纵坐标轴"，添加坐标轴标题。单击各个标题文本框，编辑文字。为了使纵坐标轴标题文字的方向与效果图保持一致，双击纵坐标轴标题，打开"设置坐标轴标题格式"任务窗格，选择"文本选项"→"文本框"→"文字方向"→"竖排"。添加和修改标题后的图表如图 4-87 所示。

步骤 6：修改图例位置。选中图表，单击"图表工具|设计"选项卡→"图表布局"组→"添加图表元素"下拉列表→"图例"→"右侧"，修改图例位置后的图表如图 4-88 所示。

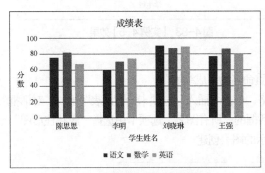

图 4-87　添加和修改标题后的图表

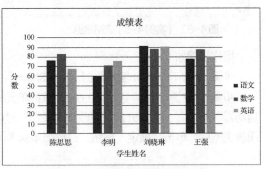

图 4-88　修改图例位置后的图表

步骤 7：添加数据标签。选中图表，单击"图表工具|设计"选项卡→"图表布局"组→"添加图表元素"下拉列表→"数据标签"→"居中"，添加数据标签后的图表如图 4-89 所示。

步骤 8：修改纵坐标轴刻度单位。选中图表，双击纵坐标轴，打开"设置坐标轴格式"任务窗格，选择"坐标轴选项"→"单位"→"主要"，填写"50.0"，调整图表长宽，修改刻度单位后的图表如图 4-90 所示。

步骤 9：保存文件。

【实例 4-6】新建一个工作簿输入数据（见图 4-91），并用语文、数学、英语、计算机成绩来创建迷你图，要求突出显示"高点"（颜色为红色）和"低点"（颜色为绿色），效果如图 4-91 所示，保存为"学生成绩迷你图.xlsx"。

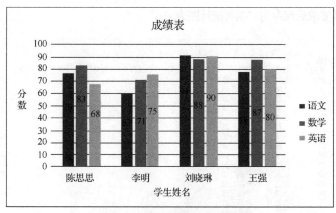

图 4-89 添加数据标签后的图表

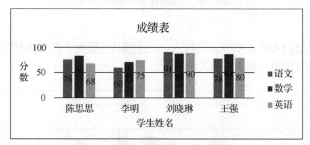

图 4-90 修改刻度单位后的图表

	A	B	C	D	E	F	G	H	I
1				学生成绩表					
2	序号	学号	姓名	语文	数学	英语	计算机	总成绩	迷你图
3	1	0500101	陈思思	76	83	68	89	316	
4	2	0500102	李明	60	71	75	88	294	
5	3	0500103	刘晓琳	91	88	90	94	363	
6	4	0500104	王强	78	87	80	82	327	

图 4-91 【实例 4-6】效果

操作步骤如下。

步骤 1：新建文件，输入数据并保存文件。

步骤 2：创建迷你图。

（1）选择要插入迷你图的空单元格（I3:I6）。

（2）在"插入"选项卡的"迷你图"组中单击"折线图"按钮，打开"创建迷你图"对话框，在"数据范围"输入框中输入显示"迷你图"数据的单元格区域（D3:G6）。

（3）单击"确定"按钮。

步骤 3：编辑迷你图。

（1）选择 I3:I6 区域的迷你图。

（2）单击"迷你图"选项卡下"样式"组中的"标记颜色"按钮，在出现的下拉列表中选择"高点"，单击"主题颜色"中的红色，使用同样的方式设置"低点"颜色为绿色。

步骤 4：保存文件。

4.3.6 实训

【实训 4-5】打开"实训 4-5.xlsx"素材文件（见图 4-92），对"**公司上半年销售统计表"进行操作，完成实训要求后保存为"销售统计图表.xlsx"。

▲	A	B	C	D	E	F	G	H	I	J	K	L	M
1	**公司上半年销售统计表										单位：万元		
2	序号	姓名	性别	籍贯	分部门	1月	2月	3月	4月	5月	6月	上本年销售统计	
3	1	欧丽琴	女	北京	产品一部	80	79	82	90	63	75	469	
4	2	李春明	女	上海	产品二部	78	73	72	68	39	66	396	
5	3	何晓思	女	江西	产品一部	67	70	71	71	73	56	408	
6	4	蔡致良	男	北京	产品二部	94	95	93	96	83	82	543	
7	5	张志朋	男	山东	产品二部	76	77	73	45	49	38	358	
8	6	李荣华	男	江西	产品三部	84	85	81	78	102	82	512	
9	7	胡荔红	女	天津	产品一部	70	73	69	87	73	56	428	
10	8	黄国辉	男	广东	产品三部	81	88	84	37	86	75	451	
11	9	张卫国	男	北京	产品二部	45	61	57	95	69	93	420	
12	10	许剑清	女	天津	产品一部	74	77	80	37	56	68	392	
13	11	张华敏	女	山东	产品二部	86	83	82	68	40	75	434	
14	12	吴天枫	男	浙江	产品二部	85	90	81	81	84	81	502	
15	13	刘天东	男	上海	产品三部	83	88	81	85	48	95	480	
16	14	汪东林	男	江西	产品三部	90	92	93	84	83	88	530	
17	15	李敏惠	女	江西	产品一部	55	65	71	75	51	79	396	

图 4-92　**公司上半年销售统计表

实训要求如下。

（1）根据销售数据插入图 4-93 所示的嵌入式三维簇状柱形图（在表格中选中"李荣华"单元格后，按住 Ctrl 键选择其他单元格，再插入图表）。

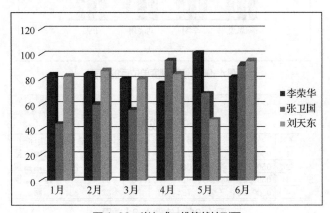

图 4-93　嵌入式三维簇状柱形图

（2）移动数据系列，将"李荣华"移到"张卫国"和"刘天东"之间。

（3）在图表中增加数据系列"胡荔红"。

（4）删除图表中的数据系列"张卫国"。

（5）在图表中显示数据系列"李荣华"的值（单击该数据系列后，用鼠标右键单击，在弹出的快捷菜单中选择"添加数据标签"命令）。

（6）为图表添加"上半年销售统计图"标题，并将标题字体格式设置为"黑体、16 号"。

（7）为图表添加分类轴标题"月份"、数值轴标题"销售额"（单位：万元）。

（8）将图表背景墙的填充效果设置为"蓝白"双色，且由中心辐射。

（9）将绘制的嵌入式图表转换为独立式图表。

（10）绘制所有员工 4 月份销售额的饼图。

（11）利用每名职工 1～6 月的销售额，在 M 列创建一个折线迷你图，要求突出显示"高点"（颜色为红色）和"低点"（颜色为绿色）。

【实训 4-6】创建工作表"**保险 2022 年业绩统计表"，表中内容如图 4-94 所示，完成图 4-95 所示的效果，保存为"业绩统计图表.xlsx"。

图 4-94　**保险 2022 年业绩统计表

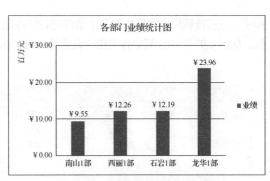

图 4-95　"各部门业绩统计图"效果

实训要求如下。

（1）利用"部门"和"业绩"两列的数据，插入"南山 1 部""西丽 1 部""石岩 1 部""龙华 1 部"的业绩对比簇状柱形图表。

（2）增加"各部门业绩统计图"图表标题。

（3）设置图表的纵坐标轴、横坐标轴和主要网格线线条为蓝色实线。

（4）设置主要纵坐标轴的显示单位为"百万元"。

（5）显示数据标签。

（6）增加图例，并编辑图例系列名称为"业绩"。

（7）将该图表放置在 F1:L11 单元格区域内。

4.4　Excel 数据分析与处理

学习目标

- 掌握工作表中数据的排序和筛选操作。
- 掌握分列、删除重复项、数据验证和合并计算操作。
- 掌握预测中的模拟分析功能及预测工作表的实现。
- 掌握分类汇总和分级显示操作。
- 掌握数据透视表与数据透视图的相关操作。

Excel 的"数据"选项卡中有多个对数据进行比较、分析及处理的功能和工具，典型的如排序、筛选、数据工具、模拟分析等，这些功能和工具能够帮助用户快速、便捷地从大量数据中得到关键信息。

4.4.1　排序和筛选

【知识点 1】排序

Excel 中对数据的排序方式有 3 种："升序""降序""自定义排序"。

实现排序功能有两种操作途径：一是在"开始"选项卡→"编辑"组→"排序和筛选"的下拉列表中；二是在"数据"选项卡→"排序和筛选"组中。

排序可以根据唯一字段排序，也可以根据多个字段排序。按照唯一字段排序进行"升序"或"降序"排列时，首先选中需要排序的任意单元格，然后通过上述两种操作途径单击"升序"或"降序"即可。如果需要根据多个字段对表格数据进行排序，就需要通过上述两种操作途径打开"排序"对话框，如图 4-96 所示。

在"排序"对话框中，有"添加条件""删除条件""复制条件"按钮用于设置参与排序的关键字，这些按钮用于实现按照多个条件进行排序的功能。"选项"按钮用于打开"排序选项"对话框，如图 4-97 所示，其中各项用于设置排序时"区分大小写"、排序方向、排序方法等。

图 4-96　"排序"对话框　　　　　　　　　　图 4-97　"排序选项"对话框

例如，对图 4-98"学生成绩表"按"总成绩"降序排列的操作如下。

	A	B	C	D	E	F	G
1	学生成绩表						
2	序号	学号	姓名	语文	数学	英语	总成绩
3	1	0500101	陈思思	76	93	68	237
4	2	0500102	李明	60	71	75	206
5	3	0500103	刘晓琳	91	88	90	269
6	4	0500104	王强	87	72	86	245

图 4-98　待操作的"学生成绩表"

1. 选择数据区域

选定"学生成绩表"工作表中需排序的数据区域（A2:G6）。

2. "排序"对话框

在"数据"选项卡的"排序和筛选"组中单击"排序"按钮，打开"排序"对话框，如图 4-99 所示。在该对话框中勾选"数据包含标题"复选框，并设置主要关键字为"总成绩"、排序的次序为"降序"，单击"确定"按钮。排序完成后效果如图 4-100 所示。

图 4-99　"排序"对话框的设置

	A	B	C	D	E	F	G
1	学生成绩表						
2	序号	学号	姓名	语文	数学	英语	总成绩
3	3	0500103	刘晓琳	91	88	90	269
4	4	0500104	王强	87	72	86	245
5	1	0500101	陈思思	76	93	68	237
6	2	0500102	李明	60	71	75	206

图 4-100　按"总成绩"降序排列的效果

【知识点 2】筛选

筛选功能是从已有数据中选出符合指定条件的数据，方便用户从大量数据中找到自己感兴趣的内容。使用筛选功能的数据最好都有一个表头，这样更有利于表明筛选出来的数据的意义。筛选是筛选条件和数据匹配的过程。

Excel 中的筛选有自动筛选和高级筛选两种。

1. 自动筛选

单击"数据"选项卡→"排序和筛选"组→"筛选"按钮，此时数据表中每个列名的右边都出现了一个下拉按钮，单击"数学"下拉按钮出现下拉列表，如图 4-101 所示。下拉列表下方显示了当前所有数据，用户可以通过勾选数据前的复选框手动进行筛选。

选择下拉列表中的"数字筛选"命令，将弹出"自定义自动筛选方式"对话框，在此可以对表格数据进行特定的数据筛选或某个数值区间的数据筛选。例如，我们需要筛选出语文成绩大于 85 分的项目，按照上述操作打开相应的对话框，在"显示行"下拉列表中选择"大于"，输入框中输入"85"（见图 4-102），单击"确定"按钮即可进行筛选。当多列数据分别都使用了自动筛选之后，就形成多个条件同时满足的多条件自动筛选。

图 4-101　筛选下拉列表 1

图 4-102　"自定义自动筛选方式"对话框 1

例如，从图 4-98 所示"学生成绩表"中筛选出"语文"大于或等于 80 分的学生，操作如下。

（1）选定"学生成绩表"工作表中需筛选的数据区域（A2:G6）或单击该数据区域（A2:G6）中的任意一个单元格。

（2）单击"数据"选项卡→"排序和筛选"组→"筛选"按钮，此时数据表中每个列名的右边都出现了一个下拉按钮，如图 4-103 所示。

	A	B	C	D	E	F	G
1				学生成绩表			
2	序号	学号	姓名	语文	数学	英语	总成绩
3	1	0500101	陈思思	76	93	68	237
4	2	0500102	李明	60	71	75	206
5	3	0500103	刘晓琳	91	88	90	269
6	4	0500104	王强	87	72	86	245

图 4-103　带下拉按钮的数据表

（3）单击"语文"右边的下拉按钮，则会出现图 4-104 所示的下拉列表。

（4）选择下拉列表中的"数字筛选"→"大于或等于"，打开"自定义自动筛选方式"对话框，设置语文"大于或等于""80"（见图 4-105），单击"确定"按钮，则可筛选出语文成绩大于或等于 80 分的学生。

图 4-104　筛选下拉列表 2　　　　　　　图 4-105　"自定义自动筛选方式"对话框 2

（5）筛选完成后效果如图 4-106 所示。

	A	B	C	D	E	F	G
1	学生成绩表						
2	序号	学号	姓名	语文	数学	英语	总成绩
5	3	0500103	刘晓琳	91	88	90	269
6	4	0500104	王强	87	72	86	245

图 4-106　筛选完成后的效果

2. 高级筛选

高级筛选的功能更强大，除了可以实现多个条件同时满足的筛选，还可以实现多个条件满足其中一部分的筛选。

高级筛选的使用要点：单击"数据"选项卡→"排序和筛选"组→"高级"按钮，打开"高级筛选"对话框，如图 4-107 所示。

图 4-107　"高级筛选"对话框

例如，从图 4-98 所示"学生成绩表"中筛选"语文>=85"，并且"英语>=85"或者"数学>=90"的学生，操作如下。

（1）"高级筛选"对话框中的"方式"用于指定筛选得到的结果放置的位置，第一个选项代表筛选结果显示在原数据区域，第二个选项代表筛选结果显示在用户指定区域。这里我们选用第二种方式。

（2）"列表区域"填写对各区域内的数据进行筛选，这些被筛选的数据一定要有表头，因此选择"A2:G6"。

（3）"条件区域"填写事先准备好的筛选条件，该筛选条件需要与筛选区域有相同的表头。在表头的各个关键字下方填写筛选条件。条件如果写在同一行，它们之间是"且"的关系；条件写在不同行，它们之间就是"或"的关系。图 4-108 所示为条件区域内不同条件的关系，A9:G11 条件区域表示的条件为"语文>=85"，并且"英语>=85"或者"数学>=90"。

学生成绩表						
序号	学号	姓名	语文	数学	英语	总成绩
1	0500101	陈思思	76	93	68	237
2	0500102	李明	60	71	75	206
3	0500103	刘晓琳	91	88	90	269
4	0500104	王强	87	72	86	245
序号	学号	姓名	语文	数学	英语	总成绩
			>=85		>=85	
				>=90		

图 4-108 条件区域内不同条件的关系

（4）"复制到"表示指定筛选结果的显示位置。显示位置的列数要与原数据相同，行数任意，当指定行数不够显示筛选结果时，Excel 会自动显示全部筛选结果，如这里可以选择"A14:G16"。"高级筛选"对话框的设置如图 4-109 所示。

（5）单击"确定"按钮完成高级筛选，效果如图 4-110 所示。

图 4-109 "高级筛选"对话框的设置

学生成绩表						
序号	学号	姓名	语文	数学	英语	总成绩
1	0500101	陈思思	76	93	68	237
2	0500102	李明	60	71	75	206
3	0500103	刘晓琳	91	88	90	269
4	0500104	王强	87	72	86	245
序号	学号	姓名	语文	数学	英语	总成绩
			>=85		>=85	
				>=90		
序号	学号	姓名	语文	数学	英语	总成绩
3	0500103	刘晓琳	91	88	90	269

图 4-110 高级筛选的效果

4.4.2 数据工具

【知识点 3】分列

Excel 提供的分列功能在数据处理的前期用得非常多。当需要从列中提取数据，进行数据类型的转换以规范化数据时，都可以使用分列来完成。

例如，需要将工作表中"1986,10,9"这样的数据转换为年、月、日，就可以使用分列功能完成。首先，选择需要分列的区域，假设这里是"A1:A11"，单击"数据"选项卡→"数据工具"组→"分列"按钮，打开"文本分列向导-第 1 步，共 3 步"对话框，如图 4-111 所示。

"请选择最合适的文件类型"用于选择分列数据的两种方式，这里由于数据之间采用"，"连接，因此选择"，"作为分隔符号进行分列。单击"下一步"按钮，进入分列的第 2 步，如图 4-112 所示。

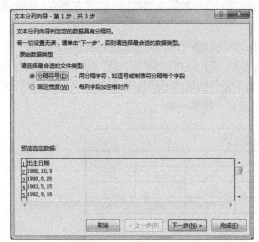 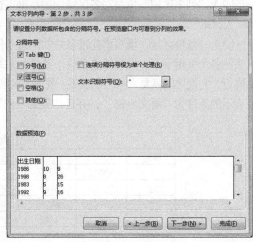

图 4-111 "文本分列向导-第 1 步，共 3 步"对话框　　　图 4-112 "文本分列向导-第 2 步，共 3 步"对话框

第 2 步中，"分隔符号"需要根据实际待分列内容的分隔符选择，这里选择"逗号"，在"数据预览"中可以看到数据分列的情况。单击"下一步"按钮，进入分列的第 3 步，如图 4-113 所示。

第 3 步中，"列数据格式"用于设置分列得到的数据类型，设置完成后，单击"完成"按钮即可实现分列功能。

分列后的效果如图 4-114 所示，按照逗号得到"年""月""日"3 列数据。这时候就可以根据需求利用这些数据进行下一步处理。

▲	A	B	C
1	出生日期		
2	1986	10	9
3	1998	8	26
4	1983	5	15
5	1992	9	16
6	1978	8	12
7	1969	4	24
8	1982	8	9
9	1981	7	21
10	1983	5	5
11	1981	2	15

图 4-113 "文本分列向导-第 3 步，共 3 步"对话框　　　图 4-114 分列后的数据效果

【知识点 4】删除重复项

当表格数据中出现重复项需要删除时，就可以用删除重复项功能实现。单击"数据"选项卡→"数据工具"组→"删除重复项"按钮，打开"删除重复项"对话框，如图 4-115 所示。该对话框会

根据表格中现有的表头信息罗列对比重复项的选项，用户就可以根据需要选择其中的选项作为删除重复项的依据。

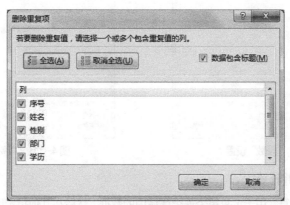

图 4-115　"删除重复项"对话框

【知识点 5】数据验证

Excel 的数据验证用来限制数据类型或用户输入单元格的值。其主要功能有两个：一是限制用户的输入，如只能输入限定范围内的数据；二是定义输入数据下拉列表，可以让用户通过下拉列表快速实现输入。

单击"数据"选项卡→"数据工具"组→"数据验证"按钮，打开"数据验证"对话框，如图 4-116 所示。

"设置"选项卡的"验证条件"栏中的"允许"下拉列表框用于设置允许输入的数据类型或方式，如图 4-117 所示。"整数""小数""日期""时间""文本长度"设置的是数据的类型和数据范围。"序列"设置的是输入数据的下拉列表。

图 4-116　"数据验证"对话框

图 4-117　"允许"下拉列表框

1. 整数

选择"整数"类型后，可以设置数据的输入范围，如图 4-118 所示，输入范围可以是"介于""大于""小于"等方式。"小数""日期""时间""文本长度"等的设置与"整数"类型类似。

2. 序列

选择"序列"后，需要指定序列的来源，如图 4-119 所示。例如，需要在 A1 单元格中制作"男""女"的下拉列表序列，就可以先在 F1:F2 单元格中分别输入"男""女"，然后指定来源为"F1:F2"。

图4-118　"整数"设置

图4-119　"序列"设置

【知识点6】合并计算

Excel 的"合并计算"用于汇总单个连续区域内的数据，然后在其他指定区域中合并计算输出结果，能够帮助用户将指定单元格区域中的数据进行汇总。数据汇总的操作包括求和、求平均值、求最大值等。

单击"数据"选项卡→"数据工具"组→"合并计算"按钮，打开"合并计算"对话框，如图4-120 所示。

该对话框中的"函数"下拉列表框用于选择汇总计算方式；"引用位置"输入框用于设置待计算的原始数据区域；"首行"复选框表示显示合并计算结果时显示列表头信息；"最左列"复选框表示显示合并计算结果时显示原始数据最左列信息。这里需要注意的是，在使用合并计算之前，需要将光标定位在原始数据之外的空单元格中。

例如，对图4-121 所示数据合并计算不同职称的基本工资和奖金的操作如下。

图4-120　"合并计算"对话框

	A	B	C	D	E	F	G
1	**建筑公司2023年5月工资表						
2	序号	姓名	部门	职称	基本工资	奖金	总额
3	001	王圆	工程部	技术员	4800	800	5600
4	002	吴建国	工程部	工程师	8000	2320	10320
5	003	陈勇敢	后勤部	技术员	6000	880	6880
6	004	李文博	工程部	助理工程师	6000	1520	7520
7	005	司海霞	设计室	助理工程师	6000	1680	7680
8	006	王刚强	工程部	助理工程师	6000	1680	7680
9	007	谭华伟	设计室	工程师	8000	2320	10320
10	008	赵军	工程部	工程师	8000	2512	10512
11	009	周健华	设计室	工程师	7200	2400	9600
12	010	任敏	工程部	工程师	7200	2400	9600
13	011	韩宇	后勤部	技术员	4000	800	4800
14	012	周辉杰	设计室	助理工程师	6000	1520	6520

图4-121　"工资表"原始数据

1．选定放置结果的单元格
选择"I2"单元格为放置统计结果的单元格，注意不能是数据源中的单元格。

2．打开"合并计算"对话框
在"数据"选项卡的"数据工具"组中单击"合并计算"按钮，打开"合并计算"对话框。

3．选择合并计算函数
单击"函数"下拉按钮，在弹出的下拉列表中选择合并计算函数，包括求和、计数、平均值、最大值、最小值、乘积等，默认为求和，本例中为求和，所以不做改动。

4．选择参与合并计算的区域
在"引用位置"输入框中输入"$D$2: $F$14"，单击"添加"按钮，该地址就被添加到"所有引用位置"列表框内。

5. 设置计算结果显示的"首行"和"最左列"

勾选"标签位置"栏的"首行"复选框和"最左列"复选框,单击"确定"按钮。"合并计算"对话框设置如图 4-122 所示。

6. 合并计算效果

不同职称员工基本工资和奖金的合并计算效果如图 4-123 所示。

图 4-122　"合并计算"对话框的设置

I	J	K
	基本工资	奖金
技术员	14800	2480
工程师	38400	11952
助理工程师	23000	6400

图 4-123　合并计算效果

4.4.3　预测

Excel 的预测包括"模拟分析"和"预测工作表"两大功能。

【知识点 7】模拟分析

模拟分析是通过更改单元格中的值,进而了解这些更改会如何影响工作表上公式的结果的过程。

Excel 附带 3 种模拟分析工具——方案管理器、单变量求解和模拟运算表,以为工作表中的公式尝试各种值。方案管理器和模拟运算表使用输入值集并确定可能的结果。模拟运算表虽然仅适用于一个或两个变量,但可以接受这些变量的多个不同值。方案管理器虽然可以具有多个变量,但最多可包含 32 个值。单变量求解与方案管理器和模拟运算表原理不同,这是因为它使用目标结果来确定可以产生此结果的输入值。

1. 方案管理器

方案是一组值,保存在工作表上,并可以自动替换。单击"数据"选项卡→"预测"→"模拟分析"→"方案管理器",打开"方案管理器"对话框,如图 4-124 所示,单击对话框中的"添加"按钮可以创建不同的值组并将其另存为方案,然后在这些方案之间切换可以查看不同的结果。

2. 单变量求解

"单变量求解"是 Excel 模拟分析工具的一种,它根据结果倒推条件值。例如,假设 A 学生目前每个月的生活费为 2000 元,其中餐费占比 70%,费用是 1400 元,但是他觉得 1600 元更合适,那么请问他的生活费应该为多少。此时可以使用单变量求解来确定生活费。

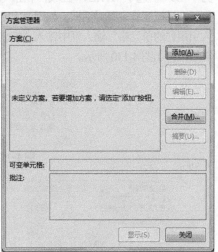

图 4-124　"方案管理器"对话框

在表格区域输入图 4-125 所示的数据，其中 B3 单元格的公式为"=B1*B2"。单击"数据"选项卡→"预测"→"模拟分析"→"单变量求解"，打开"单变量求解"对话框，如图 4-126 所示，其中在"目标单元格"输入框中输入"$B$3"，希望的目标值为"1600"，"可变单元格"（需要改变的单元格）设置为"$B$1"，单击"确定"按钮，系统开始进行求解。求解完成后，B3 单元格变为设定的目标值，B1 单元格内为计算结果，结果如图 4-127 所示。

	A	B
1	生活费	2000
2	餐食支出比例	0.7
3	餐食支出金额	1400

图 4-125 "单变量求解"原始数据

图 4-126 "单变量求解"对话框

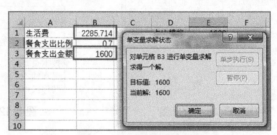

图 4-127 单变量求解结果

3. 模拟运算表

使用模拟运算表在一个位置可以查看多个输入的结果，也可轻松查看可能性范围。注意模拟运算表使用的变量不能超过两个。如果需要分析两个以上的变量，可以使用方案。

例如，A 学生目前每个月的生活费为 2000 元，其中餐费占比 70%，费用是 1400 元，他想增加餐费占比，但是不清楚增加到多少合适，那么可以使用"模拟运算表"测算一下餐费占比提升为 75%、80% 和 85% 后的餐费金额。

在表格区域输入图 4-128 所示的数据，其中 B3 单元格的公式为"=B1*B2"，E1 单元格的公式为"=B3"。选中"D1:E4"区域，单击"数据"选项卡→"预测"→"模拟分析"→"模拟运算表"，打开"模拟运算表"对话框，如图 4-129 所示，由于替换内容区域为列方向，因此在对话框的"输入引用列的单元格"输入框中输入"$B$2"，单击"确定"按钮，即可在 E2:E4 区域中看到模拟运算结果，如图 4-130 所示。

	A	B	C	D	E
1	生活费	2000		占比模拟	1400
2	餐食支出比例	0.7		0.75	
3	餐食支出金额	1400		0.8	
4				0.85	

图 4-128 "模拟运算表"原始数据

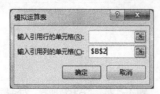

图 4-129 "模拟运算表"对话框

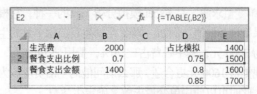

图 4-130 模拟运算结果

【知识点 8】预测工作表

如果有基于历史时间的数据，预测工作表可以创建新的工作表来预测数据趋势。创建预测时，Excel 将创建一个新工作表，其中包含历史值和预测值，以及表达此数据的图表。预测可以帮助用户预测将来的销售额、库存需求或消费趋势等信息。

例如，在工作表中输入图 4-131 所示的我国近年出生人口数据，选中"A1:B14"区域，单击"数据"选项卡→"预测"→"预测工作表"按钮，打开"创建预测工作表"对话框，如图 4-132 所示。该对话框中默认按折线图方式显示数据趋势，也可单击对话框右上角的"创建柱形图"按钮，以柱形图的方式显示数据趋势。展开对话框中的"选项"，可完成更多预测项目设置，如图 4-133 所示。"选项"中常用的设置项有"预测开始""置信区间""季节性"。"预测开始"用于挑选预测的开始日期。如果选择的日期在历史数据结束之前，将仅把开始日期之前的数据用于预测。勾选或取消"置信区间"复选框可以将其显示或隐藏。置信区间是每个预测值的范围，根据预测（正态分布），如果未来点的置信区间为 95%，则应该会失败。置信区间可以帮助了解预测的准确性。区间越小，表示对特定点的预测信心越高。"季节性"是用于表示季节模式长度（点数）的数字，可以自动检测到。例如，在年度销售周期中，每个点表示一个月，季节性为 12。用户也可以通过选择"手动设置"并选取数字来覆盖自动检测。

设置完成后，单击对话框中的"创建"按钮，完成预测工作表的创建，结果如图 4-134 所示。

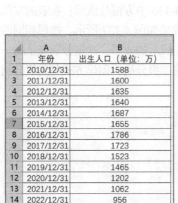

图 4-131　我国近年出生人口数据表

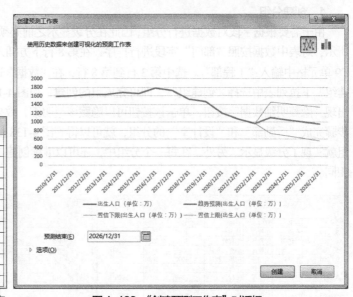

图 4-132　"创建预测工作表"对话框

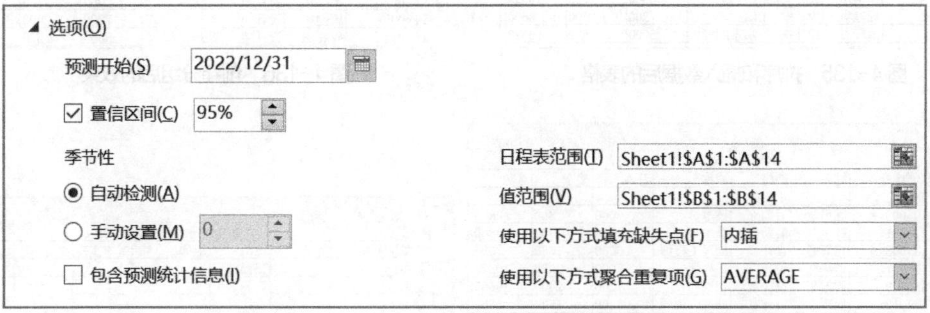

图 4-133　"选项"展开后的更多设置项

	A	B	C	D	E
1	年份	出生人口（单位：万）	趋势预测(出生人口（单位：万）)	置信下限(出生人口（单位：万）)	置信上限(出生人口（单位：万）)
2	2010/12/31	1588			
3	2011/12/31	1600			
4	2012/12/31	1635			
5	2013/12/31	1640			
6	2014/12/31	1687			
7	2015/12/31	1655			
8	2016/12/31	1786			
9	2017/12/31	1723			
10	2018/12/31	1523			
11	2019/12/31	1465			
12	2020/12/31	1202			
13	2021/12/31	1062			
14	2022/12/31	956	956	956.00	956.00
15	2023/12/31		1092.552983	734.21	1450.89
16	2024/12/31		1043.660794	674.21	1413.12
17	2025/12/31		994.768606	614.44	1375.10
18	2026/12/31		945.8764175	554.89	1336.86

图 4-134　预测工作表创建结果

4.4.4　分级显示

【知识点 9】分级显示的设置

Excel 中的分级显示用于按行或列的字段对数据进行分组，可以显示所有组的摘要信息，也可以显示每一组内的明细。

1. 创建分组

由于需要根据字段对数据进行分组，因此在分级显示之前必须先按字段进行排序，如图 4-135 所示，对表中数据按照"部门"字段进行排序，在第 8 行下方插入一个空行，在"部门"对应的 C9 单元格中输入"工程部"。选中第 3 行到第 8 行，在"数据"选项卡→"分级显示"组→"创建组"下拉列表中选择"创建组"，即可完成组的创建，如图 4-136 中方框处所示；在表的左侧出现"隐藏明细数据"按钮，单击该按钮可以隐藏该组明细，效果如图 4-137 所示。按照相同的步骤完成"后勤部"和"设计室"的分组，就可以得到图 4-138 所示的效果，这里分别显示每一组就实现了分级显示。另外，在每一个分组中，还可以继续创建二级分组，创建方式与父级分组相同。

	A	B	C	D	E	F	G
1			**建筑公司2023年5月工资表				
2	序号	姓名	部门	职称	基本工资	奖金	总额
3	001	王圆	工程部	技术员	4800	800	5600
4	002	吴建国	工程部	工程师	8000	2320	10320
5	004	李文博	工程部	助理工程师	6000	1520	7520
6	006	王刚强	工程部	助理工程师	6000	1680	7680
7	008	赵军	工程部	工程师	8000	2512	10512
8	010	任敏	工程部	工程师	7200	2400	9600
9			工程部				
10	003	陈勇敢	后勤部	技术员	6000	880	6880
11	011	韩宇	后勤部	技术员	4000	800	4800
12	005	司海霞	设计室	助理工程师	6000	1680	7680
13	007	谭华伟	设计室	工程师	8000	2320	10320
14	009	周健华	设计室	工程师	7200	2400	9600
15	012	周辉杰	设计室	助理工程师	5000	1520	6520

图 4-135　排序和插入数据后的表格

	A	B	C	D	E	F	G
1			**建筑公司2023年5月工资表				
2	序号	姓名	部门	职称	基本工资	奖金	总额
3	001	王圆	工程部	技术员	4800	800	5600
4	002	吴建国	工程部	工程师	8000	2320	10320
5	004	李文博	工程部	助理工程师	6000	1520	7520
6	006	王刚强	工程部	助理工程师	6000	1680	7680
7	008	赵军	工程部	工程师	8000	2512	10512
8	010	任敏	工程部	工程师	7200	2400	9600
9			工程部				
10	003	陈勇敢	后勤部	技术员	6000	880	6880
11	011	韩宇	后勤部	技术员	4000	800	4800
12	005	司海霞	设计室	助理工程师	6000	1680	7680
13	007	谭华伟	设计室	工程师	8000	2320	10320
14	009	周健华	设计室	工程师	7200	2400	9600
15	012	周辉杰	设计室	助理工程师	5000	1520	6520

图 4-136　创建分组后的效果

	A	B	C	D	E	F	G
1			**建筑公司2023年5月工资表				
2	序号	姓名	部门	职称	基本工资	奖金	总额
9			工程部				
10	003	陈勇敢	后勤部	技术员	6000	880	6880
11	011	韩宇	后勤部	技术员	4000	800	4800
12	005	司海霞	设计室	助理工程师	6000	1680	7680
13	007	谭华伟	设计室	工程师	8000	2320	10320
14	009	周健华	设计室	工程师	7200	2400	9600
15	012	周辉杰	设计室	助理工程师	5000	1520	6520

图 4-137　隐藏明细后的效果

	A	B	C	D	E	F	G
1			**建筑公司2023年5月工资表				
2	序号	姓名	部门	职称	基本工资	奖金	总额
9			工程部				
12			后勤部				
17			设计室				

图 4-138　创建了 3 个分组后的效果

2．创建二级分组

如果需要创建二级分组，在创建分组之前，排序的时候需要设置一个主关键字（用于创建一级分组）和一个次关键字（用于创建二级分组），其他的操作与创建一级分组一样，首先创建一级分组，然后在一级分组内再重复进行分组操作实现二级分组。

3．删除分组

首先在已分组的表格中显示明细数据，再选中需要删除分组的行，然后单击"数据"选项卡→"分级显示"组→"删除组合"按钮，即可删除已有分组。

【知识点 10】分类汇总

1．创建分类汇总

分类汇总用于快速计算相关数据行的汇总结果。分类汇总之前，也需要先根据字段进行排序。例如，要对表中数据汇总计算不同"职称"员工的"基本工资"总和，就需要先按"职称"进行排序，如图 4-139 所示。

把光标定位在表内的任意区域，单击"数据"选项卡→"分级显示"组→"分类汇总"

	A	B	C	D	E	F	G
1				**建筑公司2023年5月工资表			
2	序号	姓名	部门	职称	基本工资	奖金	总额
3	002	吴建国	工程部	工程师	8000	2320	10320
4	007	谭华伟	设计室	工程师	8000	2320	10320
5	008	赵军	工程部	工程师	8000	2512	10512
6	009	周健华	设计室	工程师	7200	2400	9600
7	010	任敏	工程部	工程师	7200	2400	9600
8	001	王圆	工程部	技术员	4800	800	5600
9	003	陈勇敢	后勤部	技术员	6000	880	6880
10	011	韩宇	后勤部	技术员	4000	800	4800
11	004	李文博	工程部	助理工程师	6000	1520	7520
12	005	司海霞	设计室	助理工程师	6000	1680	7680
13	006	王刚强	工程部	助理工程师	6000	1680	7680
14	012	周辉杰	设计室	助理工程师	5000	1520	6520

图 4-139 按"职称"排序后的效果

按钮，打开"分类汇总"对话框，如图 4-140 所示。其中，"分类字段"用于选择根据哪个字段进行汇总，"汇总方式"用于设置汇总的计算方式，"选定汇总项"用于选择对哪个字段进行汇总计算。如果要对已经有分类汇总的表格数据再次进行分类汇总，并且两个汇总结果都要显示，就需要取消"替换当前分类汇总"复选框。"每组数据分页"用于设置打印的时候将分类数据分页打印。"汇总结果显示在数据下方"用于设置汇总结果显示的位置。为完成对表中数据汇总计算不同"职称"员工的"基本工资"总和，对话框的选项设置如图 4-140 所示。分类汇总后的效果如图 4-141 所示。

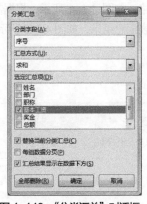

图 4-140 "分类汇总"对话框

	A	B	C	D	E	F	G
1				**建筑公司2023年5月工资表			
2	序号	姓名	部门	职称	基本工资	奖金	总额
3	002	吴建国	工程部	工程师	8000	2320	10320
4	007	谭华伟	设计室	工程师	8000	2320	10320
5	008	赵军	工程部	工程师	8000	2512	10512
6	009	周健华	设计室	工程师	7200	2400	9600
7	010	任敏	工程部	工程师	7200	2400	9600
8				工程师 汇总	38400		
9	001	王圆	工程部	技术员	4800	800	5600
10	003	陈勇敢	后勤部	技术员	6000	880	6880
11	011	韩宇	后勤部	技术员	4000	800	4800
12				技术员 汇总	14800		
13	004	李文博	工程部	助理工程师	6000	1520	7520
14	005	司海霞	设计室	助理工程师	6000	1680	7680
15	006	王刚强	工程部	助理工程师	6000	1680	7680
16	012	周辉杰	设计室	助理工程师	5000	1520	6520
17				助理工程师 汇总	23000		
18				总计	76200		

图 4-141 分类汇总后的效果

2．删除分类汇总

单击"数据"选项卡→"分级显示"组→"分类汇总"按钮，打开"分类汇总"对话框，单击其中的"全部删除"按钮即可删除分类汇总。

4.4.5 数据透视表和数据透视图

【知识点 11】数据透视表

数据透视表是计算、汇总和分析数据的强大工具，用于排列和汇总复杂数据。

选择要创建数据透视表的数据区域，这些数据应按具有单个标题行的列进行组织。单击"插入"选项卡→"表格"组→"数据透视表"按钮，打开"创建数据透视表"对话框，如图 4-142 所示。

"选择一个表或区域"用于指定创建数据透视表的数据源，这里的数据源一定要有标题行。"选择放置数据透视表的位置"用于设置产生的数据透视表显示的位置，选中"新工作表"单选按钮，数据透视表将显示于新工作表中；选中"现有工作表"单选按钮，指定位置后，数据透视表将在当前工作表指定位置显示。

例如，需要利用图 4-143"家电销售统计表"中的数据给用户汇总展示各个品牌不同商品的销量对比，就可以通过数据透视表完成。

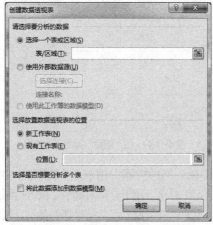

图 4-142 "创建数据透视表"对话框

	A	B	C	D	E
1	商品名称	品牌	单价	销售量	销售金额
2	电冰箱	海尔	2238	34	76092
3	电视机	TCL	3800	22	83600
4	空调	长虹	2235	25	55875
5	电冰箱	西门子	2435	24	58440
6	电视机	小米	1782	49	87318
7	空调	美的	2775	32	88800
8	洗衣机	小天鹅	3850	28	107800
9	洗衣机	海尔	3570	22	78540
10	电冰箱	海尔	3265	15	48975
11	电视机	长虹	4538	14	63532
12	洗衣机	松下	3427	16	54832
13	空调	格力	5872	32	187904
14	洗衣机	荣事达	3780	24	90720

图 4-143 家电销售统计表

单击"插入"选项卡→"表格"组→"数据透视表"按钮，打开"创建数据透视表"对话框，"选择一个表或区域"设置"表/区域"为"A1:E14"，选中"现有工作表"，设置"位置"为"G1"，单击"确定"按钮。完成设置后，打开"数据透视表字段"任务窗格，如图 4-144 所示，根据需要将对应字段拖到"列""行""值"中，即可得到相应的数据透视表汇总结果，如图 4-145 所示。

图 4-144 "数据透视表字段"任务窗格

G	H	I	J	K	L
求和项:销售量	列标签				
行标签	电冰箱	电视机	空调	洗衣机	总计
TCL		22			22
格力			32		32
海尔	49			22	71
美的			32		32
荣事达				24	24
松下				16	16
西门子	24				24
小米		49			49
小天鹅				28	28
长虹		14	25		39
总计	73	85	89	90	337

图 4-145 数据透视表汇总结果

【知识点 12】数据透视图

数据透视图用于更形象、直观地展示数据透视表里面的数据，实现数据的可视化。

其创建方式与数据透视表类似。单击"插入"选项卡→"图表"组→"数据透视图"按钮，打开"创建数据透视图"对话框，如图 4-146 所示。该对话框中各项的设置方法与"创建数据透视表"对话框中的相同。

图 4-146 "创建数据透视图"对话框

同样利用图 4-143 "家电销售统计表"中的数据，给用户汇总展示各个品牌不同商品的销量对比，可以通过数据透视图完成。单击"插入"选项卡→"图表"组→"数据透视图"按钮，打开"创建数据透视图"对话框，"选择一个表或区域"设置"表/区域"为"A1:E14"，选中"现有工作表"，设置"位置"为"N1"，单击"确定"按钮。完成设置后，打开"数据透视图字段"任务窗格，如图 4-147 所示，根据需要将对应字段拖到"列""行""值"中，即可得到相应的数据透视图汇总结果，如图 4-148 所示。

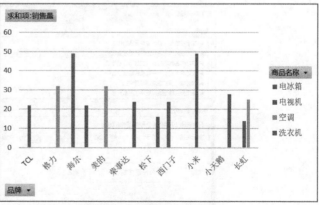

图 4-147 "数据透视图字段"任务窗格　　　　图 4-148 数据透视图汇总结果

4.4.6　实例

【**实例 4-7**】使用"实例 4-7.xlsx"素材文件完成以下操作，保存为"经济订货批量分析表.xlsx"。

（1）在工作表"经济订货批量分析"的 C5 单元格计算经济订货批量的值，计算结果保留整数。

公式为：经济订货批量 $=\sqrt{\dfrac{2\times\text{年需求量}\times\text{单位订货成本}}{\text{单位年存储成本}}}$。

（2）在工作表"经济订货批量分析"的单元格区域 B7:M27 创建模拟运算表，模拟不同的年需求量和单位年存储成本所对应的不同经济订货批量；其中 C7:M7 为年需求量可能的变化值，B8:B27 为单位年存储成本可能的变化值，模拟运算的结果保留整数。

（3）对工作表"经济订货批量分析"的单元格区域 C8:M27 应用条件格式，将所有小于或等于 750 且大于或等于 650 的值所在单元格的底纹设置为"红色"，字体颜色设置为"白色，背景 1"。

（4）在工作表"经济订货批量分析"中，将单元格区域 C2:C4 作为可变单元格，按照图 4-149 所示创建方案（最终显示的方案为"需求持平"）。

（5）在工作表"经济订货批量分析"中，以 C5 单元格为结果单元格创建方案摘要，并将新生成的"方案摘要"工作表置于工作表"经济订货批量分析"右侧。

操作步骤如下。

步骤 1：单击 C5 单元格，输入公式"=ROUND(POWER((2*C2*C3)/C4,0.5),0)"。

步骤 2：在 B7 单元格中输入"=C5"；选中"B7:M27"区域，在"数据"选项卡→"预测"组→"模拟分析"下拉列表中选择"模拟运算表"选项，打开"模拟运算表"对话框，对话框设置如图 4-150 所示。设置完成后，"C8:M27"区域内将填充模拟运算结果。

方案名称	单元格C2	单元格C3	单元格C4
需求下降	10000	600	35
需求持平	15000	500	30
需求上升	20000	450	27

图 4-149　不同方案数据

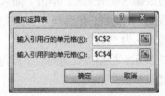

图 4-150　"模拟运算表"对话框设置

步骤 3：选中"C8:M27"区域，在"开始"选项卡→"样式"组→"条件格式"下拉列表中选择"新建规则"命令，打开"新建格式规则"对话框，对话框设置如图 4-151 所示，单击"格式"按钮，打开"设置单元格格式"对话框，在"字体"选项卡中设置字体颜色为"白色，背景 1"，在"填充"选项卡中设置"背景色"为"红色"，如图 4-152 所示。

图 4-151　"新建格式规则"对话框设置

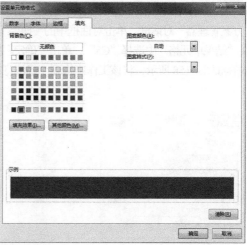

图 4-152　"字体"选项卡和"填充"选项卡

步骤 4：在"数据"选项卡→"预测"组→"模拟分析"下拉列表中选择"方案管理"，打开"方案管理器"对话框，如图 4-153 所示，单击"添加"按钮，打开"编辑方案"对话框，"方案名"输入"需求持平"，"可变单元格"选择"$C$2: $C$4"，如图 4-154 所示，单击"确定"按钮，打开"方案变量值"对话框，输入图 4-155 所示内容后单击"确定"按钮。用同样的方法添加"需求下降"和"需求上升"方案。完成后，"方案管理器"对话框中"方案"选择"需求持平"，单击"显示"按钮，即可得到该方案显示结果，如图 4-156 所示。

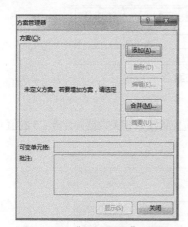

图 4-153　"方案管理器"对话框　　　　　图 4-154　创建"需求持平"方案

图 4-155　"方案变量值"对话框　　　　　图 4-156　显示"需求持平"方案结果

步骤5：在"数据"选项卡→"预测"组→"模拟分析"下拉列表中选择"方案管理"，打开"方案管理器"对话框，单击对话框中的"摘要"按钮，打开"方案摘要"对话框，如图4-157所示，在"结果单元格"中选择"C5"，单击"确定"按钮，在当前工作表左侧生成"方案摘要"工作表，内容如图4-158所示，将该工作表拖到"经济订货批量分析"工作表的右侧。

图4-157 "方案摘要"对话框

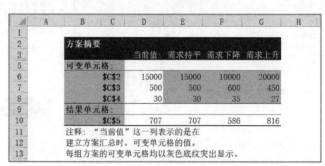

图4-158 "方案摘要"工作表的内容

步骤6：保存文件。

4.4.7 实训

【实训4-7】贷款方案管理，"**微型互联网公司"准备向银行办理贷款用于发展业务，有"短期""中期""长期"3种贷款方案供选择，如图4-159所示。请创建贷款管理方案，保存为"贷款方案.xlsx"。

贷款方案	贷款金额（单位：元）	贷款利率（年利率）	贷款年限
短期贷款	300000	5.50%	3
中期贷款	400000	5.20%	5
长期贷款	500000	4.80%	6

图4-159 3种贷款方案

实训要求如下。

（1）创建新工作簿，如图4-160所示，在Sheet1的对应位置输入相关数据并计算C5的值（月偿还额计算使用PMT函数）。

	A	B	C
1			
2		贷款金额（单位：元）	400000
3		贷款利率（年利率）	5.20%
4		贷款年限	5
5		月偿还额（单位：元）	

图4-160 【实训4-7】数据

（2）将工作表Sheet1单元格区域C2:C4作为可变单元格，按照图4-159所示创建方案，最终显示的方案为"中期贷款"。

（3）在工作表Sheet1中，以C5单元格为结果单元格创建方案摘要，并将新生成的"方案摘要"工作表置于工作表Sheet1的右侧。

【实训4-8】利用"实训4-8"素材文件"在职员工学历信息表"工作表中的数据，完成以下实训要求，保存为"在职员工学历信息表.xlsx"。

（1）设置"在职员工学历信息表"C列的"数据验证"为"序列值""男、女"。

（2）将“在职员工学历信息表”第 F 列数据转换为日期数据（对 F 列数据进行分列，然后使用 DATE 函数将其组合为日期数据，替换原 F 列数据）。

（3）在“在职员工学历信息表”的第 G 列计算员工的年龄（使用 TODAY 函数获得当前日期，减去员工出生日期再除以 365 天，并对结果使用 INT 函数取整）。

（4）复制“在职员工学历信息表”，重命名为“部门汇总表”，分类汇总各个部门的人数（先按“部门”对表中数据进行排序，再对“部门”按计数方式进行分类汇总）。

（5）复制“在职员工学历信息表”，重命名为“筛选表”，在该表中利用高级筛选功能筛选出学历为“博士”，年龄小于“40”的人员，结果单独显示。

（6）复制“在职员工学历信息表”，重命名为“分级显示表”，在该表中按“性别”分级显示数据（按“性别”排序，然后按行创建组）。

（7）在“在职员工学历信息表”的 J1 单元格插入数据透视表，效果如图 4-161 所示。该数据透视表可以通过选择部门，查看不同部门中各个学历的人数（以“部门”作为筛选器，“学历”作为行，“学历”作为计数项）。

J	K
部门	(全部)
行标签	计数项:学历
本科	11
博士	5
硕士	9
总计	25

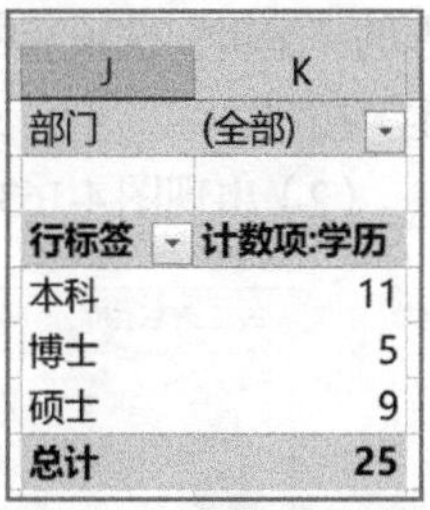

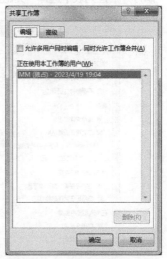

图 4-161　数据透视表效果

4.5　Excel 工作簿数据的共享

学习目标

- 掌握工作簿的共享及操作步骤。
- 掌握修订工作簿的操作步骤。
- 掌握导入外部数据的操作步骤。

Excel 中共享工作簿是为了让更多的用户可以同时修改、编辑同一个工作簿，Excel 中导入其他数据源是为了能够使用更多格式的数据，与其他程序协同共享是为了更方便地处理 Excel 中的数据。共享的目的是跳出某一软件、某一用户，实现数据的无边界使用。

4.5.1　共享、修订工作簿

【知识点 1】共享工作簿

共享工作簿是使用 Excel 进行协作的一项功能。当一个工作簿设置为共享工作簿后，就允许在一定范围内多人可以同时对一个工作簿进行编辑、修改，达到协同工作的目的。被允许的参与者可以在同一个工作簿中输入、修改数据，也可以看到其他用户的输入、修改。共享工作簿的所有者可以增加用户、设置允许编辑的区域和分配权限、删除某些用户并解决修订冲突等，完成各项修订后，可以停止共享工作簿。

1. 设置共享工作簿

（1）单击“审阅”选项卡→“更改”组→“共享工作簿”按钮，打开“共享工作簿”对话框，该对话框中有“编辑”和“高级”两个选项卡，如图 4-162 所示。

图 4-162　“共享工作簿”对话框的“编辑”选项卡

（2）在该对话框的“编辑”选项卡中，勾选“允许多用户同时编辑，同时允许工作簿合并”复选框，单击“确定”按钮，出现“另存为”对话框，然后将共

享工作簿保存在其他用户可访问到的一个网络磁盘上，共享工作簿设置成功。完成设置后，可以看到文件的标题栏上出现"共享"标志。

（3）如果网上有其他用户使用该文件，单击"审阅"选项卡→"更改"组→"共享工作簿"按钮，出现"共享工作簿"对话框，在"编辑"选项卡中就可以见到使用该工作簿的用户。

2. 撤销工作簿的共享状态

如果不再需要与他人共享工作簿，此时可以撤销工作簿的共享状态。

（1）单击"审阅"选项卡→"更改"组→"共享工作簿"按钮，在打开的"共享工作簿"对话框的"编辑"选项卡中取消"允许多用户同时编辑，同时允许工作簿合并"复选框，然后单击"确定"按钮。

（2）出现图 4-163 所示的提示对话框，单击"是"按钮即可完成工作簿共享状态的撤销。

图 4-163　撤销共享工作簿提示对话框

3. "高级"选项卡

单击"审阅"选项卡→"更改"组→"共享工作簿"按钮，在"共享工作簿"对话框中切换到"高级"选项卡，如图 4-164 所示。该选项卡用于设置"修订""更新"等，根据需要进行相关设置后单击"确定"按钮。

【知识点 2】修订工作簿

共享工作簿后，使用"修订"功能可以突出显示修订痕迹。在"审阅"选项卡→"更改"组→"修订"下拉列表中选择"突出显示修订"，打开"突出显示修订"对话框，如图 4-165 所示。

图 4-164　"共享工作簿"对话框的"高级"选项卡　　　　图 4-165　"突出显示修订"对话框

勾选对话框中的"编辑时跟踪修订信息，同时共享工作簿"和"在屏幕上突出显示修订"复选框，并在"突出显示的修订选项"中进行相关设置。单击"确定"按钮，在随后出现的提示保存对话框中单击"确定"按钮保存工作簿。之后在工作表上进行修订时，修订位置将以不同颜色突出显示，并自动添加修订批注。

4.5.2　与其他应用程序共享数据

【知识点 3】导入外部数据

Excel 经常需要导入外部数据到工作表中。在"数据"选项卡→"获取外部数据"组中，可以通过"自 Access""自网站""自文本""自其他来源""现有连接"导入数据，其中"自 Access"是从数据库表中导入数据，"自文本"是从文本文件中导入数据，"自其他来源"可以选择更多的数据导入来源。

【知识点 4】插入超链接

在工作表中设置超链接可以方便地实现不同位置、不同文件之间的链接跳转，具体操作步骤如下。

1. 选择对象
单击需要插入超链接的对象，如单元格、图片或图表等元素。

2. 打开"插入超链接"对话框
单击"插入"选项卡→"链接"组→"超链接"按钮，弹出"插入超链接"对话框。

3. 确定链接内容
在该对话框中指定要链接的内容，单击"确定"按钮，退出对话框。

【知识点 5】将工作簿保存为 PDF/XPS 格式

PDF 支持各种平台，只要安装了 PDF 阅读器的计算机都可以查看 PDF 文件。XPS 格式可以在文件中嵌入所有的字体并正确显示，不必担心其他计算机中是否安装了该字体。将工作簿发布为 PDF/XPS 格式主要是通过"另存为"命令实现的，具体操作步骤为：选择"文件"→"另存为"命令，打开"另存为"对话框，在"保存类型"下拉列表中选择"PDF(*.pdf)"或者"XPS 文档(*.xps)"，即可将当前工作表保存为 PDF 或者 XPS 格式。

4.5.3　实例

【实例 4-8】将文本文件"实例 4-8.txt"作为素材文件（见图 4-166），自 A1 单元格开始导入工作表中，保存为"学生成绩档案.xlsx"。

图 4-166　"学生成绩档案.txt"内容

操作步骤如下。

步骤 1：选中 A1 单元格，单击"数据"选项卡→"获取外部数据"组→"自文本"按钮，弹出"导入文本文件"对话框。

步骤 2：在该对话框中选择"实例 4-8.txt"素材文件，打开"文本导入向导-第 1 步，共 3 步"对话框，该对话框中的"文件原始格式"选取"65001：Unicode (UTF-8)"，如图 4-167 所示。

步骤 3：单击"下一步"按钮，打开"文本导入向导-第 2 步，共 3 步"对话框，如图 4-168 所示。在该对话框中，根据 TXT 文本内容的特点，选择"分隔符号"为"Tab 键"。

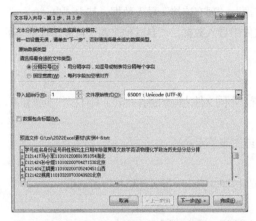
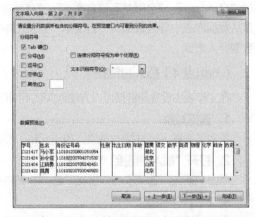

图 4-167　"文本导入向导-第 1 步，共 3 步"对话框　　图 4-168　"文本导入向导-第 2 步，共 3 步"对话框

步骤 4：单击"下一步"按钮，打开"文本导入向导-第 3 步，共 3 步"对话框，在"数据预览"中分别选中每一列设置其"列数据格式"，如图 4-169 所示。

步骤 5：最后单击"完成"按钮，完成数据的导入。

步骤 6：保存文件为"学生成绩档案.xlsx"。

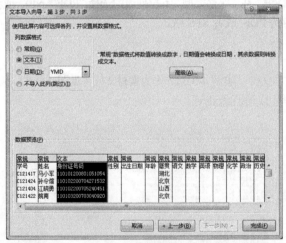

图 4-169　"文本导入向导-第 3 步，共 3 步"对话框

4.5.4　实训

【实训 4-9】将文本文件"实训 4-9.txt"自 A1 单元格开始导入工作表中，保存为"学生成绩档案.xlsx"。

【实训 4-10】共享【实训 4-9】中得到的"学生成绩档案.xlsx"工作簿，供其他用户编辑、使用。

第 5 章
演示文稿处理

PowerPoint 2016（简称 PPT）是 Microsoft Office 2016 办公套装软件中的一个组件，专门用于设计、制作信息展示等领域的各种电子演示文稿，PowerPoint 2016 的主要功能如下。

1. 创建演示文稿

用户可以在计算机或者投影仪上演示由 PowerPoint 创建的演示文稿，也可以将演示文稿打印出来，制作成胶片。使用 PowerPoint 还可以在互联网上召开远程会议或者在网上给观众进行演示。

2. 制作生动、精美的幻灯片

演示文稿由一组幻灯片构成。幻灯片里可以插入丰富的元素，如文本、表格、图形、图片、音频、视频、动画、超链接等，用户可以通过 PowerPoint 制作出生动活泼、富有感染力的幻灯片。

3. 协作和共享 PPT

PowerPoint 引入了一些出色的工具，用户可以使用这些工具有效地创建、管理并与他人协作处理 PPT。

4. PowerPoint 2016 的新增功能

相比以前的版本，PowerPoint 2016 新加入了"告诉我您想要做什么..."的智能搜索框，导航帮助功能是其最大的亮点之一。此外，新增幻灯片模板 100 多个。另外，PowerPoint 2016 提供了多种使用用户可以更加轻松地发布和共享演示文稿的方式。

5.1 演示文稿创建

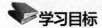学习目标

- 掌握 PowerPoint 2016 的启动和关闭方法。
- 掌握 PowerPoint 2016 视图的使用。
- 掌握演示文稿创建的基础知识，以及幻灯片的制作、插入和删除方法。
- 了解演示文稿设计流程。

PowerPoint 2016 演示文稿是以 ".pptx" 为扩展名的文档。一份演示文稿由若干张幻灯片组成，按序号由小到大排列。

5.1.1 PowerPoint 2016 的启动、关闭和窗口组成

【知识点 1】启动 PowerPoint 2016

启动 PowerPoint 2016 可以采用以下方法。

方法 1：通过 "开始" 菜单启动，单击 Windows 7 桌面左下角的 "开始" 按钮→ "所有程序" → "Microsoft Office" → "Microsoft Office PowerPoint 2016"。

方法 2：双击用 PowerPoint 2016 生成的文档，即可启动 PowerPoint 2016 并打开该文档。

【知识点 2】关闭 PowerPoint 2016

关闭 PowerPoint 2016 主要有以下几种方法。

方法 1：单击 PowerPoint 2016 窗口右上角的 "关闭" 按钮。

方法 2：若 PowerPoint 2016 窗口为当前活动窗口，按 Alt+F4 组合键可关闭 PowerPoint 2016。

方法 3：在标题栏上单击鼠标右键，在弹出的快捷菜单中选择 "关闭" 命令。

【知识点 3】PowerPoint 2016 窗口组成

PowerPoint 2016 的窗口由快速访问工具栏、标题栏、选项卡、功能区、幻灯片编辑区、任务窗格、备注窗格、状态栏、视图/窗格切换区、显示比例调节区等部分组成，图 5-1 为普通视图模式下的窗口。

图 5-1 PowerPoint 2016 的窗口组成

下面对 PowerPoint 2016 窗口的主要组成部分进行介绍。

（1）快速访问工具栏、标题栏、状态栏、显示比例调节区：它们的功能及其基本构成元素与 Word 2016、Excel 2016 中的基本一致，在此不再赘述。

（2）功能区：帮助用户快速找到完成某个任务所需的命令。

（3）选项卡：PowerPoint 2016 窗口上部由多个选项卡构成，如"开始""插入""设计""动画"等选项卡。为提高工作效率，某些选项卡只有在需要时才会显示。选项卡由多个组构成，每个组内有多个按钮等。

（4）幻灯片缩略图窗格：位于 PowerPoint 2016 窗口左侧，用于显示当前 PPT 中每个幻灯片的缩略图。单击某个幻灯片缩略图，该幻灯片就显示在幻灯片编辑区中。用户可以拖动幻灯片缩略图对幻灯片重新进行排序，还可以执行添加、复制或删除幻灯片等操作。

（5）幻灯片编辑区：幻灯片编辑区位于 PowerPoint 2016 窗口的中部，面积较大，用于显示和编辑当前幻灯片。在以虚线边框呈现的占位符中可以输入文本或插入图片、图表、其他幻灯片元素。

（6）备注窗格：备注窗格中可以输入当前幻灯片的备注，从而提示演示者容易遗忘的内容。备注可以打印为备注页，若将 PPT 保存为网页，则备注会自动显示。

（7）视图/窗格切换区：由一组与视图切换和窗格显示相关的快捷按钮组成。

【知识点 4】PowerPoint 2016 演示文稿的视图

1. 普通视图

普通视图就是刚刚创建或者打开一个 PPT 文件时出现的视图，也是最常用的视图之一，用于撰写和设计演示文稿。普通视图包含左侧的幻灯片缩略图窗格、右侧的幻灯片编辑区和下方的备注窗格，用户可以拖动鼠标来调整各窗格的大小。

2. 大纲视图

大纲视图是以大纲的形式显示幻灯片文本，适用于构思整个演示文稿的框架、把握总体思路、编排幻灯片的演示顺序等。在大纲视图下，可以进行文本编辑，但不会显示各种图形和图像。

3. 幻灯片浏览视图

单击"幻灯片浏览"按钮，即可切换至幻灯片浏览视图。在幻灯片浏览视图下，可以查看全部幻灯片的缩略图，从而方便对 PPT 的顺序、前后搭配效果等进行排列和组织。

4. 备注页视图

单击"备注页"按钮，可切换至备注页视图。备注可以在普通视图的备注窗格中输入，或者直接在备注页视图中输入。备注页可以打印出来，供演示 PPT 时参考。

5. 阅读视图

单击"阅读视图"按钮，就进入了阅读视图。在该视图下可以通过全屏的方式查看幻灯片；按 Esc 键，可退出阅读视图，返回普通视图。

5.1.2　新建演示文稿

【知识点 5】新建空白演示文稿

新建演示文稿时可以先创建一个没有任何设计方案和示例文本的空白演示文稿，然后根据需要选择合适的幻灯片版式开始演示文稿的制作和编辑。

方法 1：启动 PowerPoint 2016，自动建立新演示文稿，默认命名为"演示文稿 1"，最后保存演示文稿时重新命名即可。

方法 2：选择"文件"→"新建"命令，在右侧界面下单击"空白演示文稿"，如图 5-2 所示。

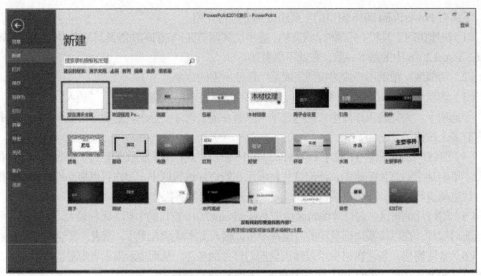

图 5-2　新建空白演示文稿

【知识点 6】利用主题和模板创建演示文稿

主题是预先设计好的一组演示文稿的样式框架，定义了演示文稿的外观样式，包括母版、配色、文字格式等；模板是预先设计好的演示文稿样本，通常有明确的用途。PowerPoint 的主题和模板是以 ".thmx" 和 ".potx" 为扩展名存储的，主题通常设计了一套幻灯片母版，而模板则定义了更丰富的内容。用户可在系统提供的模板和主题库中选择合适的主题，用于新建一个继承该主题风格的演示文稿，或者选择特定的模板来创建一个复制该模板全部内容的新演示文稿。微软公司的 Office.com 上提供了丰富的模板和主题，可供用户联机使用或下载。

1. 基于主题创建演示文稿

单击"文件"→"新建"命令，在"新建"界面中单击需要的主题或模板，在弹出的该主题的预览对话框中，右侧将显示该主题变体样式的缩略图列表，单击其中任何一种变体样式，左侧将显示该变体的预览效果，单击"创建"按钮，如图 5-3 所示，即可创建该主题的新演示文稿。

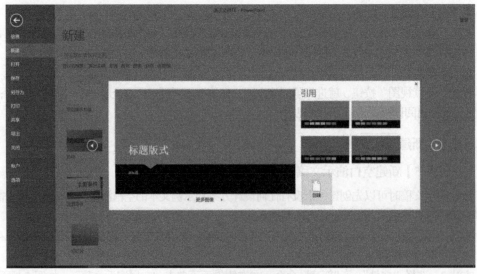

图 5-3　基于主题创建演示文稿

特别提示：如果需要选择更多的主题和模板，此时可以在联机状态下"新建"界面的搜索栏中输入关键词，例如"教育""业务"等，通过微软公司的 Office.com 下载更多主题和模板以创建演示文稿，如图5-4所示。输入"教育"主题，在搜索结果中选择需要的教育主题演示文稿模板，单击"创建"按钮，即可完成该模板的下载与创建，如图5-5所示。

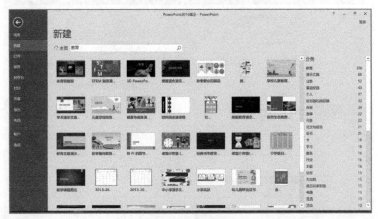

图5-4 搜索更多主题

图5-5 创建教育主题演示文稿

2. 利用本地模板创建演示文稿

在本地的资源管理器或文件浏览器中双击扩展名为".potx"的 PowerPoint 模板文件（一般可自己创建或从网络下载），系统会自动创建一个默认名称为"演示文稿 1"的演示文稿，并复制该模板文件中的所有内容，如图5-6所示。

 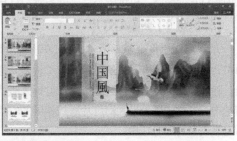

图5-6 利用本地模板创建演示文稿

【知识点7】利用 Word 文档创建演示文稿

利用 Word 文档创建演示文稿具体操作如下。

（1）在 Word 中创建文档，并将需要发送到 PowerPoint 的段落分别应用内置样式的标题1、标题2、标题3等，其分别对应 PowerPoint 幻灯片中的标题、一级文本、二级文本等。

（2）在 Word 文档中选择"文件"→"选项"→"快速访问工具栏"→"不在功能区中的命令"→"发送到 Microsoft PowerPoint"→"添加"，此时相应命令会显示在"快速访问工具栏"中，如图 5-7 所示。

图 5-7　利用 Word 文档创建演示文稿

（3）单击"快速访问工具栏"中新增的"发送到 Microsoft PowerPoint"按钮，即可将应用了内置样式的 Word 文本自动发送到新创建的 PowerPoint 演示文稿中。

5.1.3　幻灯片常用操作

【知识点 8】选择幻灯片

在幻灯片缩略图窗格中，单击某张幻灯片的缩略图即可选中该幻灯片，并在幻灯片编辑区中显示该幻灯片；单击选中首张幻灯片缩略图，按住 Shift 键再单击末张幻灯片缩略图，可选中连续的多张幻灯片，幻灯片编辑区中显示首张幻灯片；单击选中某张幻灯片缩略图，按住 Ctrl 键的同时单击其他幻灯片缩略图，可选中不连续的多张幻灯片，幻灯片编辑区中显示最后选中的那张幻灯片。

【知识点 9】新建幻灯片

方法 1：在幻灯片缩略图窗格中，单击选中某张幻灯片缩略图或者在两张幻灯片的中间位置单击，单击"开始"选项卡→"幻灯片"组（或者"插入"选项卡→"幻灯片"组）→"新建幻灯片"按钮，除当前幻灯片为"标题幻灯片"会插入版式为"标题和内容"的新幻灯片外，系统将插入一张与选中幻灯片中序号最大幻灯片版式相同的幻灯片。如果单击"新建幻灯片"下拉按钮，则可通过指定版式来新建幻灯片。

方法 2：在幻灯片缩略图窗格中用鼠标右键单击某张幻灯片缩略图或者在两张幻灯片的中间位置用鼠标右键单击，在弹出的快捷菜单中选择"新建幻灯片"命令，即可在当前位置插入一张新幻灯片。

方法 3：按 Ctrl+M 组合键或在幻灯片缩略图窗格中按 Enter 键，可在当前位置插入一张新幻灯片。

【知识点 10】复制幻灯片

方法 1：选中需要复制的幻灯片缩略图，单击鼠标右键，在弹出的快捷菜单中选择"复制幻灯片"命令，将会插入当前选中幻灯片的副本。

方法2：单击"开始"选项卡→"剪贴板"组→"复制"下拉按钮，选择第二个"复制"选项。

方法3：单击"开始"选项卡→"幻灯片"组→"新建幻灯片"下拉按钮，选择"复制选定幻灯片"选项。

方法4：单击"开始"选项卡→"剪贴板"组→"复制"下拉按钮，选择第一个"复制"选项，或者按Ctrl+C组合键，将选中的幻灯片复制到剪贴板中。然后根据需要，在幻灯片缩略图窗格中定位要插入的位置，按Ctrl+V组合键，或者在"开始"选项卡的"剪贴板"组中单击"粘贴"按钮，可在指定的位置生成复制的幻灯片的副本。

方法4可以直接将需要的幻灯片复制到特定的位置，而其他方法只能将幻灯片插入默认位置。

【知识点 11】重用幻灯片

如果需要从其他演示文稿中借用现成的幻灯片，用户可通过"复制/粘贴"功能在不同的文档间传递数据，也可以通过下述的重用幻灯片功能引用其他演示文稿内容。

（1）单击"开始"选项卡→"幻灯片"组→"新建幻灯片"下拉按钮→"重用幻灯片"，窗口右侧会出现"重用幻灯片"窗格。

（2）在"重用幻灯片"窗格中单击"浏览"按钮，在下拉列表中选择幻灯片来源，选择"浏览文件"选项。

（3）在"浏览"对话框中选择要打开的 PowerPoint 文件，单击"打开"按钮，此时"重用幻灯片"窗格中会显示该文件所有幻灯片的缩略图，在缩略图中定位要插入幻灯片的位置。

（4）在"重用幻灯片"窗格中单击某张幻灯片的缩略图，即可在指定位置创建该张幻灯片的副本；或者在某张缩略图上单击鼠标右键，在弹出的快捷菜单中选择"插入幻灯片"命令，则插入该张幻灯片的副本，而选择"插入所有幻灯片"命令，则将被重用演示文稿的所有幻灯片都插入当前的演示文稿中。

特别提示：如果在"重用幻灯片"窗格的底部勾选了"保留源格式"复选框，重用操作会将重用的幻灯片的所有主题样式带到被插入的演示文稿中，否则该幻灯片的内容将使用被插入演示文稿的主题样式。

【知识点 12】删除幻灯片

在普通视图、大纲视图、幻灯片浏览视图下，选中一张或多张幻灯片，在选中的幻灯片缩略图或图标上单击鼠标右键，在弹出的快捷菜单中选择"删除幻灯片"命令，或者直接按 Delete 键，可将选中的幻灯片从演示文稿中删除。

【知识点 13】移动幻灯片

方法1：在普通视图或大纲视图下，在幻灯片缩略图窗格中选中要移动的幻灯片缩略图，拖动幻灯片到目标位置即可。

方法2：在幻灯片浏览视图下，选中要移动的幻灯片，拖动幻灯片到目标位置即可。

方法3：在大纲视图下，选中某张幻灯片大纲前的矩形图标，拖动幻灯片到目标位置即可。

方法4：参照上述"复制幻灯片"的方法4，通过"剪切""粘贴"命令实现幻灯片的移动。

5.1.4 幻灯片的管理和组织

【知识点 14】为幻灯片添加编号

在普通视图、大纲视图和幻灯片浏览视图下，选中要设置编号的幻灯片，单击"插入"选项卡→"文本"组→"页眉和页脚"按钮，打开"页眉和页脚"对话框，在"幻灯片"选项卡中勾选"幻灯片编号"复选框。如果仅对选中的幻灯片设置编号，则单击"应用"按钮即可；如果要为演示文稿的所有幻灯片设置编号，则单击"全部应用"按钮即可；如果不希望标题幻灯片中出现编号，则应勾选"标题幻灯片中不显示"复选框，如图5-8所示。

图5-8 为幻灯片添加编号

【知识点15】添加日期和时间

选中要添加日期和时间的幻灯片，单击"插入"选项卡→"文本"组→"页眉和页脚"按钮或者"日期和时间"按钮，打开"页眉和页脚"对话框，勾选"日期和时间"复选框，根据需要选择"自动更新"单选按钮或"固定"单选按钮。如果仅对选中的幻灯片设置日期和时间，则单击"应用"按钮即可；如果要为演示文稿的所有幻灯片设置日期和时间，则单击"全部应用"按钮即可；如果不希望标题幻灯片中出现日期和时间，则应勾选"标题幻灯片中不显示"复选框，如图5-9所示。

图5-9 为幻灯片添加日期和时间

【知识点16】添加幻灯片节

PowerPoint 2016 提供了"节"功能来分组和导航幻灯片，将原来线性排列的幻灯片划分成若干个段，每一段设置为一个"节"，用户可以为该"节"命名，以使得幻灯片的组织更具逻辑性和层次性。每个节通常包含内容逻辑相关的一组幻灯片，不同节之间不仅内容可以不同，而且可以拥有不同的主题、切换方式等。

　　在普通视图或幻灯片浏览视图的幻灯片缩略图窗格中，选中一张或连续多张幻灯片缩略图，单击"开始"选项卡→"幻灯片"组→"节"按钮，选择"新增节"选项，如图 5-10 所示，会在第一张选中幻灯片的前面插入一个默认名称为"无标题节"的节导航条。用鼠标右键单击节标题，在弹出的快捷菜单中选择"重命名节"命令，可以修改节的名称。

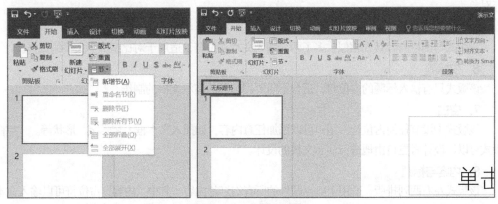

图 5-10　添加幻灯片节

【知识点 17】选择节

　　单击节导航条，即可选中该节包含的所有幻灯片，然后可为节统一应用主题、切换方式、背景和隐藏幻灯片等。单击节导航条左侧的三角形图标，可以展开或折叠节包含的幻灯片。

【知识点 18】删除节

　　用鼠标右键单击要删除的节导航条，在弹出的快捷菜单中选择"删除节"命令，此时仅删除节，而原节所包含的幻灯片还保留在演示文稿中，自动归并到上一节中。

【知识点 19】删除节及其中的幻灯片

　　单击选中节，按 Delete 键即可删除当前节及节中的幻灯片，或者用鼠标右键单击要删除的节导航条，在弹出的快捷菜单中选择"删除节和幻灯片"命令。

5.1.5　幻灯片的版式

　　幻灯片版式是 PowerPoint 中的一种常规排版的格式，通过应用幻灯片版式可以对文字、图片等进行更加合理、简洁的排布。幻灯片版式包含要在幻灯片上显示的全部内容的格式、位置和占位符。

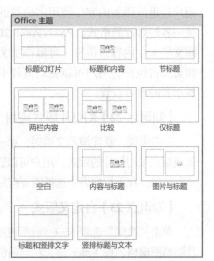

图 5-11　内置标准幻灯片版式

【知识点 20】内置标准幻灯片版式

　　内置标准幻灯片版式主要有 11 种，如图 5-11 所示。

1. 标题幻灯片

　　标题幻灯片位于演示文稿的首页，也就是第一张幻灯片，所以标题幻灯片版式主要应用于演示文稿的主标题幻灯片。

2. 标题和内容

　　该版式适用于除标题外的所有幻灯片内容。其中"内容"占位符可以输入文本，也可以插入图片、表格等对象。

3. 节标题

如果通过分节来组织幻灯片，那么该版式可应用于每节的标题幻灯片中。

4. 两栏内容

该版式包含左右两栏内容占位符。其中"内容"占位符可以输入文本，也可以插入图片、表格等对象。

5. 比较

该版式与两栏内容版式相似，多了两个输入文本占位符，适用于对比型演示文稿的制作。

6. 仅标题

该版式只有输入标题的占位符，适合不需要副标题的演示文稿的制作。

7. 空白

该版式中没有任何占位符，用户可以添加任意内容，如插入文本框、艺术字、形状等。"空白"版式可以让设计者更自由地进行演示文稿的设计。

8. 内容与标题

该版式左右两列排版，适用于除标题外的所有幻灯片内容。其中"内容"占位符可以输入文本，也可以插入图片、表格等对象。

9. 图片与标题

该版式左右两列排版，适用于除标题外的所有幻灯片内容。其中"图片"占位符可插入图片等。

10. 标题和竖排文字

该版式上下两行排版，标题以横排文字格式显示，正文文本以竖排文字格式显示。

11. 竖排标题与文本

该版式左右两列排版，标题及正文文本以竖排文字格式显示。

【知识点 21】占位符

占位符是版式中的"容器"。占位符以一个虚框的形式呈现，先占着一个固定的位置，等待用户往里面添加内容。使用占位符的好处是更换主题时占位符能跟着主题的变化而变化，可以统一各幻灯片的格式。PowerPoint 2016 有 5 种类型的占位符：标题占位符（可以往里面添加标题文字）、内容占位符（可以添加文字、表格、图片、剪贴画等）、数字占位符、日期占位符和页脚占位符，用户可以在幻灯片中对占位符进行设置，还可以在母版中对占位符进行格式、显示和隐藏等设置。

【知识点 22】幻灯片版式应用

一般来说，新建演示文稿时，第一张幻灯片应用的默认版式为"标题幻灯片"。如果想设置某张或某几张幻灯片的版式，用户可以选中这些幻灯片，单击"开始"选项卡→"幻灯片"组→"版式"按钮，在下拉列表中选择需要应用的版式。

【知识点 23】自定义版式

单击"视图"选项卡→"母版视图"组→"幻灯片母版"按钮，进入幻灯片母版视图，在幻灯片缩略图窗格内按 Enter 键，在当前位置插入一张默认名称为"自定义版式"的新版式，如图 5-12 所示。

新建版式后，可以在幻灯片编辑区中对该版式进行设计和编辑，主要通过添加、删除占位符和修改占位符样式等操作来完成，单击"幻灯片母版"选项卡→"母版版式"组→"插入占位符"下拉按钮，如图 5-13 所示。

图 5-12　自定义版式

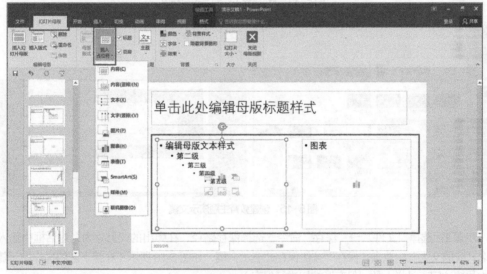

图 5-13　自定义版式设计和编辑

选中该版式，单击"幻灯片母版"选项卡→"编辑母版"组→"重命名"按钮，打开"重命名版式"对话框，在"版式名称"文本框中输入版式的新名称，然后单击"重命名"按钮，即可完成版式的重命名。

5.1.6　实例

【实例 5-1】"我的交大"演示文稿的制作。

本实例需要新建演示文稿，联机搜索相关模板，选取"教育主题演示文稿"模板，根据模板及提供的素材设计"我的交大"演示文稿，效果如图 5-14 所示。

具体操作步骤如下。

步骤 1：启动 PowerPoint 2016，选择"文件"→"新建"命令，在搜索栏中输入"教育"关键词，联机搜索相关模板，在搜索结果中选择"教育主题演示文稿"模板，单击"创建"按钮，如图 5-15 所示。

图 5-14 "我的交大"演示文稿效果

图 5-15 创建教育主题演示文稿

步骤 2：选择"文件"→"保存"命令，选择保存路径，在弹出的"另存为"对话框中输入文件名"我的交大"，单击"保存"按钮保存此演示文稿，如图 5-16 所示（在接下来的操作中，随时单击快速访问工具栏上的"保存"按钮进行保存）。

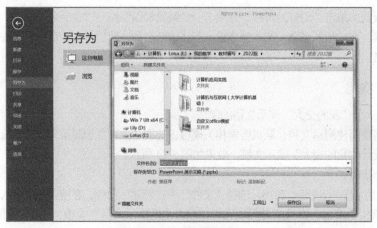

图 5-16 保存演示文稿

步骤 3：按住 Ctrl 键，单击选中第 3～6 张、第 8 张、第 9 张共 6 张幻灯片，按 Delete 键删除，然后将剩余幻灯片中第 5 张幻灯片移动到第 1 张幻灯片之后。再将此时的第 5 张幻灯片复制 3 张，作为演示文稿的第 6～8 张幻灯片，如图 5-17 所示。

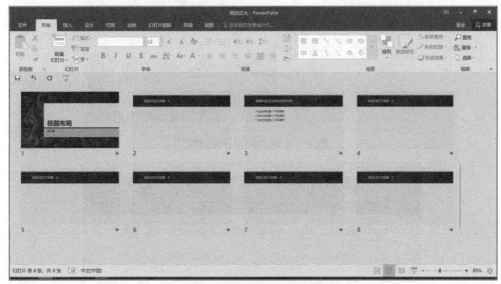

图 5-17　编辑后的演示文稿

步骤 4：选中第 1 张幻灯片，单击"标题布局"占位符，输入"重庆交通大学"；再单击"副标题"占位符，输入学院、专业、年级、班级及姓名，如"信息科学与工程学院 数据科学与大数据技术专业 23 级 1 班 张三"，如图 5-18 所示。

图 5-18　第 1 张幻灯片设计效果

步骤 5：选中第 2 张幻灯片，单击"添加幻灯片标题 5"占位符，输入"重庆交通大学欢迎你"，在"双击以添加文本"占位符中输入简介文字，在"单击图标添加图片"占位符中添加提供的素材图片"我的交大 1"，并适当调整占位符位置，达到美观、和谐的效果，如图 5-19 所示。

步骤 6：选中第 3 张幻灯片，在"标题和包含列表的内容布局"占位符中输入"历史沿革"，然后单击"在此处添加第一个项目要点"占位符，输入相应文字，并将相应字体加粗，如图 5-20 所示。

图 5-19　第 2 张幻灯片设计效果

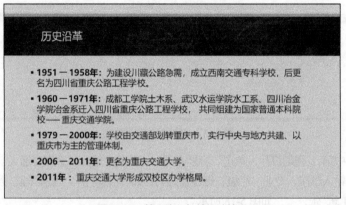

图 5-20　第 3 张幻灯片设计效果

步骤 7：选中第 4 张幻灯片，在"添加幻灯片标题 - 2"占位符中输入"校徽校歌"，然后单击"双击以添加文本"占位符，输入相关文字，再分别单击下方两个占位符中的"图片"图标，添加素材中的"校徽"和"校歌"图片，如图 5-21 所示。

图 5-21　第 4 张幻灯片设计效果

步骤 8：选中第 5 张幻灯片，在"添加幻灯片标题 - 4"占位符中输入"校训-明德行远，交通天下"，并将文字"校训"加粗，然后单击"双击以添加文本"占位符，输入相关文字，再单击右方"双击以添加文本"占位符中的"图片"图标，添加素材中的"校训"图片，如图 5-22 所示。

图5-22 第5张幻灯片设计效果

步骤9：分别选中第6~8张幻灯片，按照步骤8的提示，依次完成校风、办学传统及奋斗精神等内容的设计，如图5-23所示。

图5-23 第6~8张幻灯片设计效果

步骤10：根据【知识点16】，分别对第1张、第2张、第3张、第4张、第5~8张幻灯片添加节，节的名称分别为"标题""学校简介""历史沿革""校徽校歌""理念识别"，如图5-24所示。

图5-24 添加幻灯片节的设计效果

5.1.7 实训

【实训5-1】制作"我的专业"演示文稿。

作为学校学生会宣传部的成员，需要制作一份主题为"我的专业"的PowerPoint演示文稿，以便为学校宣传活动的参观者进行讲解。按照下列要求，完成此项任务。

（1）配合"我的专业"主题，选择一个相应风格的模板。

（2）幻灯片张数至少8张。

（3）幻灯片版式至少 4 种。

（4）演示文稿按内容进行节的添加。

5.2　演示文稿编辑

学习目标

- 掌握 PowerPoint 2016 文本内容的编辑方法。
- 掌握 PowerPoint 2016 图形和图片的插入方法。
- 掌握 PowerPoint 2016 表格和图表的使用方法。
- 掌握 PowerPoint 2016 音频和视频的插入方法。
- 掌握 PowerPoint 2016 幻灯片主题和背景的设计方法。
- 掌握 PowerPoint 2016 幻灯片母版的应用方法。

演示文稿是由多张幻灯片组成的，每张幻灯片都是演示文稿中既相互独立又相互联系的内容。演示文稿由"演示"和"文稿"两个词语组成，它是利用文本、图形、图片、表格、图表、动画、音频、视频等多媒体元素，通过排版、配色、效果设置和人机交互式设计等编排在一起的。一套完整的演示文稿通常可以包含片头、封面、目录、内容、封底和片尾等部分。

5.2.1　演示文稿设计原则及规划

要想制作一份内容丰富、效果出彩的演示文稿，设计者应该了解演示文稿设计的基本原则，进行整体规划，形成一个比较完整的演示大纲和逻辑主线，并构思幻灯片的内容格式、组织形式及交互方式等。

【知识点 1】演示文稿设计"三不要"

（1）不要把 PowerPoint 当 Word 使用，意思就是不要满屏文字，否则达不到向观众准确传达重点的效果。

（2）不要把 PowerPoint 当黑板使用，要体现思路。

（3）不要把 PowerPoint 当作纯粹的动画软件，当成只是将想法与设计实现的一种工具。其意思是不要每张幻灯片、每个元素都去设置动画，形成满屏动画的效果，否则容易分散观众的注意力，喧宾夺主，达不到预期的宣讲效果。

【知识点 2】演示文稿设计"七好"标准

（1）风格统一：幻灯片的主体风格统一，目的是使幻灯片有整体感，包括页面的排版布局，色调的选择搭配，文字的字体、字号等内容。

（2）排版一致：排版同样注意要有相似性，尽量使同类型的文字或图片出现在各页面的相同位置上，使观看者便于阅读，清楚地了解各部分之间的层次关系。

（3）配色协调：幻灯片配色以明快、醒目为原则，文字与背景形成鲜明的对比，配合小区域的装饰色彩，突出主要内容。

（4）图案搭配合理：图案的选择要与内容相关，同时注意每页图片风格的统一，包括 Logo、按钮等涉及图片的内容，都尽量在不影响操作和主体文字的基础上进行选择。

（5）图表设置得当：以体现图表要表达的内容为选择图表类型的依据，兼顾美观性，在此基础上增加变化，同时根据排版的需要将部分简单的图表改为文字表述。

（6）链接易用：各页面的链接设置在固定的文字和按钮上，便于使用者记忆和操作，且可避免过于复杂的层次结构之间的转换，保证各页面之间的逻辑关系清晰、明了。

（7）页面简洁：每页只保留必要的内容，较少出现没有意义的装饰性图案，避免页面出现零乱的感觉，在此基础上使每页有所变化。页面设计核心原则是醒目，要使人看得清楚，达到交流的目的。

【知识点 3】幻灯片的"Magic Seven"原则

（1）言简意赅：幻灯片是辅助传达演讲信息的，只列出要点即可，切忌成为演讲稿的 PPT 版，全篇都是文字。同时背景不要追求花哨，清晰、明了为宜。

（2）概念要少：每张幻灯片传达 5 个概念效果最好，7 个正好符合人们接受程度，超过 9 个则会让人感觉负担重。

（3）字体适中：字体要大一些。一般来说，大标题用 44 号粗体，标题 1 用 32 号粗体，标题 2 用 28 号粗体，字体再小就不建议了。

（4）标题简短：标题最好只有 5~9 个字，最好不要用标点符号，括号也尽量少用。

（5）多用图表：表胜于文，图胜于表。同时，图表不要加太多文字解释。

（6）适当预告：最好有一张演讲要点预告幻灯片，告诉观众你要讲什么内容。在完成演讲的时候应有一张总结幻灯片，让观众回顾一遍，加深印象。

（7）控制时间：好的演讲者要能控制时间，因此最好利用 PowerPoint 的排练功能（单击"幻灯片放映"→"排练计时"按钮）预估一下时间。

【知识点 4】演示文稿设计流程

（1）情境分析：主要解决演示给谁看、演示要达到什么样的目的的问题。

（2）结构设计：主要解决观点是什么、如何建立逻辑框架的问题。

（3）撰写美化：主要解决如何组织材料、怎么应用图形等的问题。

（4）演示汇报：主要解决怎样口头表达思想、如何合理利用幻灯片的问题。

【知识点 5】演示文稿幻灯片规划

首先分析要表述的主题内容和素材，将内容分门别类地绘制为大纲，然后将素材分配至各个幻灯片，合理规划幻灯片数量。一般情况，PowerPoint 演示文稿应该包含以下幻灯片。

（1）一张主题幻灯片。

（2）一张介绍性幻灯片。带有目录性质，其中列出演示文稿需要表述的分类要点或内容框架。

（3）若干张用于分别展示目录幻灯片上列出的每类要点或条目的具体内容的幻灯片。例如有 4 个要展示的主要观点，则每个要点下至少有 1 张具体的幻灯片。

（4）一张摘要幻灯片。带有总结性质，可以重复演示文稿中主要的点或面的列表。

（5）一张结束幻灯片。其可以展示致谢内容、联系方式等。

在规划和组织幻灯片的过程中，可以充分利用分节的思想，使演示文稿更具有层次性，也便于幻灯片的导航和定位。

5.2.2　文本内容编辑

文本是演示文稿的基本内容。幻灯片中的文本主要有标题文本和正文文本。其中正文文本按层次分为第一级文本、第二级文本、第三级文本等，不同层次的文本通过向右缩进表示层级关系。用户可以通过文本占位符、文本框进行文本输入，特殊情况下还可以在大纲模式中编辑文本。

【知识点 6】使用占位符输入文本

幻灯片中可以输入文本或修改文本的有内容和文本两类占位符。单击相应占位符，即可输入或修改文本。

【知识点 7】使用文本框输入文本

单击"插入"选项卡→"文本"组→"文本框"按钮（若要插入更多类型的文本框，用户可以单击"文本框"下拉按钮，在下拉列表中选择文本框类型），如图 5-25 所示，拖动鼠标在幻灯片中绘制出文本框。用户可自行调整文本框宽度，通常情况下，输入的文本会根据文本框的宽度而自动换行，也可按 Enter 键实现多个段落的输入。

图 5-25　插入文本框的选项

【知识点 8】文本框样式和格式设置

选定文本框，利用"绘图工具|格式"选项卡→"形状样式"组可以对文本框进行"形状填充""形状轮廓""形状效果"的设置，也可直接使用预设样式，如图 5-26 所示。

单击"形状样式""艺术字样式"等组右下角的"对话框启动器"按钮，在编辑区的右侧将显示"设置形状格式"窗格，如图 5-27 所示。在该窗格中，可通过"形状选项"对文本框进行更加详细的设置，也可通过"文本选项"对文本框中的文字和段落进行详细设置。

图 5-26　文本框设置

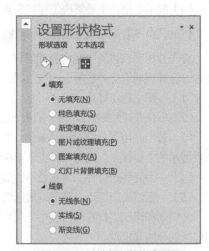

图 5-27　文本框形状格式设置

【知识点 9】文本框文本格式设置

选中文本框或文本框中的部分文字，单击"开始"选项卡→"字体"组中的各按钮可设置文本的字体、字号、颜色、间距、效果等。如果要进行更详细的设置，单击"字体"组右下角的"对话框启动器"按钮，在打开的"字体"对话框中进行设置，如图 5-28 所示。

选中文本框或文本框中的部分段落，单击"开始"选项卡→"段落"组中的各按钮可设置段落的对齐方式、分栏数、行距等。如果想进行更详细的设置，单击"段落"组右下角的"对话框启动器"按钮，在打开的"段落"对话框中进行设置，如图 5-29 所示。

图 5-28 "字体"对话框

图 5-29 "段落"对话框

【知识点 10】项目符号和编号设置

选中文本框或文本框中的部分段落，单击"开始"选项卡→"段落"组→"项目符号"按钮，直接应用默认的项目符号；或者单击"项目符号"下拉按钮，在打开的符号列表中选择一种符号；或者选择列表下方的"项目符号和编号"选项，在弹出的对话框中自定义项目符号或选择图片作为项目符号，如图 5-30 所示。

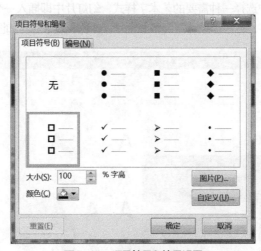

图 5-30 项目符号和编号设置

特别提示：通过"段落"组中的"降低列表级别"和"提高列表级别"两个按钮可改变段落的文本级别。

【知识点 11】在大纲窗格中编辑文本

单击"视图"选项卡→"演示文稿视图"组→"大纲视图"按钮，工作窗口的左侧视图区将显示大纲窗格。在大纲窗格中的某张幻灯片图标右侧单击，进入编辑状态，此时可编辑幻灯片的标题行内容。在大纲窗格中单击幻灯片正文行，则进行正文的编辑，如图 5-31 所示。

特别提示：在标题行中，按 Enter 键可插入一张新幻灯片；按 Ctrl+Enter 组合键，则在标题行下增加一个正文行，可输入正文内容；按 Tab 键则将本幻灯片的内容以正文的形式合并到上一幻灯片中。在正文行中，按 Enter 键可插入一行同级正文；按 Ctrl+Enter 组合键可插入一张新幻灯片；按 Tab 键将增加本行段落缩进；按 Shift+Tab 组合键将减少段落缩进，如果该正文行已经是第一级正文，则会以本行为标题行插入一张新的幻灯片。

图 5-31　在大纲窗格中编辑文本

【知识点 12】艺术字

艺术字与普通文字一样都是文本对象，只是设置了更加丰富的效果。

1. 创建艺术字

选中需要插入艺术字的幻灯片，单击"插入"选项卡→"文本"组→"艺术字"按钮，打开艺术字样式列表，在列表中选择一种需要的艺术字样式，幻灯片中即插入一个指定样式的艺术字文本框，在文本框中输入文字，再根据设计需要调整字号、颜色、效果等，如图 5-32 所示。

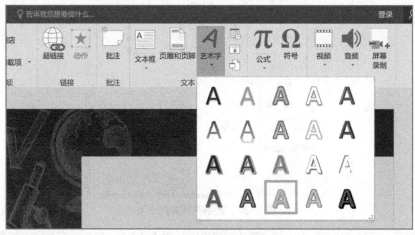

图 5-32　插入艺术字

2. 修饰艺术字

选中需要修饰的艺术字，在"开始"选项卡→"字体"组或"段落"组中，可以对艺术字的字号、字体、颜色、对齐方式等字体及段落格式进行设置；选中需要修饰的艺术字，在"绘图工具|格式"选项卡→"艺术字样式"组中，可以更改艺术字样式，通过"文本填充""文本轮廓""文本效果"等按钮可以进一步修饰艺术字和设置艺术字的外观及效果；通过"设置形状格式"窗格和"绘图工具|格式"的"形状样式"组，能够对含艺术字的文本框进行更加细致的设置，如图 5-33 所示。

图5-33 艺术字效果设置

特别提示：如果需要将艺术字转换为普通文本，则选中艺术字，单击艺术字样式列表下方的"清除艺术字样式"即可；若需要将普通文本转换为艺术字，则单击"插入"选项卡→"文本"组→"艺术字"按钮，在弹出的下拉列表中选择一种样式即可。

5.2.3 图形和图片设置

为了使演示文稿具有更加丰富的感染力和视觉表现力，设计者为幻灯片插入剪贴画或图片、SmartArt 图形等是很重要的，也是非常必要的。

【知识点 13】插入图片

1. 插入本地图片

单击"插入"选项卡→"图像"组→"图片"按钮（或者在幻灯片上单击占位符中的"图片"图标，见图 5-34（b）），打开"插入图片"对话框，在该对话框中选择需要插入的图片，单击"插入"按钮即可，如图 5-34（a）所示。

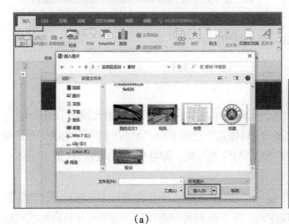

（a）

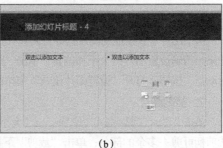

（b）

图5-34 插入图片

2. 插入屏幕截图

单击"插入"选项卡→"图像"组→"屏幕截图"按钮，在打开的下拉列表中选择一个当前呈打开状态的窗口；如果想截取当前屏幕的任意区域，则可在下拉列表中选择"屏幕剪辑"选项，然后拖动鼠标选取需要截取的范围，如图 5-35 所示。

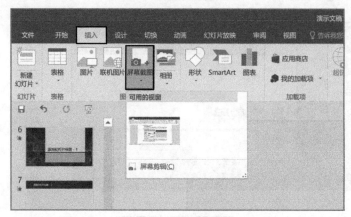

图5-35　插入屏幕截图

3. 插入联机图片

单击"插入"选项卡→"图像"组→"联机图片"按钮，打开"插入图片"对话框，可通过"必应图像搜索"和"OneDrive 一个人"方式检索并获取图片。在必应搜索框中输入关键字，如"重庆交通大学"，则会返回一组图片供使用者选择，同时还可以通过"尺寸""类型""颜色""授权"等属性进行结果筛选，如图 5-36 所示。

图5-36　插入联机图片

【知识点 14】设置图片格式

1. 调整图片的大小和位置

选中图片，直接拖动图片框即可调整其位置，拖动图片四周的尺寸控点就可大致调节图片大小；如果想精确设置图片的大小和位置，单击"图片工具|格式"选项卡→"大小"组右下角的"对话框启动器"按钮，打开"设置图片格式"窗格的"大小与位置"页，即可根据需要进行设置。

2. 裁剪图片

单击"图片工具|格式"选项卡→"大小"组→"裁剪"按钮，激活裁剪状态，拖动图片四周的裁剪柄可剪去多余的部分；单击"裁剪"下拉按钮，在下拉列表中选择相应选项可按特定形状或按某种纵横比例对图片进行裁剪，如图 5-37 所示。

图 5-37　裁剪图片

3. 旋转图片

选中需要旋转的图片，直接拖动旋转手柄即可；如果需要更精确的旋转效果，单击"图片工具|格式"选项卡→"排列"组→"旋转"按钮，在下拉列表中选择旋转方式，选择"其他旋转选项"，打开"设置图片格式"窗格的"大小与位置"页，在"大小"栏中可指定具体的旋转角度，如图 5-38 所示。

图 5-38　旋转图片设置

4. 设置图片样式和效果

在"图片工具|格式"选项卡→"图片样式"组中，打开图片样式下拉列表，PowerPoint 默认提供了多种内置样式，如图 5-39 所示，从中选择需要的样式应用于幻灯片即可；"图片工具|格式"选项卡→"图片样式"组中还有"图片边框""图片效果""图片版式"等按钮，可以用来进行更详细的设置，此处不赘述。

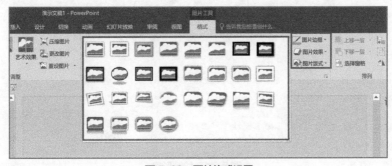

图 5-39　图片格式设置

5. 调整和压缩图片

在"图片工具|格式"选项卡→"调整"组中，有多种选项可以用来对图片进行更详细的设置，如图 5-40 所示。

- "删除背景"按钮：该按钮的作用就是取消图片的背景颜色。
- "更正"按钮：该按钮的作用就是锐化/柔化图片，可以调整图片的亮度、对比度。
- "颜色"按钮：该按钮的作用就是调整图片的颜色饱和度、色调，可以对图片重新着色和修改颜色变体，以及选取图片中的某个颜色并将其设置为透明色。
- "艺术效果"按钮：该按钮的作用就是为图片添加艺术效果。
- "压缩图片"按钮：该按钮的作用就是减小图片的大小以减小文件的大小。
- "重设图片"按钮：该按钮的作用就是将图片还原成原始状态。

图 5-40　调整和压缩图片设置

【知识点 15】绘制形状

单击"插入"选项卡→"插图"组→"形状"按钮，打开下拉列表，如图 5-41 所示，选择需要绘制的形状，拖动鼠标在幻灯片中绘制形状，可以用之前介绍的方法对绘制的形状进行大小和格式的设置。

图 5-41　绘制形状

【知识点 16】插入 SmartArt 图形

单击"插入"选项卡→"插图"组→"SmartArt"按钮（或单击相应占位符的"插入 SmartArt 图形"图标），打开"选择 SmartArt 图形"对话框，选择一个图形插入并输入文本，如插入"方形重点列表"，可在左侧窗格中根据需要按层次输入文字，图形内对应的文本框中会直接显示相应文字，如图 5-42 所示。

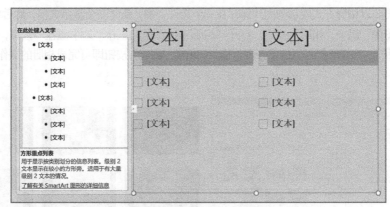

图 5-42　插入 SmartArt 图形

【知识点 17】编辑 SmartArt 图形

1. 添加形状

选中 SmartArt 图形中的某一形状，单击"SmartArt 工具|设计"选项卡→"创建图形"组→"添加形状"按钮，即可添加一个相同的形状。

2. 编辑文本和图片

选中 SmartArt 图形，其左侧会显示文本窗格，在其中可添加、删除和修改文本；如果文本窗格被隐藏，则可单击图形左侧的展开按钮使其显示；当然也可直接在形状中对文本进行编辑；如果选择了带有图片的形状，则可以在形状中插入图片。

3. 设置 SmartArt 图形样式

单击"SmartArt 工具|设计"选项卡→"布局"组→"重新布局"按钮，可以重新选择图形；单击"SmartArt 工具|设计"选项卡→"SmartArt 样式"组→"更改颜色"按钮，可以改变图形的配色；利用"SmartArt 工具|设计"选项卡→"SmartArt 样式"组中的"快速样式"列表，可以改变图形样式。

4. 重置 SmartArt 形状样式

单击"SmartArt 工具|设计"选项卡→"重置"组→"转换"按钮，将 SmartArt 图形转换为文本，或者将 SmartArt 图形转换为形状，如图 5-43 所示。

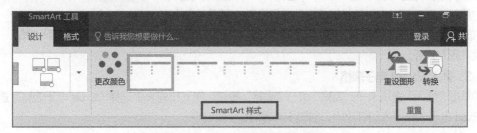

图 5-43　SmartArt 图形样式设置

【知识点 18】将文本转换为 SmartArt 图形

在文本框或其他可输入文本的形状中输入文本，设置文本内容的层次，选中文本并单击鼠标右键，在弹出的快捷菜单中选择"转换为 SmartArt"命令，在打开的列表中选择需要的图形即可。

【知识点 19】制作相册

对于有大量图片的幻灯片，为了呈现更好、更直观的展示效果，设计者可以将它们制作成"相册"。

首先将需要以相册方式展示的图片保存在一个文件夹中，新建一个演示文稿，然后单击"插入"选项卡→"图像"组→"相册"按钮，打开"相册"对话框，单击"文件/磁盘"按钮，打开"插入新图片"对话框，选择已保存好的多张图片插入，单击"创建"按钮即可完成相册的制作，如图 5-44 所示。

图 5-44　相册的制作

5.2.4　插入表格和图表

PowerPoint 除了提供绘制形状、插入图片等基本功能外，还提供了多种辅助功能，如绘制表格、插入图表等。使用这些辅助功能可以使一些主题表达更为专业化、更具表现力。

【知识点 20】插入及编辑表格

1. 插入表格

单击"插入"选项卡→"表格"组→"表格"按钮，在下拉列表中选择"插入表格"选项（见图 5-45），在打开的"插入表格"对话框中输入表格的行数和列数。插入表格后，拖动表格四周的尺寸控制点可以改变其大小。单击某个单元格并输入文本内容，拖动行列分隔线可以调整表格的行高和列宽。

2. 编辑表格

选中表格，在"表格工具|设计"选项卡的"表格样式"下拉列表中选择一种内置样式，可套用该表格样式，通过"底纹""边框""效果"3 个按钮可以调整表格或单元格的填充、边框和其他特殊效果；勾选"表格工具|设计"选项卡下"表格样式选项"组中的复选框，可对表格样式细节属性进行设置；利用"表格工具|布局"选项卡还可以调整表格的行列数，设置表格中文字的排列及对齐方式等。

图 5-45　插入表格

3. 插入 Excel 电子表格

单击"插入"选项卡→"表格"组→"表格"按钮，在下拉列表中选择"Excel 电子表格"选项，将 Excel 电子表格嵌入幻灯片中，如图 5-46 所示。

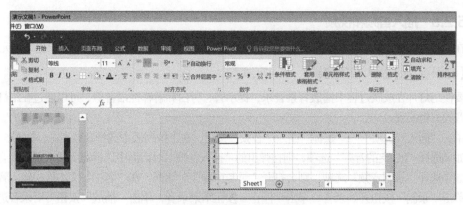

图5-46　插入 Excel 电子表格

【知识点 21】插入图表

PowerPoint 中也可以插入多种图表和图形，包括柱形图、饼图等多种图表形式。

单击"插入"选项卡→"插图"组→"图表"按钮，打开"插入图表"对话框，选择需要的图表类型，单击"确定"按钮，如图 5-47 所示。

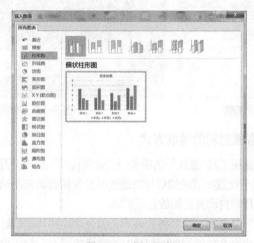

图5-47　插入图表

插入图表后，在幻灯片中生成的图表上方有一个类似于 Excel 的窗口，如图 5-48 所示，此时可以按 Excel 中介绍的方法进行图表的编辑处理，在此不赘述。

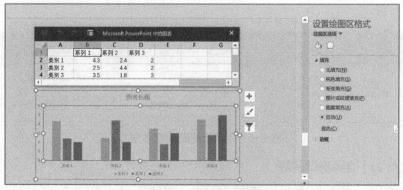

图5-48　插入图表后的窗口

5.2.5　插入音频和视频

在幻灯片中可以插入音频和视频对象，使演示文稿的内容更加丰富，呈现的效果更加多元化。

【知识点 22】插入音频剪辑

要使幻灯片在放映过程中播放背景音乐、提示音、旁白和解释性语音等，可以通过在幻灯片中插入音频剪辑实现。

单击"插入"选项卡→"媒体"组→"音频"按钮，在下拉列表中选择音频来源，如图 5-49 所示。如果选择"PC 上的音频"选项，则在弹出的"插入音频"对话框中选择需要插入的本地音频文件；如果选择"录制音频"选项，则会打开"录制声音"对话框，在"名称"文本框中输入音频名称，单击"录制"按钮开始录音，单击"停止"按钮结束录音，单击"播放"按钮可对录音进行试听，单击"确定"按钮即可将音频对象插入幻灯片中。

插入的音频对象以图标 的形式显示，拖动该图标可调整其位置。选择音频图标，其下方会出现一个播放条，单击播放条的"播放/暂停"按钮，可在幻灯片上对音频剪辑进行播放预览，如图 5-50 所示。

图 5-49　插入音频剪辑

图 5-50　音频播放条

【知识点 23】设置音频剪辑的播放方式

选中音频图标，在"音频工具|播放"选项卡→"音频选项"组→"开始"下拉列表中，"单击时"选项（见图 5-51）用于设置在放映幻灯片时通过单击音频剪辑来手动播放，而"自动"选项则用于设置在放映当前幻灯片时自动开始播放音频剪辑。

勾选"跨幻灯片播放"复选框，音频播放将不会因为切换到其他幻灯片而停止；勾选"循环播放，直到停止"复选框，将会在放映当前幻灯片时连续播放同一音频剪辑直到手动停止播放或转到下一张幻灯片为止。

如果在"音频样式"组中单击"在后台播放"按钮，则"音频选项"组中的"开始"被自动设置为"自动"，而且"跨幻灯片播放""循环播放，直到停止""放映时隐藏"3 个复选框将同时被勾选。

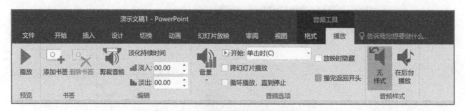

图 5-51　设置音频剪辑的播放方式

【知识点 24】音频剪辑剪裁

选中音频图标，单击"音频工具|播放"选项卡→"编辑"组→"剪裁音频"按钮，打开"剪裁

音频"对话框,通过拖动播放进度条左侧的绿色起点标记和右侧的红色终点标记,或者通过设置"开始时间"和"结束时间"来确定待播放音频片段的起止位置,单击"确定"按钮完成剪裁,如图 5-52 所示。

　　特别提示:如果想实现音频的淡入或淡出效果,用户可以在"音频工具|播放"选项卡的"编辑"组中设置"淡化持续时间",图 5-53 中设置了淡入及淡出为 2 秒,则播放该音频时,开始 2 秒的音量由小提升到正常,最后两秒则逐步降低音量直至消失。

图 5-52　音频剪辑剪裁

图 5-53　音频淡入淡出设置

【知识点 25】隐藏或删除音频剪辑

隐藏:在"音频工具|播放"选项卡的"音频选项"组中勾选"放映时隐藏"复选框。

删除:选中音频图标,按 Delete 键。

【知识点 26】嵌入视频文件

PowerPoint 支持直接在演示文稿中嵌入来自文件的视频或来自剪贴画库的 GIF 动画文件。

　　单击"插入"选项卡→"媒体"组→"视频"按钮,在下拉列表中选择视频来源,如图 5-54 所示。如果选择"PC 上的视频"选项,则在弹出的"插入视频文件"对话框中选择需要插入的本地视频文件;如果选择"联机视频"选项,则会打开"插入视频"对话框,此时可以通过检索视频网站上的视频或者粘贴嵌入链接的方式从视频网站上插入视频。

　　插入的视频对象以类似于图片的形态嵌入幻灯片之后,可以通过拖动鼠标调整位置,拖动四周的尺寸控制点改变大小。选中视频对象,其下方会出现一个播放条,单击播放条的"播放/暂停"按钮可在幻灯片上对视频进行播放预览,如图 5-55 所示。

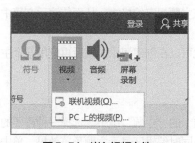

图 5-54　嵌入视频文件

图 5-55　视频控制设置

【知识点 27】链接到视频文件

首先将需要链接的视频文件复制到演示文稿所在的文件夹,在普通视图下,单击"插入"选项卡→"媒体"组→"视频"按钮，在下拉列表中选择"PC 上的视频"，在"插入视频文件"对话框中选择要链接的视频文件，单击"插入"下拉按钮，从下拉列表中选择"链接到文件"选项，如图 5-56 所示。

图 5-56　链接到视频文件

【知识点 28】为视频设置播放选项

"视频工具|播放"选项卡可用来设置视频播放方式，如图 5-57 所示，其操作方法与设置音频播放方式基本相同，此处不赘述。

图 5-57　设置视频播放方式

5.2.6　设置幻灯片主题与背景

在 PowerPoint 中，主题是主题颜色、主题字体和主题效果等的集合。当用户为演示文稿中的幻灯片应用了某主题之后，这些幻灯片将自动应用该主题规定的背景，而且在这些幻灯片中插入的图形、表格、图表、艺术字或输入的文字等对象都将自动应用该主题规定的格式，从而使演示文稿中的幻灯片具有一致且专业的外观。

用户除了可以在新建演示文稿时根据某个主题新建外，也可以在创建演示文稿后再应用某个主题或更改演示文稿的背景颜色等。

【知识点 29】应用内置主题

选中需要应用主题的一张或多张幻灯片，在"设计"选项卡的"主题"组中，选择一种需要的主题，将鼠标指针在该主题上停顿一下，可显示该主题名称，同时编辑区显示主题预览效果，单击可应用该主题。例如，应用"积分"主题，如图 5-58 所示。

特别提示：利用"设计"选项卡→"变体"组可选择预置的配色方案，进行字体、效果、背景样式的详细设置，以及自定义主题。

图 5-58　应用内置主题

【知识点 30】自定义主题

首先对幻灯片应用某一内置主题，单击"设计"选项卡→"变体"组→"其他"按钮，展开下拉列表，进行"颜色""字体""效果"的个性化设置，即可完成自定义主题的操作，如图 5-59 所示。

【知识点 31】设置背景样式

在"设计"选项卡→"变体"组的下拉列表中，选择"背景样式"选项，弹出"背景样式"库列表，在提供的 12 种背景样式中选择需要的样式应用到演示文稿或所选幻灯片即可，如图 5-60 所示。

图 5-59　自定义主题

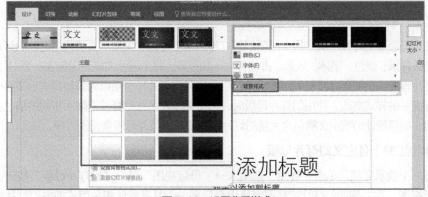

图 5-60　设置背景样式

特别提示：如果想自定义背景格式，则在"背景样式"库列表中选择"设置背景格式"选项，打开"设置背景格式"窗格进行自定义背景格式设置，如图 5-61 所示。

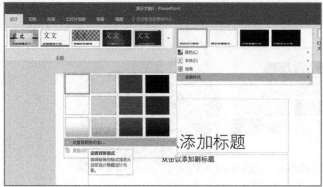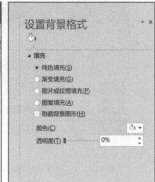

图5-61　自定义背景格式设置

【知识点 32】添加水印

PowerPoint 没有像 Word 中能直接使用的水印功能，如果要在幻灯片中添加水印，用户可以在幻灯片母版视图下，在幻灯片母版中添加文本框或可编辑文字的形状，并输入文本，或者添加图片作为水印，将该水印设置为置于底层，则与设置有水印的母版相关的所有版式都会显示水印效果，如图 5-62 所示（如果水印被幻灯片中的其他对象覆盖，则无法显示）。

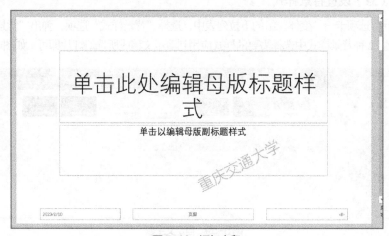

图5-62　添加水印

5.2.7　幻灯片母版

幻灯片母版是幻灯片层次结构中的顶层幻灯片，用于存储有关演示文稿的主题和幻灯片版式的信息，包括背景、颜色、字体、效果、占位符大小和位置。每个演示文稿至少包含一个幻灯片母版。使用幻灯片母版的主要优点是可以对演示文稿中的每张幻灯片（包括以后添加到演示文稿中的幻灯片）进行统一的样式更改。使用幻灯片母版时，由于无须在多张幻灯片上输入相同的信息，因此节省了时间。如果设计的演示文稿包含大量幻灯片，则使用幻灯片母版会特别方便。

【知识点 33】自定义幻灯片母版

打开一个演示文稿，单击"视图"选项卡→"母版视图"组→"幻灯片母版"按钮，显示幻灯片母版视图，在左侧的幻灯片缩略图窗格中会显示一个具有默认相关版式的空幻灯片母版。其中，最上方较大的那张幻灯片为幻灯片母版，与之相关联的版式位于幻灯片母版下方，如图 5-63 所示。

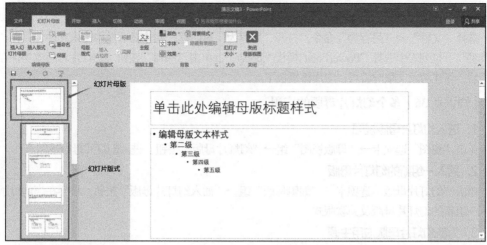

图 5-63 幻灯片母版

1. 新建幻灯片母版

单击"幻灯片母版"选项卡→"编辑母版"组→"插入幻灯片母版"按钮，可以创建新的幻灯片母版及相关联的幻灯片版式。此外，也可以直接对演示文稿现有的幻灯片母版进行自定义修改。

2. 编辑幻灯片母版

选中需要编辑的幻灯片母版，单击"幻灯片母版"选项卡→"母版版式"组→"母版版式"按钮，打开"母版版式"对话框，根据设计需求勾选需要显示在母版上的占位符对应的复选框后，单击"确定"按钮，如图 5-64 所示。

3. 其他设置

利用上述相关知识点可按照实际设计需求对母版上的文本占位符进行形状样式和文本样式的设置，也可以进行字体和段落格式的调整，还可以应用某种主题、设置背景样式、添加图片、改变幻灯片大小等。

4. 关闭母版

自定义设置完成后，单击"幻灯片母版"选项卡→"关闭"组→"关闭母版视图"按钮关闭母版。

【知识点 34】重命名幻灯片母版

在幻灯片母版视图下的幻灯片缩略图窗格中，单击需要重命名的幻灯片母版，单击"幻灯片母版"选项卡→"编辑母版"组→"重命名"按钮，在"重命名版式"对话框的"版式名称"文本框中输入母版的新名称，单击"重命名"按钮即可，如图 5-65 所示。

图 5-64 母版版式设置

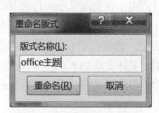

图 5-65 重命名幻灯片母版

【知识点 35】将幻灯片母版保存为模板

选择"文件"→"另存为"命令，打开"另存为"对话框，在该对话框中输入文件名，在"保存类型"下拉列表中选择"PowerPoint 模板(*.potx)"，单击"保存"按钮。幻灯片母版成功保存为模板后，新建演示文稿时就可以应用该模板了。

【知识点 36】多个幻灯片母版的应用

1. 进入幻灯片母版视图

单击"视图"选项卡→"母版视图"组→"幻灯片母版"按钮，进入幻灯片母版视图。

2. 插入一组新的幻灯片母版

单击"幻灯片母版"选项卡→"编辑母版"组→"插入幻灯片母版"按钮，将会在当前母版下插入一组新的幻灯片母版及关联版式。

3. 为新幻灯片母版应用主题

单击"幻灯片母版"选项卡→"编辑主题"组→"主题"按钮，从下拉列表中为新幻灯片母版应用一个新的主题，并对新建的母版及其版式进行编辑和调整，重命名母版为"示例"，并关闭幻灯片母版视图。选中幻灯片，单击"开始"选项卡→"幻灯片"组→"版式"按钮，在下拉列表中可以看到多套幻灯片母版及其版式，如图 5-66 所示。

图 5-66   多个幻灯片母版的应用效果

5.2.8   实例

【实例 5-2】"天河二号"超级计算机演示文稿的制作。

2023 年上半年，在德国汉堡举行的 ISC2023 宣布了全球超算 TOP500 排名，前 10 名中我国有两台超算上榜，分别是"神威·太湖之光"和"天河二号"。为了拓展同学们的知识，了解我国超级计算机的发展史，老师布置了一个课后作业，即根据提供的素材，制作一份"天河二号"超级计算机的演示文稿，具体要求如下。

（1）新建空白演示文稿"天河二号.ppt"（.ppt 为文件扩展名），为其应用一个色彩合理、美观大方的主题。

（2）根据"ppt 素材.docx"文档中定义的幻灯片描述，在演示文稿"天河二号.ppt"中添加对应序号的幻灯片，其中所有文字素材均可从"ppt 素材.docx"文档中获取。

（3）第 1 张幻灯片为标题幻灯片，标题为"天河二号超级计算机"，副标题为"——2014 年世界超算榜首"。

（4）为第 2 张幻灯片应用"两栏内容"版式，左边一栏为文字，右边一栏为图片，图片使用素材文件"Image1.jpg"。

（5）设置第 3～7 张幻灯片均为"标题和内容"版式，"ppt 素材.docx"文档中标记为黄色底纹的文字即对应幻灯片的标题文字。

（6）将第 4 张幻灯片的内容设置为"垂直块列表"SmartArt 图形对象，"ppt 素材.docx"文档中标记为红色的文字为 SmartArt 图形对象第一级内容，标记为蓝色的文字为 SmartArt 图形对象第二级内容。

（7）利用相册功能，为素材中的"Image2.jpg"～"Image9.jpg"共 8 张图片创建相册幻灯片，要求每张幻灯片包括 4 张图片，相框的形状为"居中矩形阴影"，相册标题为"六、图片欣赏"。将该相册中的所有幻灯片复制为"天河二号.ppt"演示文稿的第 8～10 张。

（8）将"天河二号.ppt"演示文稿分为 4 节，节名依次为"标题"（该节包含第 1 张幻灯片）、"概况"（该节包含第 2～3 张幻灯片）、"特点、参数等"（该节包含第 4～7 张幻灯片）、"图片欣赏"（该节包含第 8～10 张幻灯片）。

（9）除标题幻灯片外，其他幻灯片均包含页脚且显示幻灯片编号。所有幻灯片中除了标题和副标题，其他文字字体均设置为"微软雅黑"。

操作步骤如下。

步骤 1：启动 PowerPoint 2016，新建空白演示文稿，选择"文件"→"另存为"命令，再选择保存路径，在"另存为"对话框的"文件名"下拉列表框中输入"天河二号"，单击"保存"按钮；在"设计"选项卡→"主题"组中任意选择一种内置主题，本例选择"丝状"主题，如图 5-67所示。

图 5-67　选择内置主题

步骤 2：单击"开始"选项卡→"幻灯片"组→"新建幻灯片"按钮，参考"ppt 素材.docx"文档提示及上述相关知识点，为演示文稿创建共 10 张幻灯片；打开"ppt 素材.docx"文件，将素材文档中的文本内容逐一复制到演示文稿的对应幻灯片中（素材中的图片不需要复制，而且若复制过来的文字内容存在换行，需注意删除多余的换行）。

步骤 3：选中第 1 张幻灯片，单击"开始"选项卡→"幻灯片"组→"版式"按钮，单击"标题幻灯片"版式；将幻灯片标题设置为"天河二号超级计算机"，副标题设置为"——2014 年世界超算榜首"，如图 5-68 所示。

图5-68　第1张幻灯片设计效果

　　步骤4：选中第 2 张幻灯片，单击"开始"选项卡→"幻灯片"组→"版式"按钮，单击"两栏内容"版式，左边一栏为复制过来的文字内容，选中右边一栏的内容占位符，单击"插入"选项卡→"图像"组→"图片"按钮，在弹出的"插入图片"对话框中选择素材中的"Image1.jpg"图片，单击"插入"按钮，如图 5-69 所示。

图5-69　第2张幻灯片设计效果

　　步骤5：按住 Ctrl 键，连续选中第 3～7 张幻灯片，单击"开始"选项卡→"幻灯片"组→"版式"按钮，单击"标题和内容"版式，根据"ppt 素材.docx"文档中的黄底文字检查对应幻灯片中的标题内容是否正确，如图 5-70 所示。

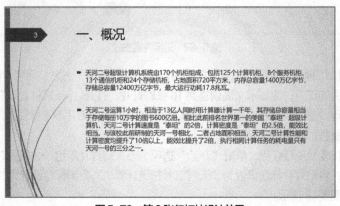

图5-70　第3张幻灯片设计效果

步骤 6：将光标置于第 4 张幻灯片正文文本框中，单击"开始"选项卡→"段落"组→"转换为 SmartArt"按钮，选择"其他 SmartArt 图形"，在打开的对话框中选择"列表"下的"垂直块列表"布局，单击"确定"按钮；单击 SmartArt 图形左侧箭头按钮，显示"文本窗格"，选择第一段文字，单击"SmartArt 工具|设计"选项卡→"创建图形"组→"添加形状"下拉按钮，在打开的下拉列表中选择"在下方添加形状"，根据题目要求将红色文本和蓝色文本分别调整到对应的形状中；再按上述操作完成余下 4 段文字的修改，如图 5-71 所示。

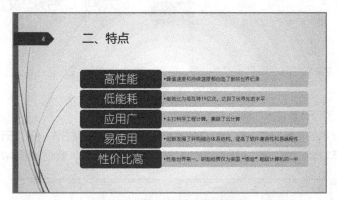

图 5-71　第 4 张幻灯片设计效果

步骤 7：单击"插入"选项卡→"图像"组→"相册"下拉按钮，在下拉列表中选择"新建相册"选项，在弹出的"相册"对话框中单击"文件/磁盘"按钮，在弹出的"插入新图片"对话框中选择"Image2.jpg"～"Image9.jpg"的素材图片，单击"插入"按钮，在"相册"对话框中将"图片版式"设置为"4 张图片"，"相框形状"设置为"居中矩形阴影"，单击"创建"按钮；在相册演示文稿中将第 1 张幻灯片中的标题"相册"更改为"六、图片欣赏"，删除副标题文本框；将相册中的所有幻灯片复制到"天河二号"演示文稿中，如图 5-72 所示（删除原来的第 8～10 张幻灯片，以免幻灯片页数超过 10）。

图 5-72　相册设计效果

步骤 8：在幻灯片缩略图窗格中选择第 1 张幻灯片，单击鼠标右键，在弹出的快捷菜单中选择"新增节"命令，此时会出现一个"无标题节"的节名称，在"无标题节"上单击鼠标右键，在弹出的快捷菜单中选择"重命名节"命令，输入文字"标题"，单击"重命名"按钮；同时选择第 2～3 张幻灯片，单击鼠标右键，在弹出的快捷菜单中选择"新增节"命令，并更名为"概况"。使用同样的方法将第 4～7 张幻灯片设置为一节，节名称为"特点、参数等"；第 8～10 张幻灯片设置为一节，节名称为"图片欣赏"，如图 5-73 所示。

步骤 9：单击"插入"选项卡→"文本"组→"幻灯片编号"按钮，在弹出的"页眉和页脚"对话框中勾选"幻灯片"选项卡中的"幻灯片编号"和"标题幻灯片中不显示"复选框，并单击"全部应用"按钮；单击"视图"选项卡→"演示文稿视图"组→"大纲视图"按钮，在左侧的大纲窗格中选中除标题和副标题外的所有文本内容，切换到"开始"选项卡→"字体"组，将字体更改为"微软雅黑"，单击"视图"选项卡→"演示文稿视图"组→"普通"按钮，切换回普通视图。

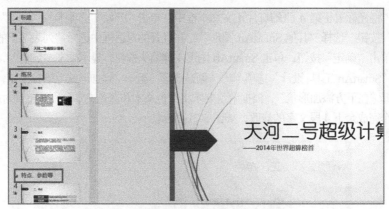

图5-73   添加节效果

【实例5-3】 "云计算技术"演示文稿的制作。

随着云计算技术的不断演变，作为信息技术小组成员，你需要制作一份"云计算技术"的演示文稿，传递云计算对客户的价值，根据提供的素材，完成此项工作，效果如图 5-74 所示。

图5-74   "云计算技术"演示文稿效果

具体要求如下。

（1）新建演示文稿"云计算技术.pptx"（".pptx"为扩展名），参照素材中提供的样例文件"参考效果.docx"，将素材"ppt 文字.docx"中的内容移动到对应的幻灯片中，整个演示文稿幻灯片数量为 18，设置幻灯片比例为全屏显示（16:10），并最大化内容。

（2）使用素材中提供的"cloud.thmx"文件作为演示文稿的主题，并将主题颜色修改为"蓝绿色"。

（3）将演示文稿中所有的标题及正文文本中的中文字体修改为"微软雅黑"，西文字体修改为"Arial"；为每张幻灯片标题文本应用加粗效果；使用素材文件中的"Ppic01.jpg"作为所有幻灯片中的正文文本的项目符号，大小比例为"100%"。

（4）将第 1 张幻灯片版式修改为"标题幻灯片"，第 15～17 张幻灯片的版式修改为"两栏内容"，第 18 张幻灯片的版式修改为"空白"。

（5）将第 2 张幻灯片中标题下方文本框的内容转换为 SmartArt 图形，布局为"梯形列表"。

（6）将第 4 张幻灯片中标题下方的数据转换为图表，图表类型和样式参考样例"参考效果.docx"中的对应效果，需要设置的内容如下。

① 将图例置于图表下方，删除图表标题。

② 显示横轴和纵轴，但不显示刻度。

③ 设置水平轴位置坐标轴为"在刻度线上"。

④ 修改数据标记为圆圈，填充色为"白色，背景 1"。

⑤ 将每个数据系列 2018 年以后部分的折线线型修改为短画线。

⑥ 设置图表与标题占位符左边缘对齐。

（7）在第 15～17 张幻灯片右侧占位符中分别插入素材文件中的"Ppic02.jpg""Ppic03.jpg""Ppic04.jpg"图片文件，第 16 张幻灯片中图片的高度和宽度都为"10 厘米"。

（8）将最后一张幻灯片中的文本框放在幻灯片水平和垂直都居中的位置，其中文本也居中对齐。

（9）为演示文稿添加幻灯片编号，首页不显示编号。

（10）按照表 5-1 的要求为演示文稿分节。

表5-1 演示文稿分节要求

节名称	节包含的幻灯片
默认节	第1～2张幻灯片
云计算的概念	第3～4张幻灯片
云计算的特征	第5～13张幻灯片
云计算的服务形式	第14～17张幻灯片
默认节	第18张幻灯片

操作步骤如下（操作过程中请随时保存）。

步骤 1：打开素材中的"云计算技术.pptx"文档；单击"开始"选项卡→"幻灯片"组→"新建幻灯片"下拉按钮，在下拉列表中选择"幻灯片（从大纲）"选项，弹出"插入大纲"对话框，浏览并选中素材中的"ppt 文字.docx"文件，单击"插入"按钮；单击"设计"选项卡→"自定义"组→"幻灯片大小"按钮，在下拉列表中选择"自定义幻灯片大小"，在弹出的"幻灯片大小"对话框中设置幻灯片大小为"全屏显示（16:10）"，单击"确定"按钮后会弹出"Microsoft PowerPoint"提示对话框，单击提示对话框中的"最大化"按钮，如图 5-75 所示。

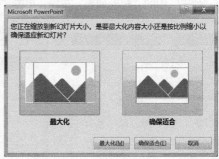

图 5-75 设置幻灯片大小

步骤 2：单击"设计"选项卡→"主题"组→"其他"按钮，在展开的下拉列表中选择"浏览主题"选项，弹出"选择主题或主题文档"对话框，浏览并选中素材中的"cloud.thmx"文件，单击"应用"按钮；单击"设计"选项卡→"变体"组→"其他"按钮（见图 5-76），在下拉列表中选择"颜色"，在颜色列表中选择"蓝绿色"。

图 5-76 设置主题

步骤 3：单击"视图"选项卡→"母版视图"组→"幻灯片母版"按钮，进入幻灯片母版设计视图；选中第一张"cloud"幻灯片母版中的标题占位符，单击"开始"选项卡→"字体"组右下角的"对话框启动器"按钮，弹出"字体"对话框，将"西文字体"设置为"Arial"，将"中文字体"设置为"微软雅黑"，并设置"字体样式"为"加粗"；继续选中内容占位符，单击"开始"选项卡→"段落"组→"项目符号"下拉按钮，在下拉列表中选择"项目符号和编号"选项，弹出"项目符号和编号"对话框（见图 5-77），将下方的"大小"设置为 100% 字高，单击右侧"图片"按钮，弹出"插入图片"对话框，单击下方的"从文件"，弹出"插入图片"对

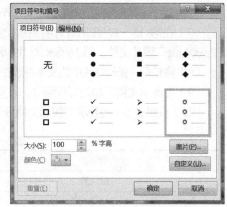

图 5-77　"项目符号和编号"对话框

话框，浏览并选中素材中的图片文件"Ppic01.jpg"，单击"插入"按钮；单击"幻灯片母版"选项卡→"关闭"组→"关闭母版视图"按钮，回到普通视图，在幻灯片缩略图窗格中按 Ctrl+A 组合键全选所有幻灯片，单击"开始"选项卡→"幻灯片"组→"重置"按钮。

步骤 4：选中第 1 张幻灯片，单击"开始"选项卡→"幻灯片"组→"版式"按钮，在下拉列表中选择"标题幻灯片"版式；选中第 15 张幻灯片，按住 Shift 键的同时选中第 17 张幻灯片，将第 15～17 张幻灯片全部选中，单击"版式"按钮，在下拉列表中选择"两栏内容"版式；选中第 18 张幻灯片，将其版式设置为"空白"版式。

步骤 5：选中第 2 张幻灯片内容文本框中的文本内容，单击"开始"选项卡→"段落"组→"转换为 SmartArt"按钮，在下拉列表中选择"其他 SmartArt 图形"，弹出"选择 SmartArt 图形"对话框，选中"列表"中的"梯形列表"布局，单击"确定"按钮，如图 5-78 所示。

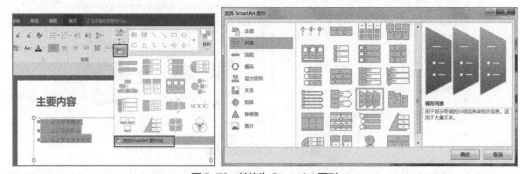

图 5-78　转换为 SmartArt 图形

步骤 6：参考素材中的"参考效果.docx"示例文件，选中第 4 张幻灯片下方的文本占位符，单击"开始"选项卡→"段落"组→"项目符号"下拉按钮，选择"无"选项，取消设置该占位符中的项目符号；接下来按 Ctrl+C 组合键将文本占位符中的内容复制后，将该占位符及其文本均删除；单击"插入"选项卡→"插图"组→"图表"按钮，弹出"插入图表"对话框，选择"折线图"中的"带数据标记的折线图"，单击"确定"按钮；在弹出的 Excel 工作表中，选中 A1 单元格将复制的数据粘贴进去，关闭 Excel 文件，如图 5-79 所示。

① 选中图表对象，单击"图表工具|设计"选项卡→"图表布局"组→"添加图表元素"按钮，在下拉列表中选择"图例"中的"底部"选项，将图例置于底部；选中图表标题，按 Delete 键删除。

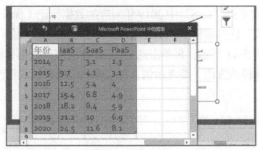

图5-79 插入图表

② 单击选中图表中的垂直轴,单击鼠标右键,在弹出的快捷菜单中选择"设置坐标轴格式"命令,在右侧的"设置坐标轴格式"任务窗格中,选择"坐标轴选项"→"刻度线",将"主要类型""次要类型"均设置为"无",如图 5-80 所示。

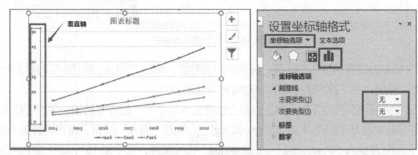

图5-80 设置坐标轴格式

③ 单击图表中的水平坐标轴,按照上述方法将"刻度线"设置为"无",将"线条"设置为"实线";切换到"坐标轴选项"选项卡,在"坐标轴选项"栏中将"坐标轴位置"设置为"在刻度线上",如图 5-81 所示。

④ 在图表中单击系列"IaaS"中的圆点,将本系列中的标记项全部选中,在右侧"设置数据系列格式"任务窗格的"填充与线条"选项卡下单击"标记",在"数据标记选项"栏中选中"内置",将"大小"调整为"5";在下方"填充"栏中选中"纯色填充"单选按钮,将"颜色"设置为"白色,背景1"。按照上述方法设置图表中其他两个系列的数据标记项,如图 5-82 所示。

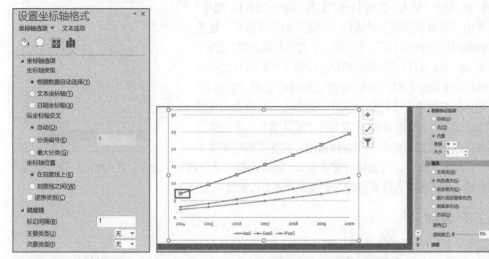

图5-81 刻度线设置   图5-82 设置数据系列格式

⑤ 在图表中单击两次系列"IaaS"中 2019 年对应的数据标记（保证仅该数据标记被选中），在右侧"设置数据点格式"任务窗格下"填充与线条"选项卡的"线条"栏中将"短画线类型"设置为"短画线"，如图 5-83 所示，再单击选中 2020 年对应的数据标记，将"短画线类型"设置为"短画线"；按照同样的方法，参考示例文件，将其余的折线线型改为"短画线"后，再关闭任务窗格。

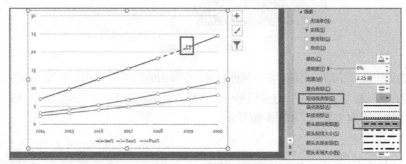

图 5-83　设置数据点格式

⑥ 选中标题占位符，按住 Ctrl 键，再选中图表对象，单击"绘图工具|格式"选项卡→"排列"组→"对齐"按钮，在下拉列表中选择"左对齐"选项。

步骤 7： 选中第 15 张幻灯片，单击右侧占位符文本框中的"图片"按钮，弹出"插入图片"对话框，浏览并选中素材中的图片文件"Ppic02.jpg"，单击"插入"按钮，按照同样的方法为第 16 张和第 17 张幻灯片插入"Ppic03.jpg""Ppic04.jpg"图片文件；选中第 16 张幻灯片中的图片，单击"图片工具|格式"选项卡→"大小"组右下角的"对话框启动器"按钮，在右侧出现"设置图片格式"任务窗格，在"大小"栏中取消"锁定纵横比"复选框，将"高度"和"宽度"均设置为"10 厘米"，再关闭任务窗格，如图 5-84 所示。

步骤 8： 选中最后一张幻灯片中的文本框对象，单击"绘图工具|格式"选项卡→"排列"组→"对齐"按钮，在下拉列表中分别设置"水平居中"和"垂直居中"；选中文本框中的文本内容"感谢聆听！"，单击"开始"选项卡→"段落"组→"居中"按钮，设置居中对齐。

步骤 9： 单击"插入"选项卡→"文本"组→"幻灯片编号"按钮，弹出"页眉和页脚"对话框，勾选"幻灯片编号"复选框和"标题幻灯片中不显示"复选框，单击"全部应用"按钮。

步骤 10： 在幻灯片缩略图窗格中选中第 1 张幻灯片之前的位置，然后单击鼠标右键，在弹出的快捷菜单中选择"新增节"命令，用鼠标右键单击节标题并选择"重命名节"命令，在弹出的"重命名"对话框中输入节名称"默认节"；单击第 3 张幻灯片之前的位置，然后单击鼠标右键，在弹出的快捷菜单

图 5-84　设置图片格式

中选择"新增节"命令，用鼠标右键单击节标题并选择"重命名节"命令，在弹出的"重命名"对话框中输入节名称"云计算概念"；按照上述方法创建其他节。

5.2.9　实训

【实训 5-2】 "公园宣介"演示文稿制作。

颐和园正在准备有关公园宣介的 PPT 文件，作为在颐和园兼职的宣传职员，你需要按照下列要

求组织材料完成该 PPT 的整合制作，完成后的演示文稿共包含 25 张幻灯片，且没有空白幻灯片。

（1）打开素材文件夹下的演示文稿"PPT 素材.pptx"，将其另存为"公园宣介.pptx"，之后所有的操作均基于此文件。

（2）按照下列要求对演示文稿内容进行整体设计。

① 为整个演示文稿应用素材文件夹下的设计主题"龙腾"。

② 将所有幻灯片上右上角的龙形图片统一替换为"Logo.jpg"，将其水平翻转、设置图片底色透明，并对齐至幻灯片的底部及右侧。

③ 将所有幻灯片中标题的字体格式修改为"华文中宋、黄色"，其他文本的字体修改为"楷体"，两端对齐。

④ 设置除标题幻灯片外的其他幻灯片的底部中间位置显示幻灯片编号。

⑤ 为所有幻灯片应用新背景图形"Background.jpg"。

（3）对第 1 张幻灯片进行下列操作。

① 版式设置为"标题幻灯片"，取消标题文本加粗，副标题字体颜色修改为"浅蓝"。

② 在母版中隐藏标题幻灯片的背景图形。

③ 将标题幻灯片上的图片替换为"颐和园.jpg"，应用边缘柔化25pt的"柔化边缘椭圆"样式。

（4）将第 2 张幻灯片的文本内容分为 3 栏，在文本框的垂直方向上中部对齐。取消第一级文本数字序号前的项目符号。

（5）将第 3 张幻灯片自每个第一级文本拆分为 4 张，标题均为"建制沿革"，如图 5-85 所示。

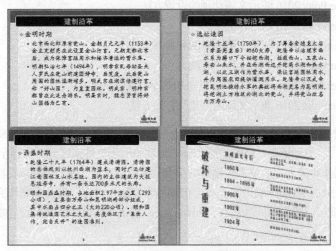

图 5-85　第 3 张幻灯片拆分后的效果

（6）将第 6 张幻灯片中的文本内容转换为"线型列表"布局的 SmartArt 图形，并适当更改其颜色、样式以及字体的大小和颜色，如图 5-86 所示。

（7）将第 7 张幻灯片中的文本内容转换为"梯形列表"布局的 SmartArt 图形，更改其颜色、应用一个三维样式，将图形中所有文本字体格式更改为"幼圆、黑色"。

（8）将第 8 张幻灯片的版式设置为"两栏内容"，在右侧栏中插入图片"宿云檐城关.jpg"，并为其应用"纹理化"艺术效果。

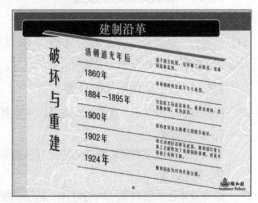

图 5-86　第 6 张幻灯片设计效果

（9）将第 12 张幻灯片版式设置为"标题和竖排文字"，文本在文本框中水平、垂直均居中显示。将图片"十七孔桥.jpg"以 75%的透明度作为该张幻灯片的背景。

（10）利用素材文件夹下的 8 张图片生成有关西堤风景的相册，要求如下。

① 每张幻灯片包含 4 张图片，每张图片的下方显示与图片文件名相同的说明文字，相框形状采用"柔化边缘矩形"。

② 图片显示顺序依次为：西堤、景明楼、界湖桥、豳风桥、玉带桥、镜桥、练桥、柳桥。

③ 将相册中包含图片的两张幻灯片插入演示文稿"公园宣介.pptx"的第 13 张和第 14 张幻灯片之间。

④ 为这两张新插入的幻灯片应用与其他幻灯片相同的设计主题，并分别输入标题"西堤美景"。

（11）将第 23 张幻灯片中的文字"截至 2005 年……出版图书《颐和园建筑彩画艺术》。"移至备注中。为其中的表格应用一个表格样式，并调整表格中的字体、字号及颜色。

（12）将"公园管理"标题下的第 24 张、第 25 张、第 26 张这 3 张幻灯片合并为一张，删除标题为"颐和美景"的幻灯片。

5.3　演示文稿动画与放映

学习目标

- 掌握 PowerPoint 2016 演示文稿动画的设置方法。
- 了解 PowerPoint 2016 幻灯片链接。
- 掌握 PowerPoint 2016 演示文稿的审阅和检查方法。
- 掌握 PowerPoint 2016 演示文稿的放映方法。
- 掌握 PowerPoint 2016 演示文稿的发布和共享方法。
- 掌握 PowerPoint 2016 演示文稿的创建及打印方法。

在演示文稿中添加动画有助于使 PowerPoint 演示文稿动态化，并且使信息更容易记忆，能让展示过程更富活力、更加精彩。PPT 动画主要根据动画的连贯性来区分，贯穿全篇的 PPT 动画类似 Flash 动画，操作难度大，是技术和创意的结合。一般情况下，我们退而求其次，选择不连贯的动画，即随意地添加一些动画以增强美感，但动画不宜添加过多。设计和制作完成后的演示文稿需要向观众放映演示，根据不同的场合，PowerPoint 提供了幻灯片放映的设置功能，可以实现不同方式的放映。

5.3.1　演示文稿动画设置

关于 PPT 中动画的添加有很多注意事项，一方面要结合幻灯片的用途，另一方面则是需要结合自己的能力。动画的添加要合理，切勿浮夸、徒有形式。动画的添加是为了强化自己的观点，或者用于语言间的过渡和停顿，增强与听众的互动。

【知识点 1】动画效果的分类

PowerPoint 提供了丰富的动画效果，主要有 4 种类型，如图 5-87 所示，分别如下。

1. 进入效果

进入效果可以使对象逐渐淡入焦点、从边缘飞入幻灯片或者跳入视图里面。

2. 退出效果

退出效果包括使对象飞出幻灯片、从视图里面消失或者从幻灯片旋出。

3．强调效果

强调效果可以使对象缩小或放大、更改颜色或沿着其中心旋转。

4．动作路径效果

动作路径效果用于指定对象或文本移动的路径，它是幻灯片动画序列的一部分。

特别提示：对某一文本或对象，可以单独使用任何一种动画效果，也可以组合使用多种动画效果。

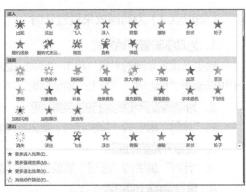

图 5-87　动画效果的分类

【知识点 2】为文本或对象设置动画

选中需要设置动画的文本或对象，单击"动画"选项卡→"动画"组→"其他"按钮，打开动画效果列表，从中选择需要设置的动画。如果列表中没有合适的动画效果，此时可以选择下方的"更多进入效果""更多强调效果""更多退出效果""其他动作路径"，如图 5-88 所示，在打开的对话框中查看和选择更多的动画效果。单击"动画"选项卡→"动画"组→"效果选项"按钮，可以进一步设置动画细节；打开"动画窗格"，动画窗格中将以列表的形式显示本张幻灯片中设置的所有动画，单击"播放"按钮预览动画效果，并进行调整。

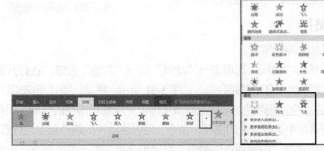

图 5-88　设置动画

特别提示：选中已设置了动画的文本或对象，单击"动画"选项卡→"高级动画"组→"动画刷"按钮，在另一个文本或对象上单击，就可以将动画效果复制到该对象。如果要移除动画，则单击设置了动画的文本，单击"动画"选项卡→"动画"组，在动画效果列表中单击"无"即可。

【知识点 3】为单个对象设置多个动画效果

选择要设置动画的文本或对象，单击"动画"选项卡→"动画"组→"其他"按钮，打开动画效果列表，从中选择需要设置的动画作为第 1 个动画效果；接着单击"动画"选项卡→"高级动画"组→"添加动画"按钮（见图 5-89），打开下拉列表，设置第 2 个动画效果，依此类推。

图 5-89　添加动画

【知识点4】为动画效果设置计时

1. 为动画设置开始方式

选定已设置动画的对象，单击"动画"选项卡→"计时"组→"开始"下拉按钮，在下拉列表中可以选择"单击时""与上一动画同时""上一动画之后"3种方式中的一种。

2. 为动画设置将要运行的持续时间

在"计时"组中的"持续时间"数值框中输入数据，也就是持续的秒数。

3. 设置开始前的延迟

在"计时"组中的"延迟"数值框中输入数据，也就是延迟的秒数。

4. 更详细的计时设置

单击"动画"组右下角的"对话框启动器"按钮，打开对话框，在"计时"选项卡中可以进一步设置动画计时方式。

【知识点5】调整动画顺序

设置有多个动画的幻灯片，默认播放顺序是添加动画的顺序，但用户还可以根据需要进行动画播放顺序的调整。

选中设置有动画的文本或对象，单击"动画"选项卡→"计时"组中的"对动画重新排序"下的"向前移动"按钮或"向后移动"按钮，则可使当前动画前移或后移一位，如图5-90所示。

图5-90 设置动画顺序

【知识点6】自定义动作路径

个性化动画可以使用自定义动作路径实现。

选中需要添加动画的对象，单击"动画"选项卡→"动画"组→"其他"按钮，在打开的动画效果列表中选择"动作路径"类型中的"自定义路径"，如图5-91所示。将鼠标指针指向幻灯片上，当鼠标指针变成"+"时，绘制需要的动画路径，至终点时双击即可完成动画路径的绘制；用鼠标右键单击动作路径，在弹出的快捷菜单中选择"关闭路径"命令，可以使动画的路径起点与终点重合，形成闭合路径；如果在快捷菜单中选择"编辑顶点"命令，路径则会出现若干黑色顶点，此时可以拖动这些顶点以调整位置，还可以在顶点处单击鼠标右键，在弹出的快捷菜单中选择相应命令以进行顶点的添加、删除、平滑等。

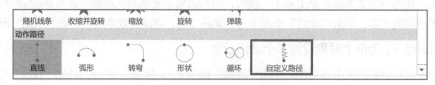

图5-91 自定义动作路径

【知识点7】为SmartArt图形设置动画

SmartArt是一种分层式的特殊对象，所以可以将整个SmartArt图形设置成动画，也可将图形中的个别形状设置成动画。

1. 为SmartArt图形设置动画

选中需要应用动画的SmartArt图形，单击"动画"选项卡→"动画"组→"其他"按钮，在动画效果列表中选择合适的动画效果，例如"擦除"；再单击"效果选项"按钮，在弹出的下拉列表中的"序列"栏中，有"作为一个对象""整批发送"等（5个）选项，选择其中某个选项，即可设置相应的动画效果，同时在动画窗格的动画效果列表中显示对应的播放顺序和组合。

特别提示：选中设置了动画的 SmartArt 图形，单击"动画"选项卡→"动画"组右下角的"对话框启动器"按钮，在"SmartArt 动画"选项卡中勾选"倒序"复选框，可以颠倒 SmartArt 图形动画的顺序，如图 5-92 所示。

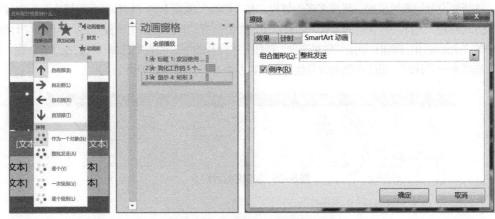

图 5-92　为 SmartArt 图形设置动画

2. 为 SmartArt 图形中的个别对象设置动画

选中 SmartArt 图形，为其设置某个动画；单击"动画"选项卡→"动画"组→"效果选项"按钮，选择"逐个"选项；再单击"动画"选项卡→"高级动画"组→"动画窗格"按钮，打开"动画窗格"，在动画窗格列表中单击 SmartArt 图形动画左侧的"展开"按钮 显示图形中所有形状的动画，选择某一形状，在"动画"选项卡的"动画"组中为其设置合适的动画效果即可，如图 5-93 所示。

图 5-93　为 SmartArt 图形中的个别对象设置动画

【知识点 8】设置触发器播放动画

触发器主要用于控制幻灯片中设置好的动画的播放，作为触发器的可以是形状、图片、文本框等。触发器好比一个开关，设置好相关功能后，单击触发器就可以触发一个操作，例如播放音频、视频、动画等。将图形对象作为触发器的设置如下。

首先在幻灯片中插入一个图形对象，例如形状、文本框、艺术字、图片、SmartArt 图形等，在幻灯片中选中一个音频、视频或已设置好动画的对象，单击"动画"选项卡→"高级动画"组→"触发"按钮，弹出下拉列表，选择"单击"，会在右侧弹出一个本张幻灯片所包含的所有对象的列表，在列表中选择刚插入的作为触发器的对象。

特别提示：幻灯片中设置了触发器的对象的右上角会出现一个触发器图标，放映时，该对象原先设置的动画启动方式会失效，只有单击触发器对象才能播放，如图 5-94 所示。

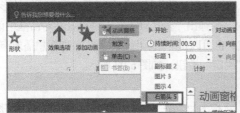

图 5-94　设置触发器播放动画

【知识点 9】设置幻灯片切换效果

幻灯片切换是在放映演示文稿期间，从一张幻灯片移到下一张幻灯片时出现的视觉效果。用户可以控制放映速度、添加声音和自定义切换效果外观。

选择要设置切换效果的一张或多张幻灯片，在"切换"选项卡的"切换到此幻灯片"组中打开切换方式列表，选择一种合适的方式，如果要使选中的所有幻灯片都采用该种方式，则单击"计时"组中的"全部应用"按钮；单击"效果选项"按钮，在打开的下拉列表中选择一种切换属性，在"切换"选项卡→"计时"组的右侧可设置换片方式以及声音，如图 5-95 所示。

图 5-95　设置幻灯片切换

【知识点 10】设置幻灯片链接

演示文稿可以通过使用超链接或动作按钮实现幻灯片之间的、文稿与外部文件之间的交互等，实用性很强。

1. 创建超链接

选中要设置超链接的对象，例如文本、形状、艺术字、图片等，单击"插入"选项卡→"链接"组→"超链接"按钮，打开"插入超链接"对话框（见图 5-96），在左侧的"链接到"下方选择链接类型，在右侧选定需要进行链接的文件、幻灯片等，单击"确定"按钮后，带有链接的文本将会突出显示并带有下画线。在播放幻灯片时，将鼠标指针移动到设置有超链接的对象，鼠标指针会变成手形，单击即可实现链接跳转。

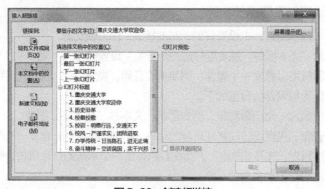

图 5-96　创建超链接

2. 添加动作按钮来设置跳转

单击"插入"选项卡→"插图"组→"形状"按钮，在"动作按钮"分组下选择要添加的形状，然后在幻灯片合适位置绘制相应形状，松开鼠标时，会弹出"操作设置"对话框，在对话框中设置该按钮形状的触发机制，可以是"单击鼠标"触发，也可以是"鼠标悬停"触发；如果想播放声音，还可勾选"播放声音"复选框，设置完后，单击"确定"按钮，如图 5-97 所示。

3. 为图片或其他对象设置跳转

选中文本、艺术字或图片等对象，单击"插入"选项卡→"链接"组→"动作"按钮，打开"操作设置"对话框，在该对话框中设置动作的效果，选择动作发生时要播放的声音，单击"确定"按钮。

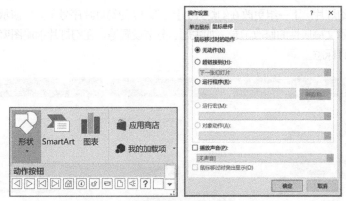

图 5-97　添加动作按钮

5.3.2　演示文稿审阅与比较

审阅主要的作用就是检查、修改和批注。审阅功能对喜欢阅读的人来说会是一个非常好的"帮手"。有些学生上课时总喜欢把一本书的边沿写得密密麻麻的，以便以后复习，但记多了后就分不清各自指示的位置。而用审阅功能来进行阅读和批注，既省时又美观，最主要是有迹可循。

【知识点 11】演示文稿审阅

通过"审阅"选项卡（见图 5-98）可以对演示文稿进行拼写检查、语言翻译与校对、中文简体和繁体转换、添加和编辑批注等，并且可以实现不同演示文稿的比较与合并，其操作方法与 Word 2016 中的类似。同时，PowerPoint 2016 还提供了对文本内容的在线翻译、英文同义词查询功能。

图 5-98　演示文稿审阅

拼写检查：主要应用于英文写作。单击"审阅"选项卡→"校对"组→"拼写检查"按钮，此时窗口右侧会出现"拼写检查"任务窗格，在列表框中有可供选择的词汇，单击"更改"按钮会自动跳转至下一替换处；如果确定词汇没有出现错误，单击"忽略"按钮即可。

添加和编辑批注：如果创建的演示文稿需要得到别人的反馈，便可使用批注。批注是一条注释，用户可以将其关联至幻灯片上的文字、图片或者整张幻灯片。

【知识点 12】演示文稿比较

在制作演示文稿时，通常会遇到由多人分工协作同一份文稿或需要对比同一演示文稿的多个版本并进行整合的情况。PowerPoint 2016 虽然未提供 Word 中的"修订"功能，但可以通过演示文稿的"比较"功能辅助制作者完成修订审阅工作，如图 5-99 所示。对两个演示文稿进行比较的操作如下。

单击"审阅"选项卡→"比较"组→"比较"按钮，弹出"选择要与当前演示文稿合并的文件"对话框，选择需要进行对比的演示文稿，单击"合并"按钮，此时演示文稿处于修订审阅状态，窗口右侧将显示"修订"任务窗格。

在"修订"任务窗格的"详细信息"下有"幻灯片更改"和"演示文稿更改"两个列表框，其中"幻灯片更改"列表框内显示对幻灯片属性的修订记录，在幻灯片中凡是有更改的，幻灯片右上角都会出现修订标志，需要注意的是，动画是无法合并的内容。如果当前幻灯片未做任何修改，将提示"未更改此幻灯片。下一组更改在幻灯片 i 上。"（i 为幻灯片序号）。"演示文稿更改"列表框罗列出了对演示文稿属性的修改记录，如主题、分节设置等。在幻灯片缩略图窗格中会显示对演示文稿更改的修订标志。

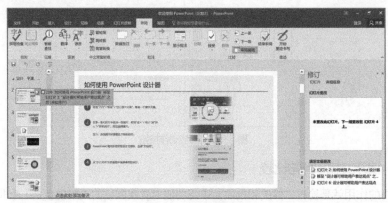

图 5-99　演示文稿的比较

单击"幻灯片更改"或"演示文稿更改"列表框中的某条修订记录，或者直接单击幻灯片上的修订标志，在修订标志的左侧或右侧会弹出该修订的具体更改项。勾选某条更改项等同于单击"审阅"选项卡→"比较"组中的"接受"按钮，表示接受修订，不勾选代表拒绝修订。

单击"审阅"选项卡→"比较"组→"接受"按钮或"拒绝"按钮，在展开的下拉列表中可以选择接受或拒绝单个修订、对此幻灯片所做的所有更改或对当前演示文稿所做的所有更改。完成演示文稿的修订后，单击"审阅"选项卡→"比较"组→"结束审阅"按钮，会弹出是否确定结束审阅的提示对话框，单击"是"按钮，完成演示文稿的审阅。

【知识点 13】演示文稿检查

在共享、传递演示文稿之前，通过检查功能可以找出演示文稿中的兼容性问题、隐藏属性以及一些个人信息。

单击"文件"→"信息"→"检查问题"按钮，在打开的下拉列表中选择需要检查的项目；选择"检查文档"选项，打开"文档检查器"对话框，从中勾选需要检查的内容，单击"检查"按钮，即可对演示文稿中隐藏的属性或个人信息进行检查，并将结果显示在列表中；单击检查结果右侧的"全部删除"按钮，可删除相关信息，如图 5-100 所示。

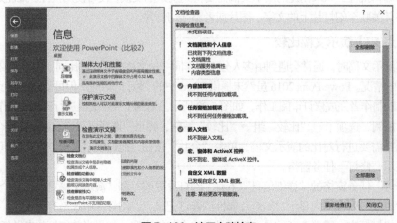

图 5-100　演示文稿检查

【知识点 14】使用墨迹绘图和书写

当我们在放映演示文稿时，一般会使用墨迹功能来标记重要的内容。在支持触控的设备上，我们还可以用手指、数字笔或鼠标绘图。

1. 书写或绘制

单击"审阅"选项卡→"墨迹"组→"开始墨迹书写"按钮，将显示"墨迹书写工具 1 笔"选项卡。单击"写入"组中的"笔"按钮，在幻灯片编辑区可进行书写或绘制。若需更改墨迹颜色或线条粗细，单击"墨迹书写工具 1 笔"选项卡→"笔"组中的"颜色"按钮或"粗细"按钮即可。若要突出显示文字，则可在"写入"组中单击"荧光笔"按钮，然后选择突出显示的颜色，如图 5-101 所示。

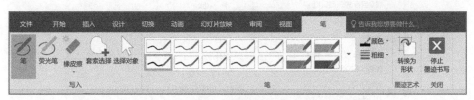

图 5-101 使用墨迹绘图和书写

2. 删除书写或墨迹绘图

单击"墨迹书写工具 1 笔"选项卡→"写入"组→"橡皮擦"按钮，在展开的下拉列表中可以选择橡皮擦的尺寸，然后拖动鼠标以擦除书写或墨迹绘图。

3. 套索选择与转换形状

用户想要批量选择书写或绘图的部分内容，可单击"墨迹书写工具 1 笔"选项卡→"写入"组→"套索选择"按钮，拖动并选中要选择的内容部分，在其周围会出现选择区域，表示已完成套索选择。被套索的部分可以批量调整其位置和大小。需要注意的是，不能使用套索工具选择非墨迹对象（如形状、图片等）。

单击"墨迹书写工具 1 笔"选项卡→"墨迹艺术"组→"转换为形状"按钮，单击"写入"组中的"笔"按钮后，在幻灯片区域绘制图形，PowerPoint 2016 会自动将绘制的图形转换为最相似的形状。若要停止转换形状，请再次单击"转换为形状"按钮。墨迹绘图可以转换比较常见的形状，如矩形、正方形、圆形、菱形等。

5.3.3 演示文稿放映

演示文稿制作好后，需要向观众展示幻灯片中的内容，即放映演示文稿，这是制作演示文稿的最终目的。由于放映场所不同，PowerPoint 2016 提供了不同的放映方式供用户选择。为了使幻灯片的放映符合实际需要，用户可以利用"幻灯片放映"选项卡对制作的幻灯片进行放映前的设置，如设置放映方式、应用排练计时、录制语音旁白和鼠标轨迹，以及自定义放映等。

【知识点 15】设置放映方式

在放映演示文稿时，用户可根据不同的场所设置不同的放映方式，如可以由演讲者控制放映，也可以由观众自行浏览或让演示文稿自动播放。此外，对于每一种放映方式，还可以控制是否循环播放、指定播放哪些幻灯片和幻灯片的换片方式等。

单击"幻灯片放映"选项卡→"设置"组→"设置幻灯片放映"按钮，打开"设置放映方式"对话框，在"放映类型"栏中设置演示文稿的放映方式。其中，"演讲者放映（全屏幕）"是最常用的一种放映方式，演讲者对放映过程有完整的控制权，能在演讲时灵活地进行放映控制，适合会议或教学场所；"观众自行浏览（窗口）"放映方式下，演示文稿从窗口放映，并在窗口右下角提供左、右箭头和"菜单"按钮，由观众选择要看的幻灯片，该放映方式适合在展会等允许观众互动的场所；"在展台浏览（全屏幕）"放映方式下，幻灯片全屏放映，每次放映完后，会自动循环播放，除了鼠标指针外，菜单和工具栏全部隐藏，想要终止放映需按 Esc 键，观众无法对放映进行干预，也无法修改演示文稿，该放映方式适合无人管理的展台放映，如产品的展示橱窗和展览会上自动播放产品信息的展台，如图 5-102 所示。

图5-102　放映方式的设置

在"放映选项"栏可以对放映过程中的某些选项进行设置，如是否放映旁白、动画及放映时标记笔的颜色等；在"放映幻灯片"栏和"换片方式"栏还可以分别设置播放演示文稿中的哪些幻灯片以及放映幻灯片时的换片方式。

【知识点 16】应用排练计时

为了使演讲者的讲述与幻灯片的切换保持同步，除了将幻灯片的切换方式设置为"单击鼠标时"外，还可以使用"排练计时"功能，预先排练好每张幻灯片的播放时间。

1. 打开演示文稿

打开要进行排练计时的演示文稿，单击"幻灯片放映"选项卡→"设置"组→"排练计时"按钮，此时从第 1 张幻灯片开始进入全屏放映状态，并在左上角显示"录制"工具栏，如图 5-103 所示。这时演讲者可以对自己要讲述的内容进行排练，以确定当前幻灯片的放映时间。

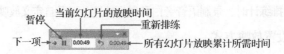

图5-103　"录制"工具栏

2. 录制

放映时间确定好之后，单击幻灯片的任意位置或单击"录制"工具栏中的"下一项"按钮，切换到下一张幻灯片，可以看到"录制"工具栏中间的当前幻灯片放映时间重新开始计时，而右侧的演示文稿总放映时间将继续计时。

3. 排练完毕

当演示文稿中所有幻灯片的放映时间排练完毕（若希望在中途结束排练，则可按 Esc 键），屏幕上会出现提示对话框。单击"是"按钮，可将排练结果保存起来，以后播放演示文稿时，每张幻灯片的自动切换时间与排练时的放映时间一致；若想放弃刚才的排练结果，则可以单击"否"按钮。

4. 编辑排练时间

上述操作完成后，PowerPoint 2016 自动切换到幻灯片浏览视图下，在每张幻灯片的左下角可看到幻灯片的播放时间。若要修改当前幻灯片的放映时间，则可选中幻灯片，在"切换"选项卡→"计时"组的"设置自动换片时间"编辑框中修改数值。

【知识点 17】录制语音旁白和鼠标轨迹

PowerPoint 2016 不仅能够记录演示文稿的播放时间，如果为计算机配备了声卡、话筒和扬声器，还可以在将演示文稿转换为视频或传递给他人共享前录制语音旁白（即对幻灯片的解说）和鼠标轨迹（即使用激光笔标注需要重点强调的内容）。

1. 打开演示文稿

打开要录制语音旁白和鼠标轨迹的演示文稿，单击"幻灯片放映"选项卡→"设置"组→"录制幻灯片演示"按钮，在展开的下拉列表中选择一种录制方式，如图 5-104 所示，打开"录制幻灯片演示"对话框。

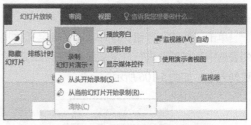

图 5-104　"录制幻灯片演示"下拉列表

2. 在对话框中设置想要录制的内容

在"录制幻灯片演示"对话框中，"幻灯片和动画计时"相当于排练计时；"旁白、墨迹和激光笔"表示使用话筒进行同步解说时，可以使用激光笔进行同步讲解。勾选这两个复选框，则表示使用话筒进行同步解说和同步动画播放时，还可以使用激光笔进行同步讲解。默认情况下，这两个复选框均被勾选。

3. 开始录制

单击"开始录制"按钮，开始放映幻灯片，窗口左上角出现"录制"工具栏。此时演讲者可以对着话筒录入自己对当前幻灯片的讲解。当前幻灯片的旁白录制完后，单击切换到第 2 张幻灯片，然后继续进行录制。

4. 标注墨迹

在录制的过程中，用户可按住 Ctrl 键激活激光笔，然后在一些需要重点强调的地方单击或拖动鼠标框住这些内容，放映演示文稿时将出现激光以强调这些内容；或者单击鼠标右键，在弹出的快捷菜单中的"指针选项"中设置标注笔的类型和墨迹颜色，然后在幻灯片中拖动鼠标对重点内容进行标注。

5. 录制旁白

当所有的幻灯片演示都录制好后，PowerPoint 2016 会自动切换到幻灯片浏览视图下。在该视图下，每张幻灯片的左下角可看到录制的演示时间，并且右下角会出现一个音频图标，这样在放映到这些幻灯片时，将自动播放录制的旁白。

特别提示： 当不再需要演示文稿的语音旁白和鼠标轨迹时，用户可以将当前或所有幻灯片中的计时和旁白清除，其方法是单击"录制幻灯片演示"按钮，在展开的下拉列表中选择"清除"中的相应选项。

【知识点 18】自定义放映

当演示文稿中包含多个主题内容，需要适应在不同的场所、面对不同类型的观众播放时，可以利用 PowerPoint 2016 提供的自定义放映功能，在不改变演示文稿内容的前提下，只将需要放映的内容组合成一个放映集，以适应不同的演示需求。

1. 打开"自定义放映"对话框

单击"幻灯片放映"选项卡→"开始放映幻灯片"组→"自定义幻灯片放映"按钮，在展开的下拉列表中选择"自定义放映"选项（见图 5-105），打开"自定义放映"对话框。

图 5-105　自定义放映

2. 添加自定义幻灯片

单击"新建"按钮，打开"定义自定义放映"对话框，输入幻灯片放映集名称，然后在左侧的列表框中选择需要进行自定义放映的多张幻灯片，单击"添加"按钮，将其添加到右侧的自定义放映列表中，如图 5-106 所示。

图 5-106　"定义自定义放映"对话框

3. 自定义编辑

单击"确定"按钮，返回"自定义放映"对话框，可看到新建的自定义放映。此时，可继续新建其他自定义放映集，也可选中某个自定义放映集后，单击"编辑""删除""复制"按钮对其进行编辑、删除或复制，还可单击"放映"按钮放映该自定义放映集。单击"关闭"按钮，可关闭对话框。

特别提示：除了通过创建自定义放映来播放指定的幻灯片外，用户还可隐藏幻灯片或在"设置放映方式"对话框的"放映幻灯片"栏中指定需要放映的幻灯片，以满足演示需求。

【知识点 19】放映演示文稿

单击"幻灯片放映"选项卡→"开始放映幻灯片"组中的相关按钮，可放映当前打开的演示文稿。具体说明如下。

单击"从头开始"按钮或按 F5 键，可从第 1 张幻灯片开始放映演示文稿；单击"从当前幻灯片开始"按钮或按 Shift+F5 组合键，可从当前幻灯片开始放映演示文稿；单击"自定义幻灯片放映"

按钮，在展开的下拉列表中选择"自定义放映"选项，可将演示文稿中的指定幻灯片组成一个放映集进行放映；如果之前定义了放映集，则在该列表中选择放映集名称即可。

在放映演示文稿的过程中，可以通过单击鼠标左键（按↓键、PageDown 键或 Enter 键）切换至下一张幻灯片。如果当前幻灯片设置了开始播放方式为"单击时"的动画效果，则执行这些操作时将播放下一个动画。类似地，按↑键或 PageUp 键可切换至前一张幻灯片或后退到上一个动画对象；按 Esc 键可结束放映。

5.3.4 演示文稿输出与打包

当演示文稿制作完成后，用户可根据需要将其输出为 WMV 格式、保存为直接放映格式或打包为 CD，以便在其他计算机中播放。此外，还可以将其打印出来，以满足用户多用途的需要。

【知识点 20】输出为视频文件

将演示文稿输出为视频文件，可保证演示文稿中的动画、空白、视频等内容在其他计算机上顺畅播放。

1. 打开演示文稿

打开需要输出为视频的演示文稿，然后选择"文件"→"导出"→"创建视频"选项，如图 5-107 所示。

图 5-107 创建视频文件

2. 演示文稿质量设置

在"演示文稿质量"下拉列表中设置视频的质量和大小。其中，若要创建质量比较高的视频文件，则可选择"演示文稿质量"选项；若要创建具有中等大小和质量的视频文件，则可选择"互联网质量"选项；若要创建最小的视频文件，则可选择"低质量选项"选项。这里保持默认选项不变。

3. 旁白确认

确认是否使用已录制的计时和旁白。如果不使用，则可在界面中设置好放映每张幻灯片的时间，默认为 5 秒。这里保持默认选项不变。

4. 保存

单击"创建视频"按钮，打开"另存为"对话框（见图 5-108（a）），设置视频文件的保存位置和文件名，然后单击"保存"按钮。

5. 创建视频

系统开始制作视频文件，状态栏上会显示视频的制作进度，如图 5-108（b）所示。制作完毕，找到保存文件的位置并双击文件名，即可播放该视频文件。

（a）   （b）

图 5-108   导出视频文件

【知识点 21】转换为直接放映格式

放映格式是一种打开演示文稿就能自动播放的格式，这种格式的文件可以在没有安装 PowerPoint 2016 的计算机中直接播放。

打开需要转换的演示文稿，选择"文件"→"另存为"命令，打开"另存为"对话框，选择演示文稿的保存位置，输入演示文稿名称，在"保存类型"下拉列表中选择"PowerPoint 放映(*.ppsx)"选项，如图 5-109 所示，单击"保存"按钮，即可将演示文稿另存为放映格式。双击放映格式的演示文稿，即可自动播放其幻灯片。

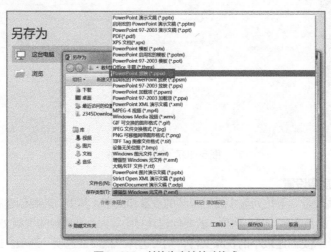

图 5-109   转换为直接放映格式

【知识点 22】打包为 CD

如果计算机中没有演示文稿所链接的文件以及所采用的字体，可能会使演示文稿无法播放，或者影响播放效果。此时，可利用 PowerPoint 2016 提供的"打包"功能将播放演示文稿所涉及的有关文件连同演示文稿一起打包，形成一个文件夹，从而方便在其他计算机中进行播放。

（1）打开需要打包的演示文稿。选择"文件"→"导出"命令，选择"将演示文稿打包成 CD"选项，再单击"打包成 CD"按钮，打开"打包成 CD"对话框，在"将 CD 命名为"文本框中输入 CD 名称。若要将其他演示文稿添加到其中，则可单击"添加"按钮，在打开的对话框中选择要添加的文件，如图 5-110 所示。

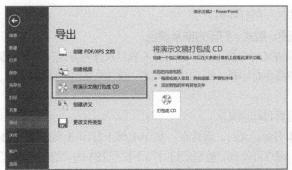

图 5-110　将演示文稿打包成 CD

（2）默认情况下，打包内容包含与演示文稿相关的链接文件和嵌入的 TrueType 字体。如果想更改这些设置，则可单击"选项"按钮，在打开的"选项"对话框中进行设置。在该对话框的"增强安全性和隐私保护"栏中可设置打开或修改包中的演示文稿时是否需要密码。这里保持默认选项不变。

（3）单击"确定"按钮，返回"打包成 CD"对话框，然后按照需求确定打包方式。单击"复制到 CD"按钮，在出现的提示对话框中单击"是"按钮，可将演示文稿打包并刻录到事先放好的 CD 上；单击"复制到文件夹"按钮，可将演示文稿打包到网络或计算机上的本地磁盘驱动器中。

（4）这里单击"复制到文件夹"按钮，打开"复制到文件夹"对话框。在"文件夹名称"文本框中为保存打包文件的文件夹命名；单击"浏览"按钮，在打开的"选择位置"对话框中设置打包文件夹的保存位置，设置完毕，单击"确定"按钮，打开"正在将文件复制到文件夹"对话框，系统自动打包演示文稿，如图 5-111所示。

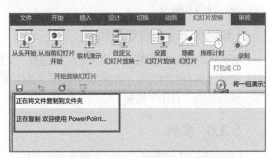

图 5-111　打包演示文稿

（5）当完成演示文稿的打包操作后，会自动打开打包文件夹并显示其中的内容。单击"打包成 CD"对话框中的"关闭"按钮，将该对话框关闭；将演示文稿打包后，可找到存放打包文件的文件夹，然后利用 U 盘或网络等方式将其复制或传输到别的计算机中进行播放。

（6）用户想要播放包中的演示文稿，可双击打包文件夹中的演示文稿。

5.3.5　演示文稿讲义创建及打印

当演示文稿制作完成后，有时候可能需要为观众提供书面讲义，讲义内容就是演示文稿中的幻灯片内容，通常在一页讲义纸上可以打印 2 张、3 张或 6 张幻灯片；还可能需要为演讲者打印演示文稿的备注页，方便演讲者查看。

【知识点 23】打印讲义

1. 打开要打印讲义的演示文稿

选择"文件"→"打印"命令，进入"打印"界面，在界面右侧可预览当前幻灯片的打印效果。单击"上一页"按钮◀或"下一页"按钮▶可预览演示文稿中的其他幻灯片。

2. 在"打印"界面的中间设置打印选项

在"份数"数值框中可设置要打印的份数；当本地计算机安装了多台打印机后，可单击"打印机"下拉按钮，在展开的下拉列表中选择要使用的打印机。

3. 在"设置"栏设置打印幻灯片的范围、版式、打印方向及颜色

打开"打印版式"列表，可以设定打印讲义时每页上打印的幻灯片数目及排列方式；打开"颜色"列表，从中设置打印色彩。如果未配备彩色打印机，则选择"灰度"或"纯黑白"选项。

4. 打印

设置完毕，单击"打印"按钮即可按设置打印讲义。

特别提示：为演示文稿中的幻灯片打印书面讲义时，通常在一页 A4 纸上打印 3 张或 4 张幻灯片比较合适。为了增强讲义的打印效果，用户可勾选"整页幻灯片"下拉列表中的"幻灯片加框"复选框，为打印出的幻灯片加上黑色的边框。

【知识点 24】创建备注页

备注页用于为幻灯片添加注释、提示信息，观众看不到这些内容。用户可以在创建演示文稿时创建备注页，即在普通视图的"备注"窗格中输入关于幻灯片的备注文本或在备注页视图中输入、编辑备注内容。

在备注页视图中，用户可以查看备注页的打印样式和文本格式的效果，检查并更改备注的页眉和页脚，还可以用图表、图片或表格等对象来丰富备注内容。

单击"视图"选项卡→"母版视图"组→"备注母版"按钮，在备注母版视图中可以对备注页进行统一设置和修改。

【知识点 25】打印备注页

打开包含备注内容的演示文稿，然后选择"文件"→"打印"命令，进入"打印"界面；在"设置"栏的"整页幻灯片"下拉列表中选择"备注页"选项；设置其他打印选项，如打印方向和颜色等，然后单击"打印"按钮。

5.3.6　实例

【实例 5-4】"新员工培训"演示文稿制作。

某公司人力资源部门的工作人员要为公司新入职的员工进行规章制度培训，基本要求如下。

（1）打开素材文件"PPT.pptx"（".pptx"为扩展名），后续操作均基于此文件。

（2）比较与演示文稿"内容修订.pptx"的差异，接受其对于文字内容的所有修改（其他差异可忽略）。

（3）按照下列要求设置第 2 张幻灯片上的动画。

① 在播放到此张幻灯片时，文本"没有规矩，不成方圆"自动从幻灯片左侧飞入，与此同时，文本"——行政规章制度宣讲"从幻灯片右侧飞入，右侧橙色椭圆形状以"缩放"的方式进入幻灯片，三者的持续时间都是 0.5 秒。

② 为橙色椭圆形状添加"对象颜色"的强调动画，使其出现后以"中速（2 秒）"反复变换对象颜色，直到幻灯片末尾。

（4）在第 3 张幻灯片上，将标题下的 3 个文本框形状更改为 3 种标注形状，并适当调整形状大小和其中文字的字号，使其更加美观。

（5）将第 4~5 张幻灯片标题文本的字体修改为"微软雅黑"，文本颜色修改为"白色，背景 1"，并将素材中的图片"Ppic01.jpg"显示在每张幻灯片右上角（位置需相同）。

（6）在第 5 张幻灯片中，调整内容占位符中后 3 个段落的缩进设置，使得 3 个段落左侧的横线与首段的文本左对齐（横线原始状态是与首段项目符号左对齐的）。

（7）在第 6 张幻灯片中，将"请假流程："下方的 5 个段落转换为 SmartArt 图形，布局为"连续块状流程"，适当调整其大小和样式，并为其添加"形状"的进入动画效果，5 个包含文本的形状在单击时自左到右依次自动出现，取消水平箭头形状的动画。

（8）在第 8 张幻灯片中，设置第一级编号列表，使其从 3 开始；在第 9 张幻灯片中，设置第一级编号，使其从 5 开始。

（9）除第 1 张幻灯片外，其他幻灯片添加从右侧推进的切换效果；将所有幻灯片的自动换片时间设置为 5 秒。

（10）删除演示文稿中的所有备注。

（11）放映演示文稿，并使用荧光笔工具圈住第 6 张幻灯片中的文本"请假流程："（需要保留墨迹注释）。

（12）将演示文稿的内容转换为繁体。

（13）在第 1 张幻灯片中插入素材提供的音频文件，设置淡入淡出 6 秒，在第 1 张幻灯片放映时自动播放音频，并且只在第 1 张幻灯片播放，隐藏音频图标。

（14）设置演示文稿，在使用黑白模式打印的时候，第 4～15 张幻灯片中的背景图片（包含三角形形状的图片）不会被打印。

（15）将演示文稿另存为"规章制度培训"并转换为直接放映格式。

具体操作步骤如下。

步骤 1：打开素材里提供的"PPT.pptx"文件。

步骤 2：在"PPT.pptx"演示文稿中，单击"审阅"选项卡→"比较"组→"比较"按钮，弹出"选择要与当前演示文稿合并的文件"对话框，浏览并选中素材里提供的"内容修订"文件，单击"合并"按钮；在"修订"任务窗格的"详细信息"中检查幻灯片更改情况，没有对文字内容进行修改的可以忽略。选中第 6 张幻灯片，单击右侧"修订"任务窗格中的"内容占位符 2"，将左侧出现的下拉列表中的所有选项全部勾选，如图 5-112 所示；按照同样的方法将第 14 张和第 15 张幻灯片中出现的列表中的所有选项全部勾选，然后单击"比较"组中的"结束审阅"按钮，在弹出的提示对话框中，单击"是"按钮。

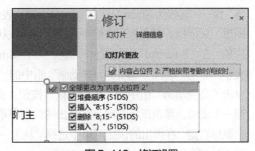

图 5-112 修订设置

步骤 3：选中第 2 张幻灯片中的"没有规矩，不成方圆"文本，单击"动画"选项卡的"动画"组中的"飞入"进入动画，单击右侧的"效果选项"按钮，在下拉列表中选择"自左侧"，在"计时"组中将"开始"方式设置为"上一动画之后"；选中"——行政规章制度宣讲"文本，单击"动画"选项卡的"动画"组中的"飞入"进入动画，单击右侧的"效果选项"按钮，在下拉列表中选择"自右侧"，在"计时"组中将"开始"方式设置为"上一动画之后"；选中右侧橙色椭圆形状，单击"动画"选项卡的"动画"组中的"缩放"进入动画，在"计时"组中将"开始"方式设置为"上一动画之后"（以上 3 个动画默认持续时间都是 0.5 秒，故不用做特殊设置）。继续选中橙色椭圆形状，单击"高级动画"组中的"添加动画"按钮，在下拉列表中选择"强调"栏中的"对象颜色"，在"计时"组中将"开始"设置为"上一动画之后"；单击"动画"组右下角的"对话框启动器"按钮，打开"对象颜色"对话框，切换到"计时"选项卡，将"期间"设置为"中速（2 秒）"，将"重复"设置为"直到幻灯片末尾"，如图 5-113 所示，最后单击"确定"按钮。

步骤 4：选中第 3 张幻灯片中的第 1 个文本框对象（"就觉得制度就是条条框框……"），单击"绘图工具|格式"选项卡→"插入形状"组→"编辑形状"按钮，在下拉列表中选择"更改形状"/"标注"/"矩形标注"（可以任选一种）。按照同样的方法将其他两个文本框更改为不同的标注形状，适当调整形状大小和文字字号，使其更加美观。

图 5-113 动画设置效果

步骤 5：单击"视图"选项卡→"母版视图"组→"幻灯片母版"按钮，进入幻灯片母版设计视图；选中"标题和内容"版式中的标题占位符，在"开始"选项卡→"字体"组中将字体设置为"微软雅黑"，将"字体颜色"设置为"白色，背景 1"；单击"插入"选项卡→"图像"组→"图片"按钮，弹出"插入图片"对话框，浏览并选中素材里提供的"Ppic01.jpg"，单击"插入"按钮；选中插入的图片，单击"图片工具|格式"选项卡→"排列"组→"对齐"按钮，在下拉列表中选择"右对齐"和"顶端对齐"；单击"幻灯片母版"选项卡→"关闭"组→"关闭母版视图"按钮。

步骤 6：选中第 5 张幻灯片的后 3 段文本，单击"开始"选项卡→"段落"组右下角的"对话框启动器"按钮，弹出"段落"对话框，在"缩进和间距"选项卡下，将"缩进/文本之前"设置为"0.64 厘米"，"特殊格式"设置为"无"，单击"确定"按钮（此步骤需先查看首段的段落设置，后 3 段设置成一样即可）。

步骤 7：选中第 6 张幻灯片中的"请假流程："下方的文本内容，单击"开始"选项卡→"段落"组→"转换为 SmartArt"按钮，在下拉列表中选择"其他 SmartArt 图形"，弹出"选择 SmartArt 图形"对话框，在右侧列表框中选择"连续块状流程"，单击"确定"按钮；选中该 SmartArt 图形对象，在"SmartArt 工具|设计"选项卡的"SmartArt 样式"组中选择任意一种样式，并适当调整其大小；单击"动画"选项卡→"动画"组中的"形状"进入效果，在"效果选项"中选择"逐个"；单击"高级动画"组中的"动画窗格"按钮，窗口右侧会弹出"动画窗格"，单击展开内容，选中第一个动画，单击鼠标右键，在弹出的快捷菜单中选择"删除"命令，同时选中最后 4 个动画，单击鼠标右键，在弹出的快捷菜单中选择"从上一项之后开始"命令，如图 5-114 所示，最后关闭"动画窗格"。

步骤 8：在第 8 张幻灯片中选中内容文本框中第一段内容（"离岗：无故不在当值岗位……"），单击鼠标右键，在弹出的快捷菜单中选择"编号"→"项目符号和编号"命令，打开"项目符号和编号"对话框，在"编号"选项卡中将"起始编号"设置为"3"，单击"确定"按钮；在第 9 张幻灯片中选中内容文本框中第一段内容（"事假请事假的最小单位为 1 小时……"），单击鼠标右键，在弹出的快捷菜单中选择"编号/项目符号和编号"命令，打开"编号/项目符号和编号"对话框，在"编号"选项卡中将"起始编号"设置为"5"，单击"确定"按钮。

图 5-114 逐个设置动画

步骤 9：在左侧的幻灯片缩略图窗格中单击选中第 2 张幻灯片，然后按住 Shift 键，再单击选中最后一张幻灯片，这样就将除了第 1 张幻灯片以外的其他幻灯片全部选中，单击"切换"选项卡→"切换到此幻灯片"组→"推进"效果，单击右侧的"效果选项"按钮，在下拉列表中选择"自右侧"；按 Ctrl+A 组合键全选所有幻灯片，在"切换"选项卡的"计时"组中将"设置自动换片时间"设置为"00:05.00"。

步骤 10：单击"文件"→"信息"→"检查问题"按钮，在下拉列表中选择"检查文档"选项，弹出"文档检查器"对话框，单击"检查"按钮，单击结果对话框中"演示文稿备注"右侧的"全部删除"按钮，关闭"文档检查器"对话框，如图 5-115 所示。

步骤 11：选中第 6 张幻灯片，单击"幻灯片放映"选项卡→"开始放映幻灯片"组→"从当前幻灯片开始"按钮；在放映状态下，单击鼠标右键，在弹出的快捷菜单中选择"指针选项"→"荧光笔"命令，此时鼠标指针变成荧光笔样式，绘制一个图形将"请假流程："文本圈住；单击鼠标右键，在弹出的快捷菜单中选择"结束放映"命令，弹出"是否保留墨迹注释"对话框，单击"保留"按钮。

步骤 12：单击"审阅"选项卡→"中文简繁转换"组→"简繁转换"按钮，弹出"中文简繁转换"对话框，选择"简体中文转换为繁体中文"单选按钮，单击"确定"按钮完成转换。

步骤 13：在第 1 张幻灯片中插入音频素材文件，设置淡入淡出为 6 秒，在第 1 张幻灯片放映时自动播放音频，并且只在第 1 张幻灯片播放。选中第 1 张幻灯片，单击"插入"选项卡→"媒体"组→"音频"按钮，在下拉列表中选择"PC 上的音频"选项，弹出"插入音频"对话框，文件类型选择"所有文件(*.*)"后，选择音频素材文件"Windy Hill.mp3"，单击"插入"按钮，如图 5-116 所示；选中插入的音频图标，在"音频工具|播放"选项卡→"编辑"组中，设置"淡化持续时间"的"淡入"和"淡出"分别为 6 秒；在"音频选项"组中单击"开始"下拉按钮，在下拉列表中选择"自动"，同时勾选"放映时隐藏"复选框。

图5-115　演示文稿检查

图5-116　插入音频

步骤 14：单击"视图"选项卡→"母版视图"组→"幻灯片母版"按钮，进入幻灯片母版视图编辑界面，再单击"视图"选项卡→"颜色/灰度"组→"黑白模式"按钮；选中"标题和内容"版式中的三角形图片对象，单击"黑白模式"选项卡→"更改所选对象"组中的"不显示"按钮；单击"黑白模式"选项卡→"关闭"组中的"返回颜色视图"按钮，保存演示文稿。

步骤 15：选择"文件"→"另存为"命令，打开"另存为"对话框，选择演示文稿的保存位置（与"PPT.pptx"演示文稿在同一个文件夹），输入演示文稿名称"规章制度培训"，在"保存类型"下拉列表中选择"PowerPoint 放映(*.ppsx)"选项，单击"保存"按钮，即可将演示文稿另存为放映格式。

【实例 5-5】"水的知识"演示文稿制作。

你作为志愿者参加学校的科普活动，准备使用演示文稿介绍"水的知识"。根据提供的相关素材，参考"PPT 参考效果.docx"中的示例，按下列要求完成演示文稿的制作。

（1）将"PPT 素材.pptx"文件同路径另存为"水的知识.pptx"（".pptx"为扩展名）。

（2）按如下要求修改幻灯片母版。

① 为演示文稿应用提供的素材中名为"绿色.thmx"的主题。

② 设置幻灯片母版标题占位符的文本格式：将文本对齐方式设置为"左对齐"，中文字体设置为"方正姚体"，西文字体设置为"Arial"，并为其设置"填充-白色，轮廓-着色1，阴影"的艺术字样式。

③ 设置幻灯片模板内容占位符的文本格式：将第一级（最上层）项目符号列表中的文字设置为"华文细黑"，西文字体设置为"Arial"，字号设置为"28"，并将该级别的项目符号修改为所提供素材中的"水滴.jpg"图片。

（3）关闭母版视图，调整第1张幻灯片中的文本，将其分别置于标题和副标题占位符中。

（4）在第2张幻灯片中插入布局为"带形箭头"的 SmartArt 图形，将所提供素材中的"意大利面.jpg"设置为带箭头形状的背景，该图片透明度调整为 15%，在左侧和右侧形状中分别插入第 3 张和第8张幻灯片中的文字内容，并使用合适的字体颜色。

（5）将第3张和第8张幻灯片的版式修改为"节标题"，并将标题文本的填充颜色修改为绿色。

（6）将第5张和第10张幻灯片的版式修改为"两栏内容"，并分别在右侧栏中插入提供的素材中的图片"冰箱中的食品.jpg"和"揉面.jpg"。为图片"冰箱中的食品.jpg"应用"圆形对角，白色"的图片样式；为图片"揉面.jpg"应用"旋转，白色"的图片样式，并将该图片的旋转角度调整为6°。

（7）参考"PPT 参考效果.docx"中的示例，按如下要求在第6张幻灯片中创建一个散点图图表。

① 图表的数据源为该幻灯片中的表格数据，x 轴数据来自"含水量%"列，y 轴数据来自"水活度"列。

② 设置图表水平轴和垂直轴的刻度单位、刻度线、数据标记的类型和网格线。

③ 设置每个数据点的数据标签。

④ 不显示图表标题和图例，横坐标轴标题为"含水量%"，纵坐标轴标题为"水活度"。

⑤ 为图表添加"淡出"的进入动画效果，要求坐标轴无动画效果，单击鼠标左键时各数据点从右向左依次出现。

（8）按表5-2所示的要求为幻灯片分节。

表5-2　幻灯片分节要求

节名称	节包含的幻灯片
封面和目录	第1张和第2张幻灯片
食物中的"活"水	第3～7张幻灯片
氢键的魔力	第8～10张幻灯片

（9）设置所有幻灯片的自动换片时间为10秒；除第1张幻灯片无切换效果外，其他幻灯片的切换方式设置为自右侧"推进"效果。

（10）设置演示文稿使用黑白模式打印时，第5张和第6张幻灯片中的图片不会被打印。

（11）利用演示文稿的辅助检查功能为缺少可选文字的对象适当添加可选文字。

（12）删除演示文稿所有备注内容。

（13）为演示文稿添加幻灯片编号，要求首页幻灯片不显示编号，第2～10张幻灯片编号依次为1～9，且编号显示在幻灯片底部正中。

具体操作步骤如下。

步骤1：打开提供的素材中的"PPT 素材.pptx"文件，选择"文件"→"另存为"命令，弹出

"另存为"对话框,将文件名修改为"水的知识",单击"保存"按钮。

步骤2:设置幻灯片母版。

① 单击"设计"选项卡的"主题"组中的"其他"按钮,在下拉列表中选择"浏览主题"选项,弹出"选择主题或主题文档"对话框,浏览并选择提供的素材中的"绿色.thmx"文件,单击"应用"按钮。

② 单击"视图"选项卡→"母版视图"组→"幻灯片母版"按钮,切换到幻灯片母版视图;单击左侧幻灯片缩略图窗格中的幻灯片母版,选中右侧的标题占位符文本框对象,单击"开始"选项卡的"字体"组右下角的"对话框启动器"按钮,弹出"字体"对话框,在该对话框中将中文字体设置为"方正姚体",将西文字体设置为"Arial",单击"确定"按钮,关闭对话框;单击"段落"组中的"左对齐"按钮,设置文本左对齐;单击"绘图工具|格式"选项卡→"艺术字样式"组的"其他"按钮,在下拉列表中选择"填充-白色,轮廓-着色1,阴影"。

③ 选中幻灯片母版内容占位符文本框对象第一级项目符号列表中的文本,单击"开始"选项卡→"字体"组右下角的"对话框启动器"按钮,弹出"字体"对话框,在该对话框中将中文字体设置为"华文细黑",将西文字体设置为"Arial",将大小设置为"28",单击"确定"按钮,关闭对话框;单击"开始"选项卡→"段落"组→"项目符号"下拉按钮,在下拉列表中选择"项目符号和编号"选项,弹出"项目符号和编号"对话框,单击"图片"按钮,弹出"插入图片"对话框,浏览并选择素材中提供的"水滴.jpg"图片文件,单击"插入"按钮。

步骤3:单击"幻灯片母版"选项卡→"关闭"组→"关闭母版视图"按钮,关闭幻灯片母版视图;将第1张幻灯片中的"吃喝的科学"文本剪切并粘贴到下方的副标题占位符中。

步骤4:选中第2张幻灯片,单击"插入"选项卡→"插图"组→"SmartArt"按钮,弹出"选择SmartArt图形"对话框,单击左侧列表中的"流程",在右侧列表框中选择"带形箭头",单击"确定"按钮;选中插入的SmartArt形状,单击鼠标右键,在弹出的快捷菜单中选择"设置形状格式"命令,在右侧的"设置形状格式"任务窗格中单击"填充"→"图片或纹理填充"→"文件",在弹出的对话框中选择"意大利面.jpg",单击"插入"按钮;选中图片对象,单击鼠标右键,在弹出的快捷菜单中选择"设置形状格式"命令,弹出"设置图片格式"对话框,在左侧列表框中选择"填充",在右侧的"填充"栏中将"透明度"设置为"15%",关闭对话框;在左侧的形状中输入文本"食物中的'活'水",在右侧的形状中输入文本"氢键的魔力",并参考效果将字体统一设置为"华文细黑",颜色设置为"白色"。

步骤5:选中第3张幻灯片,单击"开始"选项卡→"幻灯片"组→"版式"按钮,在下拉列表中选择"节标题",选中右侧的文本"食物中的'活'水",单击"绘图工具|格式"选项卡→"艺术字样式"组→"文本填充"下拉按钮,在下拉列表中选择"绿色";按照上述方法将第8张幻灯片的版式改为"节标题",将文本填充颜色设置为"绿色"。

步骤6:同时选中第5张和第10张幻灯片(使用Ctrl键可以同时选择不连续的幻灯片),单击"开始"选项卡→"幻灯片"组→"版式"按钮,在下拉列表中选择"两栏内容";在第5张幻灯片的右侧占位符文本框中单击"图片"按钮,弹出"插入图片"对话框,浏览并选中素材中提供的"冰箱中的食品.jpg"文件,单击"插入"按钮;单击"图片工具|格式"选项卡→"图片样式"组→"圆形对角,白色";在第10张幻灯片的右侧占位符文本框中单击"图片"按钮,弹出"插入图片"对话框,浏览并选中素材中提供的"揉面.jpg"文件,单击"插入"按钮,选中该图片对象,单击"图片工具|格式"选项卡→"图片样式"组→"旋转,白色",单击右侧"排列"组中的"旋转"按钮,在下拉列表中选择"其他旋转选项",弹出"设置图片格式"任务窗格,在"大小"栏中将"旋转"调整为"6",单击"关闭"按钮。

步骤 7：参考"PPT 参考效果.docx"中的示例，按如下要求在第 6 张幻灯片中创建一个散点图图表。

① 选中第 6 张幻灯片，单击"插入"选项卡→"插图"组→"图表"按钮，弹出"插入图表"对话框，选中左侧"XY 散点图"，直接单击"确定"按钮；将表格中的"含水量%"和"水活度"两列数据复制到 Excel 工作表的数据区域，覆盖示例数据，关闭 Excel 工作簿。

② 将幻灯片中的原表格对象删除，仅保留图表对象。选中该图表对象中的纵坐标轴，单击鼠标右键，在弹出的快捷菜单中选择"设置坐标轴格式"命令，弹出"设置坐标轴格式"任务窗格，将"最大值"修改为"1"，将"主要"设置为"0.2"，将"刻度线"→"主要类型"设置为"无"，单击"关闭"按钮。

③ 单击选中绘图区中的数据系列点，单击鼠标右键，在弹出的快捷菜单中选择"设置数据系列格式"命令，弹出"设置数据系列格式"任务窗格，在"填充与线条"→"标记"→"数据标记选项"中，设置"内置"，设置类型为"圆点"，设置大小为"7"，单击"关闭"按钮；单击"图表工具|设计"选项卡→"图表布局"组→"添加图表元素"按钮，在下拉列表中选择"数据标签"→"右侧"；参考提供的素材中的"PPT 参考效果.docx"文件，将标签"0.1"修改为"薯片"；将标签"0.45"修改为"意大利面"，依此类推。

④ 再次单击"添加图表元素"按钮，在下拉列表中设置"图表标题"→"无"；再选择"轴标题"选项，在展开的列表中选择"主要横坐标轴"，在出现的文本框中输入标题"含水量%"；继续选择"轴标题"中的"主要纵坐标轴"选项，在出现的文本框中输入"水活度"，选中"水活度"文本框，在"开始"选项卡下的"段落"组的"文字方向"下拉列表中选择"堆积"。

⑤ 选中图表对象，单击"动画"选项卡→"动画"组中的"淡出"动画效果，单击右侧的"效果选项"按钮，在下拉列表中选择"按类别"；单击"动画窗格"按钮，在右侧的"动画窗格"中，展开所有动画效果，选中"1 图表 2 背景"，单击右侧的下拉按钮，在下拉列表中选择"删除"，将坐标轴动画删除；继续在动画窗格中选中"2"，单击"计时"组中的"开始"下拉按钮，在下拉列表中选择"上一动画之后"；后续动画均按照相同的方法设置"开始"为"上一动画之后"。

步骤 8：在左侧的幻灯片缩略图窗格中，单击第 1 张幻灯片之前的位置，然后单击鼠标右键，在弹出的快捷菜单中选择"新增节"命令，在节名称上单击鼠标右键，在弹出的快捷菜单中选择"重命名节"，输入节名称"封面和目录"；按照同样的方法，在第 3 张幻灯片前新增节，并命名为"食物中的'活'水"，在第 8 张幻灯片前新增节，并命名为"氢键的魔力"。

步骤 9：在左侧的幻灯片缩略图窗格中，按 Ctrl+A 组合键选中所有幻灯片，在"切换"选项卡→"计时"组中的"换片方式"栏中，勾选"设置自动换片时间"复选框，并将自动换片时间设置为"00:10.00"；在左侧的幻灯片缩略图窗格中，按住 Shift 键，选中第 2 张到第 10 张幻灯片，单击"切换"选项卡→"切换到此幻灯片"组→"推进"，单击右侧的"效果选项"按钮，在下拉列表中选择"自右侧"。

步骤 10：单击"视图"选项卡→"颜色/灰度"组→"黑白模式"按钮，切换到"黑白模式"；选中第 5 张幻灯片中的图片对象，单击"更改多选对象"组中的"不显示"按钮；选中第 10 张幻灯片中的图片对象，单击"更改多选对象"组中的"不显示"按钮，打印时两张幻灯片中的图片对象不会被打印，最后单击"返回颜色视图"按钮。

步骤 11：选择"文件"→"信息"命令，打开"信息"界面，单击"检查问题"按钮，在下拉列表中选择"检查辅助功能"选项，在右侧出现的"辅助功能检查器"中可以看到缺少可选文字幻灯片。单击第 5 张幻灯片的图片对象，单击鼠标右键，在弹出的快捷菜单中选择"设置图片格式"

命令，在"设置图片格式"窗格中选择"大小与属性"中的"可选文字"，设置"标题"和"说明"文本，单击"关闭"按钮。单击第 10 张幻灯片的图片对象，单击鼠标右键，在弹出的快捷菜单中选择"设置图片格式"命令，在"设置图片格式"窗格中选择"大小与属性"中的"可选文字"，设置"标题"和"说明"文本，单击"关闭"按钮。单击第 2 张幻灯片的图片对象，单击鼠标右键，在弹出的快捷菜单中选择"设置形状格式"命令，在"设置形状格式"窗格中选择"大小与属性"中的"可选文字"，设置"标题"和"说明"文本，单击"关闭"按钮。单击第 2 张幻灯片中的 SmartArt 对象，单击鼠标右键，在弹出的快捷菜单中选择"设置形状格式"命令，在"设置形状格式"窗格中选择"大小与属性"中的"可选文字"，设置"标题"和"说明"文本，单击"关闭"按钮，如图 5-117 所示（根据要求，在第 2 张幻灯片中，SmartArt 对象和图片对象都要添加可选文字）。

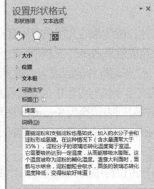

图 5-117 可选文字设置

步骤 12：选择"文件"→"信息"命令，打开"信息"界面，单击"检查问题"按钮，在下拉列表中选择"检查文档"选项，弹出"文档检查器"对话框，单击"检查"按钮，在检查结果中单击"演示文稿备注"右侧的"全部删除"按钮，删除演示文稿中的所有备注内容，单击"关闭"按钮。

步骤 13：单击"视图"选项卡→"母版视图"组→"幻灯片母版按钮"，切换到幻灯片母版视图。单击左侧幻灯片缩略图窗格中的幻灯片母版，在右侧窗口中删除"页脚"占位符文本框，选中页码占位符文本框对象，单击"绘图工具|格式"选项卡→"排列"组→"对齐"按钮，在下拉列表中选择"水平居中"，将光标置于页码占位符文本框内，单击"开始"选项卡→"段落"组→"居中"按钮，设置页码居中显示，最后关闭幻灯片母版视图。单击"设计"选项卡→"自定义"组→"幻灯片大小"按钮，在下拉列表中选择"自定义幻灯片大小"选项，弹出"幻灯片大小"对话框，将"幻灯片编号起始值"设置为"0"，单击"确定"按钮。单击"插入"选项卡→"文本"组→"幻灯片编号"按钮，弹出"页眉和页脚"对话框，勾选"幻灯片编号"复选框和"标题幻灯片中不显示"复选框，单击"全部应用"按钮，保存演示文稿。

5.3.7 实训

【实训 5-3】"世界动物日"演示文稿制作。

你在某动物保护组织做志愿者，现在需要制作一份介绍"世界动物日"的演示文稿，请根据提供的素材完成制作，要求如下。

（1）打开提供的素材中的"PPT.pptx"（".pptx"为扩展名）文档，后续操作均基于此文件。

（2）将幻灯片大小设置为"全屏显示（16:9）"，然后按照如下要求修改幻灯片母版。

① 将幻灯片母版名称修改为"世界动物日"；母版标题应用"填充-白色，轮廓-着色1，阴影"的艺术字样式，字体设置为"微软雅黑"，并应用加粗效果；母版各级文本样式设置为"方正姚体"，文字颜色设置为"蓝色，个性色1"。

② 使用"图片1.png"作为标题幻灯片版式的背景。

③ 新建名为"世界动物日1"的自定义版式，在该版式中插入"图片2.png"，并对齐幻灯片左侧边缘；调整标题占位符的宽度为"17.6 厘米"，将其置于图片右侧；在标题占位符下方插入内容占位符，宽度为"17.6 厘米"，高度为"9 厘米"，并与标题占位符左对齐。

④ 基于"世界动物日1"版式创建名为"世界动物日2"的新版式，在"世界动物日2"版式中将内容占位符的宽度调整为"10厘米"（保持与标题占位符左对齐）；在内容占位符右侧插入宽度为"7.2 厘米"、高度为"9 厘米"的图片占位符，并与左侧的内容占位符顶端对齐，与上方的标题占位符右对齐。

（3）演示文稿共包含7张幻灯片，所涉及的文字内容保存在提供的素材文件"文字素材.docx"中，具体所对应的幻灯片可参见"完成效果.docx"文档所示样例。其中第1张幻灯片的版式为"标题幻灯片"，第2张幻灯片、第4~7张幻灯片的版式为"世界动物日1"，第3张幻灯片的版式为"世界动物日2"；所有幻灯片中的文字字体与母版中的设置保持一致。

（4）将第2张幻灯片中的项目符号列表转换为SmartArt图形，布局为"垂直曲形列表"，图形中的字体为"方正姚体"；为SmartArt图形中包含文字内容的5个形状分别建立超链接，链接到后面对应内容所在的幻灯片。

（5）在第3张幻灯片右侧的图片占位符中插入图片"图片3.jpg"，并重设图片及其大小，适当调整其位置；对左侧的文字内容和右侧的图片添加"淡出"进入动画效果，并设置在放映时左侧文字内容首先自动出现，在该动画播放完毕且延迟1秒后，右侧图片自动出现。

（6）将第4张幻灯片中的文字转换为8行2列的表格，适当调整表格的行高、列宽以及表格样式；设置文字字体为"方正姚体"、字体颜色为"白色，背景1"；应用图片"表格背景.jpg"作为表格的背景。

（7）在第7张幻灯片的内容占位符中插入视频"动物相册.mp4"，并使用图片"图片1.png"作为视频剪辑的预览图像。

（8）在第1张幻灯片中插入"背景音乐.mid"文件作为第1~6张幻灯片的背景音乐（第6张幻灯片放映结束后背景音乐停止），音乐自动播放，且放映时隐藏音频图标。

（9）为演示文稿的所有幻灯片应用一种恰当的切换效果，并设置第1~6张幻灯片的自动换片时间为10秒，第7张幻灯片的自动换片时间为50秒。

（10）为演示文稿插入幻灯片编号，编号从1开始，标题幻灯片中不显示编号。

（11）删除"标题幻灯片""世界动物日1""世界动物日2"之外的其他幻灯片版式，保存演示文稿。

（12）将演示文稿另存为"世界动物日"并转换为直接放映格式。